客户侧储能技术

袁晓冬　许庆强　陈久林　李建林　葛　乐　许晓慧
刘建坤　孙志明　陈　兵　李　强　周　前　史明明
费骏韬　杨　雄　柳　丹　宋纪恩　陈　辉　肖宇华
钱科军　闫　涛　史林军　陈丽娟　薛金花　牛　萌　编著
孙　健　吴盛军　罗珊珊　方　鑫　吕振华　韩华春
张宸宇　葛雪峰　吴　楠　黄　地　唐伟佳　陈雯嘉
方逸波　刘　俊　尹禹博　王方明

机械工业出版社

本书首先介绍了储能技术及应用在国内外的发展现状，以及客户侧分布式储能的应用模式和特性；其次从电池本体、电池管理系统、储能变流器及系统接口需求介绍客户侧储能系统的关键配置；接着从储能应用性能、储能电站并网技术规定等方面介绍客户侧储能系统并网运行技术；随后从储能与配电网互动特性、协同控制架构和源网荷储互动等方面介绍客户侧储能系统与电网互动模式；最后从客户侧储能电站建设成本、收益及全寿命周期效益等方面开展客户侧储能系统运行经济性分析。

本书可供从事客户侧分布式储能、新能源发电和智能电网等领域相关人员参考使用，也可供高等院校相关专业的师生借鉴使用。

图书在版编目（CIP）数据

客户侧储能技术 / 袁晓冬等编著 .—北京：机械工业出版社，2023.3（2023.10 重印）

ISBN 978-7-111-72440-7

Ⅰ. ①客… Ⅱ. ①袁… Ⅲ. ①储能 – 研究 Ⅳ. ① TK02

中国国家版本馆 CIP 数据核字（2023）第 074476 号

机械工业出版社（北京市百万庄大街 22 号　邮政编码 100037）

策划编辑：胡　颖　　　责任编辑：胡　颖

责任校对：丁梦卓　张薇　　　封面设计：王　旭

责任印制：常天培

北京机工印刷厂有限公司印刷

2023 年 10 月第 1 版第 2 次印刷

184mm×260mm · 15.75 印张 · 359 千字

标准书号：ISBN 978-7-111-72440-7

定价：89.00 元

电话服务　　　网络服务

客服电话：010-88361066　　机　工　官　网：www.cmpbook.com

010-88379833　　机　工　官　博：weibo.com/cmp1952

010-68326294　　金　书　网：www.golden-book.com

机工教育服务网：www.cmpedu.com

前　　言

随着储能技术的进步、度电成本的降低以及需求侧响应的演化发展，客户侧分布式储能是加强现代配电网清洁能源消纳能力、优化需求侧电能质量、提高电力系统设备使用效率和突破传统配电网规划运营方式的重要途径，因此，客户侧分布式储能在电力系统中的广泛应用是未来电网发展的必然趋势。2015年3月，中共中央国务院印发的《关于进一步深化电力体制改革的若干意见》明确提到鼓励储能技术、信息技术的应用来提高能源使用效率；2016年3月《中华人民共和国国民经济和社会发展第十三个五年规划纲要》中八大重点工程提及储能电站、能源储备设施，重点提出要加快推进大规模储能等技术研发应用；2017年9月22日，国家发展改革委等发布的《关于促进储能技术与产业发展的指导意见》提出大力发展“互联网+”智慧能源，促进储能技术和产业发展，支撑和推动能源革命，为实现我国从能源大国向能源强国转变和经济提质增效提供技术支撑和产业保障。在国家“双碳”战略背景下，大量分布式能源接入电网，发展分布式储能技术，构建源网荷储柔性互动体系，是促进新能源消纳，提升综合能效的必由之路。

2016年6月，国家能源局下发通知，鼓励各企业投资建设电储能设施，鼓励电储能设施与新能源、电网的协调优化运行，鼓励分布式电储能设施在客户侧的建设。“布局广、数量多、容量小”已成为储能的重要发展趋势之一，且逐渐凸显规模效应。客户侧储能产品既可以协助电网解决削峰填谷和需求侧响应等多个难题，又能满足客户侧能量管理、电能质量优化和应急供电等各项需求，有着广阔的市场前景。但以居民、商业和小企业等用户所在地部署的小型分布式储能数量大，地域分布广，且分散性较强；电动汽车在接入电网的时间和空间上具有一定的随机性和移动性，这些都对未来智能用电的发展提出了新的需求和挑战。

本书首先介绍了国内外客户侧储能的发展建设现状，总结了针对客户侧储能应用的研究现状并对客户侧分布式储能的应用模式及特性进行介绍；其次介绍了客户侧储能系统的关键配置，包括电池本体、电池管理系统、储能变流器及系统接口需求；接着介绍客户侧储能系统并网运行技术，主要介绍了储能长、短期应用性能、储能电站并网技术规定及储能电站并网检测技术；随后介绍客户侧储能系统与电网的互动模式，包括客户侧分布式储能在配电网中的优化配置、源网荷协调控制及已经开展的示范应用和效益评估；最后介绍了客户侧储能系统的运行经济性分析，以江苏电网为例对不同运营模式下客户侧储能项目经济性进行分析并给出建议。

本书编写过程中，得到了国网江苏省电力有限公司、中国电力科学研究院有限公司、东南大学、河海大学及南京工程学院的支持和帮助；本书初稿得到了中国电力科学研究院有限公司许晓慧、河海大学史林军和南京工程学院葛乐等专家的审阅，专家们提出了很多宝贵的修改意见，在此表示衷心的感谢。

由于编写时间仓促，编者水平有限，书中难免有疏漏和不足之处，恳请读者批评指正。

编著者

2022 年 4 月

目　　录

第 1 章　概　　述

随着供给侧改革不断推进，三型两网、能源互联网、“互联网 +”智慧能源和智慧城市等战略的实施，智能用电业务迎来新的发展机遇。客户侧储能是公司开拓智能用电业务的重要方向之一，在消除新能源波动、降低负荷峰谷差、提高供电设备利用率、提升供电可靠性和改善电能质量等方面具有突出的优势，是实现能源供应清洁化、用户用电智能化和网荷高效互动化的重要手段，也是未来储能应用的重要领域。

本章在调研国内外客户侧储能技术研究现状基础上，进一步介绍了客户侧储能应用模式和关键技术发展趋势，并进行了效益现状测算。

1.1　国内外储能技术现状

1.1.1　国外技术现状

1. 关键技术研究现状

国外在储能领域的研究主要集中在电池本体、储能关键设备研制、储能系统配置与经济性评估及客户侧储能应用模式等方面。

在电池技术研究方面。美国爱达荷州国家实验室针对锂动力电池进行了详细的性能和寿命测试，提出温度和 SOC 对性能衰减速度影响明显；美国能源部联合多家科研实验室对铅酸电池储能系统、锂离子电池储能系统和锌溴电池储能系统等进行了系统的基础性能测试，并结合具体的应用场合开展了工况下的动态性能测试，包括容量测试、功率响应、频率响应、电压响应及逆变器效率等测试，相关研究表明化学电池的性能衰退不仅与环境温度、荷电状态和储存条件有关，而且和充电方式也有密切关系。

在客户侧储能协调控制设备研制与应用方面。德国能源供应公司 IES 自 2009 年成立以来，在德国安装了超过 6000 个客户侧储能系统，成为光伏加储能领域的领导者之一。目前有 2000 个用户参与到他们的“ Econamic Grid”计划中获取“免费的电力”。家庭用户安装了双向能源管理系统（简称 BEMI)，用户安装的能源管理系统每 15min 储存用户用电数据。

在客户侧储能配置与经济性评估方面。美国桑迪亚国家实验室建立了客户侧储能全寿命周期的成本模型，提出了收益需求和降低成本的途径，计算得出最佳的容量。该成本模型综合考虑了全寿命周期的各项成本，可为客户侧储能的成本来源提供借鉴。

在客户侧储能参与辅助服务方面。美国密歇根大学对储能系统用于美国商业用户负荷的削峰填谷进行了研究，基于每天的功率需求预测评估，提出了自适应储能控制算法，降低负荷峰值，帮助用户减少每月固定的容量电费。

2. 政策情况

美国政府于2011年出台的《美国能源部2011—2015储能电池计划（Energy Storage Program Planning Document)》指出，积极开展储能技术研发，注重储能的实际效用，搭建储能项目价值链条。美国加州于2011年出台《自发电系统激励计划》，促进与太阳能发电或其他自发电技术相结合的储能系统发展，创举性提出为独立储能系统提供补贴，只要达到最低2h的额定放电功率，即按照2美元/W的标准补贴。德国政府2011年出台《第六能源研究计划》等政策，大力资助可再生能源、能源效率和能源储存系统的建设，并通过对光伏系统收取自消费税等经济调控手段，促进用户安装储能设备。韩国政府2010年出台《智能电网国家路线图》，推进智能电网控制、电动汽车基础设施、可再生能源发电和储能设备的建设和应用，2011年出台了《能源存储研发和产业化战略计划》，推动能源存储系统项目建设力度，促进储能技术研发和实现储能产业化运营。

3. 示范工程应用情况

截至2015年年底，全球累计运行储能项目（不含抽水蓄能、压缩空气和储热）327个，装机规模946.8MW。已运行储能项目中，可再生能源并网领域项目的累计装机规模占比最大，为43%，从项目数量上看，分布式储能应用的占比最大，为60%。运行项目累计装机和个数占比如图1-1所示。

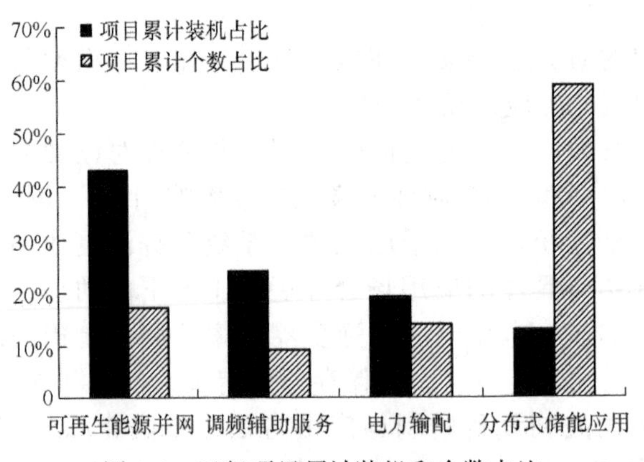

图1-1 运行项目累计装机和个数占比

从国外开展客户侧分布式储能示范工程应用情况看，项目大多采用光储模式，应用场景主要包括海岛、工/商业、户用/社区、偏远地区以及电动汽车光储式充换电站等。储能系统主要用于促进分布式可再生能源的就地消纳，提高区域电力可靠性，提升电能质量、客户侧电费管理，节省电力支出、参与需求响应和减小配电网高峰负荷等。分布式光储应用储能项目分布如图 1-2 所示。

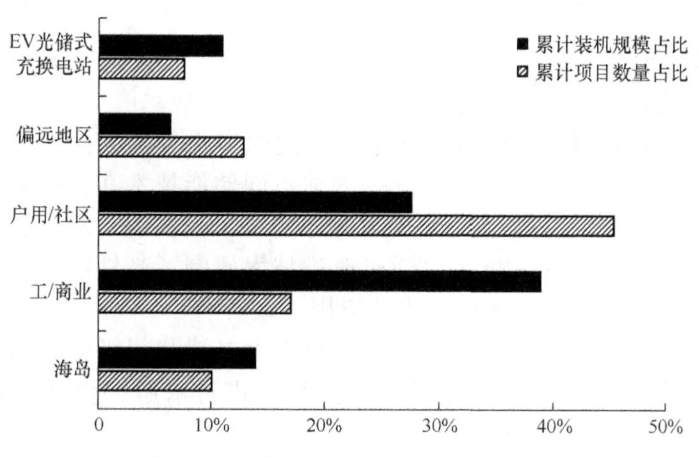

图 1-2 分布式光储应用储能项目分布

国外主要储能项目见表 1-1。

表 1-1 国外主要储能项目一览表

项目名称	项目状态	储能规模	应用
美国夏威夷 Kahuku 风电场储能项目	2014.02 运行	3MW/0.75MW · h 铅蓄电池	控制爬坡功率、调频、削峰填谷
美国科迪亚风电场项目	2012.04 运行	3MW/12MW · h 铅蓄电池	控制爬坡功率、调频、削峰填谷
美国 Tehachapi 风电场储能项目	2014.09 运行	8MW/32MW · h 锂离子电池	削峰填谷、调频、平滑输出、跟踪计划出力
美国 Laurel Mountain 储能项目	2011.09 运行	32MW/8MW · h 锂离子电池	调频辅助服务
智利安托法加斯塔调频项目	2011.12 运行	20MW/5MW · h 锂离子电池	调频辅助服务
德国 Younicos WEMAG AG 储能项目	2014.09 运行	5MW/5MW · h 锂离子电池	调频、调压
英国智能型电力存储示范项目	2014.12 运行	6MW/10MW · h 锂离子电池	延缓输配电扩容升级
日本 IHI 公司储能项目	2014.04 运行	1MW/2.8MW · h 锂离子电池	工业储能
韩国大邱智能电网项目	2014.01 运行	1MW/1.5MW · h 锂离子电池	调峰
美国能源固化风电场项目	2012.03 运行	25MW/75MW · h 液流电池	削峰填谷、调频、平滑输出、跟踪计划出力
美国 Avista 变电站项目	2015.04 运行	1MW/3.2MW · h 液流电池	电力输配领域

1.1.2　国内技术现状

1. 关键技术研究现状

国内储能技术研究主要侧重于电池本体技术研究、储能配置研究及关键设备等方面，同时也开展了初期的商业模式探索。

在电池技术研究方面。中国电力科学研究院以客户侧电池储能为研究对象，引入项目周期和储能寿命周期两个参数，统一评估不同储能技术在同一个项目周期内的年均成本，以期获得不同储能技术降低成本的方法和未来发展需求。浙江南都电源动力股份有限公司在铅酸电池的基础上，通过改进技术研制了高性能、低成本的铅炭电池储能，实现产业化生产，并在客户侧成功应用。

在客户侧储能配置方面。华北电力大学利用蓄电池和超级电容的互补特性建立混合储能系统容量配置模型，采用粒子群优化算法进行求解，得到储能容量优化配置结果。

在客户侧储能设备研制方面。比亚迪公司完成了客户侧储能用磷酸铁锂电池研制，并成功应用；协鑫集团有限公司研制了面向家用的小型智能化储能产品，储能容量分别为2.5kW・h和5.6kW・h；中国电力科学研究院研制出50kW、100kW、250kW和500kW等一系列功率等级的DC/AC双向储能变流器装置。

在客户侧储能商业运营模式方面。清华大学对通过电动汽车与电网互动（V2G）减少弃风的商业模式进行了探讨，将电动汽车作为分布式储能装置参与电网能量交换，分析了电动汽车用户和运营商、电网公司和风电场等各合作方的权益、责任，制定了相应的合作规则及操作流程。

2. 政策情况

为推进储能产业发展，我国出台了一系列支持政策，从储能技术、装备研发、发输配用各环节实施应用、政府财政、土地资源倾斜和技术标准体系等方面给出了实施指导方向。2014年6月国务院印发《能源发展战略行动计划（2014—2020年）》首次将储能列入9个重点创新领域之一；2015年3月中共中央国务院印发《关于进一步深化电力体制改革的若干意见》，明确提到鼓励储能技术、信息技术的应用来提高能源使用效率；2016年3月《中华人民共和国国民经济和社会发展第十三个五年规划纲要》中八大重点工程提及储能电站、能源储备设施，重点提出要加快推进大规模储能等技术研发应用；2016年6月国家能源局先后下发《关于促进电储能参与"三北"地区电力辅助服务补偿（市场）机制试点工作的通知》《关于推动东北地区电力协调发展的实施意见》，加快储能、燃料电池技术的研究与应用，鼓励分布式电储能设施在客户侧的建设。

3. 示范工程应用情况

截至2015年年底，我国累计运行储能项目（不含抽水蓄能、压缩空气和储热）118个，累计装机规模105.5MW，占全球储能项目总装机的11%。从应用分布上看，分布式储能应用和可再生能源并网领域的装机占比最大，二者累计装机规模超过中国市场的 80%，其中分布式储能应用的累计装机规模与项目个数均占据第一的位置，占比分别为 53% 和 77%。运行项目应用累计个数分布如图 1-3 所示，运行项目累计装机分布如图 1-4 所示。

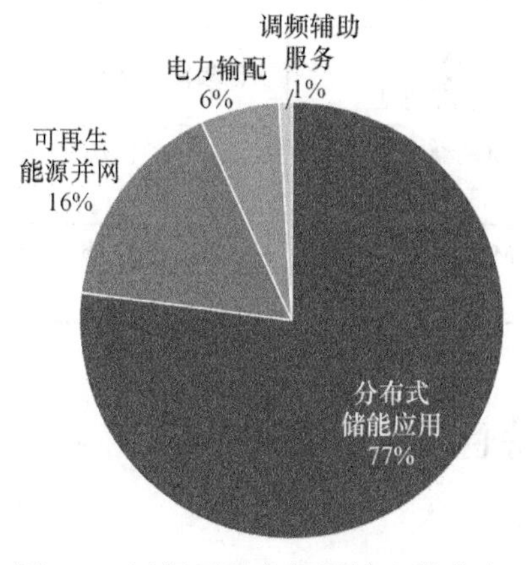

图 1-3　运行项目应用累计个数分布

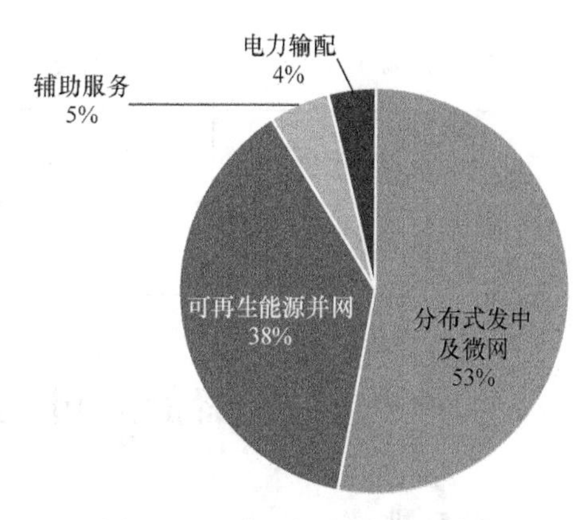

图 1-4　运行项目累计装机分布

我国分布式储能装机容量为 69MW，从国内示范工程应用情况看，锂离子电池和铅蓄电池是分布式储能应用最多的两种技术，二者累计装机占该领域所有项目的 89%，各类示范工程根据不同应用场景的功能需求、并 / 离网特性，设计储能系统结构及其控制策略，主要实现包括促进风光等可再生能源的就地消纳、提高偏远海岛地区供电可靠性、客户侧削峰填谷节省电费支出、参与需求响应、减轻配电网高峰负荷压力以及用于光储充电站等。我国主要储能项目见表 1-2。

表 1-2　我国主要储能项目一览表

项目名称	项目状态	储能规模	应用
浙江鹿西岛并网型微电网示范工程	2014.03 运行	2MW/4MW・h 铅蓄电池	促进分布式可再生能源就地消纳、改善电能质量
江苏经济开发区风电产业园智能微电网项目	2015.04 运行	200kW/600kW・h 铅蓄电池	改善电能质量、提升电力稳定性、降低容量电费
青海玉树大型光储离网项目	2013.12 运行	3MW/12MW・h 铅蓄电池	偏远地区储能
国家风光储输示范项目一期	2011.12 运行	14MW/63MW・h 锂离子电池 2MW/8MW・h 液流电池	削峰填谷、调频、平滑输出、跟踪计划出力
辽宁国电和风北镇风电场储能项目	2015.01 运行	5MW/10MW・h 锂离子电池	削峰填谷、调频、平滑输出、跟踪计划出力
浙江南鹿岛微电网示范工程	2014.09 运行	2MW/4MW・h 锂离子电池	调频、跟踪计划出力、调峰
广东比亚迪客户侧储能项目	2014.08 运行	20MW/40MW・h 锂离子电池	调频、调压、削峰填谷

（续）

项目名称	项目状态	储能规模	应用
广东南网宝清电站项目	2011.02 运行	4MW/16MW・h 锂离子电池	调频、调压、削峰填谷
山西京玉电厂调频项目	2015 运行	9MW 锂离子电池	调频辅助服务
辽宁国电和风北镇风电场储能项目	2015.01 运行	2MW/4MW・h 液流电池	削峰填谷、调频、平滑输出、跟踪计划出力
辽宁龙源法库卧牛石风电场项目	2013.02 运行	5MW/10MW・h 液流电池	削峰填谷、调频、平滑输出、跟踪计划出力

1.2　客户侧分布式储能应用模式及特性

1.2.1　发展背景

1. 电力消费结构变化促使用户用能需求有了新的变革

用户用能需求将朝向高效清洁化发展。在清洁替代和电能替代的驱动下，用户用能电气化改造不断深入，分布式能源发电规模不断扩大，用户的用能类型将从一次低效能源转向高效清洁电能；用户的用电形式将由单一从电网取电转换成分布式能源发电自发自用、余量上网和缺额网侧取电的方向发展。

居民用电持续快速增长将为客户侧储能发展提供需求基础。近五年来，全国城乡居民用电呈现较好的发展趋势，从用电贡献度看，城乡居民用电占比持续增加，2015年最高，达 13.11%；从用电增速看，城乡居民用电增速较快，基本高于全国平均水平。居民用电的快速增长与体量的不断加大，为客户侧储能推广应用奠定坚实的市场基础。城乡居民用电增速及贡献度如图 1-5 所示。

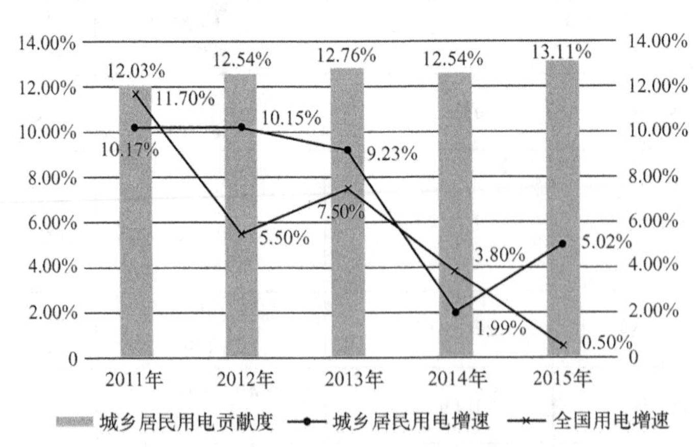

图 1-5　城乡居民用电增速及贡献度

2. 电动汽车规模化应用为客户侧储能发展提供了基础

电动汽车呈规模化发展。根据《电动汽车充电基础设施发展指南（2015—2020年）》，2020年全国新增集中式充换电站超过1.2万座，分散式充电桩超过480万个，满足全国500万辆电动汽车充电需求；电动汽车产销呈现快速增长的趋势，截至2016年10月，全国电动汽车生产35.5万辆，销售33.7万辆，与2015年同期相比，分别增长77.9%和82.2%。2015—2016年电动汽车逐月销量及增速如图1-6所示。

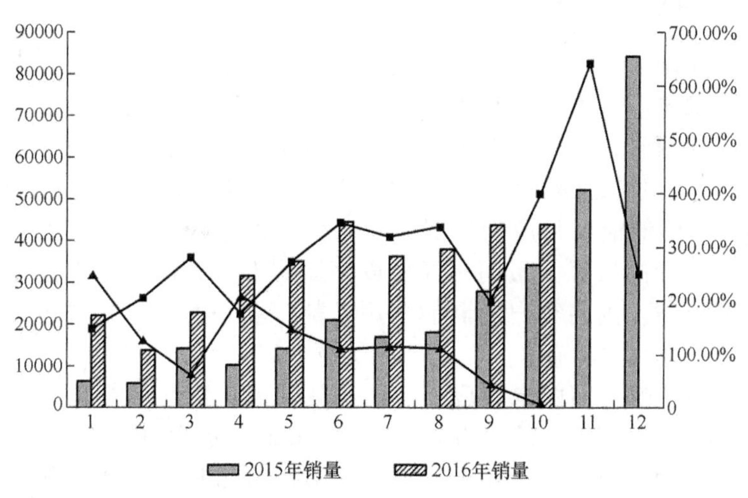

图1-6 2015—2016年电动汽车逐月销量及增速

电动汽车储能体量巨大。电动汽车可以作为灵活移动式储能装置，虽然单台电动车储能容量呈现小型化，但在汽车保有量呈现规模化特征后，合理、有序地管理其充电行为，将为电网提供需求响应服务；电动汽车将丰富客户侧储能的应用场景，通过分布式能源、客户侧储能与电动汽车间的能量流转，提高客户侧储能利用效率，增大分布式能源的自发自用占比，降低电网电量传输损耗。

3. 电力体制改革加速客户侧分布式储能的发展和应用

储能系统助力售电侧提高供电服务品质。一是提高售电侧供电可靠性，基于储能调峰机理，降低电网尖峰负荷，减少配电网重过载；二是提高供电电能质量，依托储能系统变流器设备，实现综合电能质量优化调节，改善配电网供电环境；三是提高分布式新能源发电消纳能力，抑制新能源发电功率波动。

储能系统有效提升供用电经济性。一是降低电力用户用电成本，储能系统可在谷时电价充电，峰时电价放电，同时参与开展电网辅助服务，获得经济性收益；二是平抑配电网功率波动，减少售电公司网架线损，延缓配电网超前投资进度；三是助力售电公司精益化管理购售电业务，售电公司依托储能系统可实现用户负荷曲线的灵活调整，满足电网调度运行要求，提升购售电管理水平，降低运营风险，增加经营效益。

4. 用电信息采集与配电网自动化发展为客户侧储能提供了平台支撑

储能系统的高利用价值依赖于规划建设前全面、细致的历史用电数据分析以及投运后准确的实时用电监测与控制，公司用电信息采集与配电自动化系统在配电与用电两大维度拥有覆盖面全、准确度高的优质数据资产，为客户侧储能系统配置、建设与运行等方面提供强力支撑。在有效数据分析的基础上，公司可以依托负控装置、配电终端和配电自动化等硬件资源，通过对客户侧储能的群调与群控，实现电网运行的安全可靠性与分布式储能的聚合经济性。同时为实现公司对客户侧储能统一调度、电网安全运行奠定基础。

1.2.2 储能应用现状及动向

随着新一轮电改在促进清洁能源多发满发、输配电价改革、电力市场建设、售电侧改革和开展需求响应等方面持续推进，电力市场化程度的提升为客户侧储能推广创造了巨大契机。近两年，客户侧储能项目应用数量不断增加，国内诸如比亚迪、中恒普瑞和协鑫集成等企业都已经针对工业园区规划和部署了大型客户侧分布式储能项目。

根据目前客户侧储能项目应用情况，在工商业用电峰谷价差较大的地区，利用储能削峰填谷节省电费的投资回报期已经可以缩短到五年，储能在工商业领域的应用展现出良好的经济效益。国内客户侧储能应用于削峰填谷的项目数较多，目前在市场上具有一定影响力的项目主要有：

比亚迪客户侧铁电池储能电站应用。由比亚迪建成的全球最大客户侧铁电池储能电站，于2014年7月竣工投运，占地面积1500m²，建设容量为20MW/40MW·h，整站使用的铁电池为比亚迪自主生产，变流器系统则采用业内领先的三电平及交直流并机等先进控制技术。该客户侧储能电站的应用场景为通过峰谷电量搬移、削减厂区用电负荷高峰获得峰谷电价差及大工业用电基础容量等收益，是国内唯一的客户侧商业化运营储能电站。

南都电源客户侧铅炭电池储能电站应用。南都电源拥有铅炭电池核心技术，市场上主推价格低廉的铅炭电池，近两年来，在客户侧取得较大成效，拟建、在建和建成的客户侧储能系统主要有10余项。中能硅业储能电站工程实施项目，储能容量为1.5MW/12MW·h，2016年8月已正式投运，用于削峰填谷的智慧节能用电将使用户的生产用电成本显著降低；中恒普瑞于2016年1月签订了第一期总功率为1500kW的电力储能电站项目，利用工商业用户用电峰谷电价差实施削峰填谷，为用户实现节能与降低成本。

协鑫集成推出家用储能产品。2016年5月，协鑫集成推出市场化家用储能产品，容量分别为2.5kW·h和5.6kW·h，采用高能长寿命锂离子电池技术，能量密度达125（W·h）/kg，产品销售海外，首批产品在澳洲陆续完成了安装调试并顺利并网。

2016年上半年，储能在客户侧的分布式应用已经展现出良好的应用价值和机遇，其中工商业分布式储能最受关注。布置在工商业用户端的分布式储能系统配置灵活、单个项目投资低、与用户实际需求贴近的特点，可与分布式光伏发电、削峰填谷、电费管理和需求响应等密切联系。

1.2.3 储能关键技术情况及发展趋势

储能本体性能指标和寿命基本具备商业化应用水平。近年来，化学储能技术研发快速发展，在液流电池、锂离子电池和全固态电池的性能改进方面取得了大量进展。在成本经济性方面，铅炭电池成本优势较为明显，系统成本为 1250 ～ 1800 元 / (kW・h)，系统度电成本为 0.45 ～ 0.7 元 / (kW・h)，在峰谷电价差较大的地区，目前已具备较好的商业应用价值，最有可能大规模应用到当前储能市场；在技术性能方面，锂离子电池能量密度高，使用寿命长，充放电循环寿命可达 5000 次，虽然目前系统成本相对较高约为 2500 ～ 4000 元 / (kW・h)，投资回报期较长，但技术更新较快，成本下降空间大，具有较好的应用前景。目前市场上主流储能电池性能比较见表 1-3。

表 1-3 目前市场上主流储能电池性能比较

性能指标	铅炭电池	锂离子电池	液流电池		钠硫电池
			全钒	锌溴	
能量密度 / [(W・h) /kg]	30 ～ 60	130 ～ 200	15 ～ 50	75 ～ 85	100 ～ 250
循环寿命 / 次	2000 ～ 4000	2500 ～ 5000	5000 ～ 10000	2000 ～ 5000	2500
系统成本 / [(元 / (kW・h)]	1250 ～ 1800	2500 ～ 4000	4500 ～ 6000	2000 ～ 3500	2000 ～ 3000
系统度电成本 / [元 / (kW・h)]	0.45 ～ 0.7	0.9 ～ 1.2	0.7 ～ 1.0	0.8 ～ 1.2	0.9 ～ 1.2
充放电效率（%）	80 ～ 90	85 ～ 98	60 ～ 75	65 ～ 75	70 ～ 85

储能变流器智能化、小型化和通用化水平不断提升。储能变流器作为连接交流电网与直流电池的中间设备，技术研究与应用较为成熟。在功能控制方面，储能变流器可根据当前输出需求，通过智能控制策略，实现有功功率、无功功率定量化输入输出，运行状态切换时间可达毫秒级；在容量扩展方面，以 IGBT 为代表的开关器件具有驱动功率小、通态压降小的特点，成为现代电力电子技术的主导器件。储能变流器通过小型化的 IGBT 模块组合，实现不同容量电池的配置需求；在实际应用方面，国内开展储能即插即用装置研制，为客户侧储能系统应用提供了技术支撑。

售电市场改革为客户侧储能应用提供了市场平台。售电市场的放开将带来大量的、多样化的用户服务需求，以及分布式能源、电动汽车和智能家居等大量智能终端的接入需求；同时，竞争性环节电价放开将促进售电公司通过为用户提供更加高效的节能服务来获得盈利，客户侧储能是实现用户用电多样化、智能化和售电公司调节负荷曲线、提高供电品质的重要手段，售电市场改革将促进客户侧储能的规模化发展与应用。

1.2.4 市场环境

我国在产业规模、运营模式及政策体系等方面的积累，为客户侧储能提供了良好的应用环境。

我国储能技术厂商总数位列全球第三。从储能产业厂商分布看，全球分别有 44 家储能技术厂商、12 家储能变流器（PCS）厂商和 34 家系统集成商部署了储能项目（包含投运、在建和规划中的项目），其中，美国的厂商数量最多，日本和中国分列二三位，在全球前 14 大锂电池厂商中，我国占据了 3 个厂商，并在高能量锂离子电池的制造工艺和生产技术等方面已达到领先水平。

部分地区峰谷电价政策使储能应用具备盈利条件。在峰谷价差较大地区，储能削峰填谷应用模式逐渐具有商业价值。按照目前铅炭储能 0.5 元左右的度电成本，在电价差大于 0.8 元 /（kW・h）的地区都有投资经济性。广东、江苏、浙江、安徽等用电大省，峰谷价差大多高于 0.8 元 /（kW・h），储能应用条件日趋成熟。

国家关于储能应用的政策体系日趋完善。从 2014 年我国《能源发展战略行动计划（2014—2020 年）》首次将储能列入重点创新领域以来，各级政府机构不断推进储能产业发展，相关政策不断完善、细化，政策内容涵盖储能技术、装备研发、技术标准、应用场景和财政支持等各方面，为储能产业发展提供了政策支撑。

1.2.5 应用分析

从国内外储能示范工程应用情况来看，分布式储能系统的主要应用模式有平滑新能源发电波动、移峰填谷降低尖峰负荷及无功功率调节改善电能质量。

1. 平滑新能源发电出力波动

充分发挥电池储能系统的功率特性，平滑风光发电出力波动，降低风光储联合出力重合率。以华北某风电场 3MW 风机实际输出功率为例，通过计算仿真，未加储能前风电 10min 波动率最大达到了 40%，加入储能后风储 10min 波动率在整个实验过程中基本保持在 10% 以内，储能系统对于风力发电输出平滑效果较好。储能系统参与风电输出平滑效果图如图 1-7 所示。

2. 削峰填谷

根据不同时段的电价政策，控制储能系统的充放电，实现储能系统能量的分时调度，达到削峰填谷效果。以某地工业区负荷分布情况为例，配置 5MW/20MW・h 电池储能系统，经过仿真分析得出，增加储能系统后，可以有效地降低峰值负荷，提高谷时电力的利用效率。储能系统削峰填谷控制策略如图 1-8 所示，加入储能前后微电网联络线功率如图 1-9 所示。

3. 参与电网辅助调频

电池储能系统参与电网辅助服务，主要是根据上层调度系统或网调直接下发的相对应的功率命令值，实现调整功率输出。同时根据当前的电池功率与电池剩余容量（SOC）反馈值，确定储能系统的工作能力，并向调度层上发储能系统的当前允许使用容量信息和当前可用最大充放电能力信息等。以某一装机容量为 1000MW 的系统为例，进行仿真分析。

结果表明，区域中加入 0.01（pu）阶跃负荷扰动后，在传统的 AGC 方式下，区域频域偏差最大值达到 0.07Hz，储能辅助 AGC 调频的系统动态响应曲线偏离正常值的偏差量更小，且恢复稳定的时间短。仿真结果如图 1-10 所示。

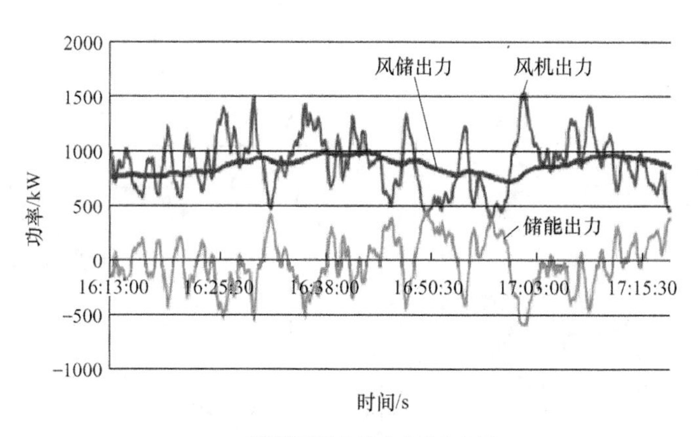

a) 风储系统各部分功率分布图

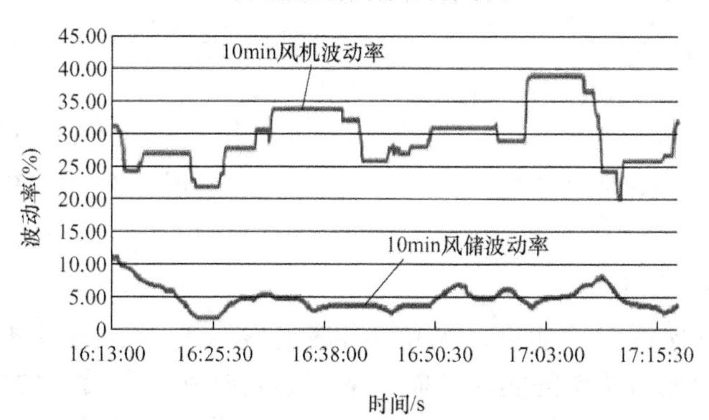

b) 加入储能系统前后风机波动功率对比图

图 1-7　储能系统参与风电输出平滑效果图

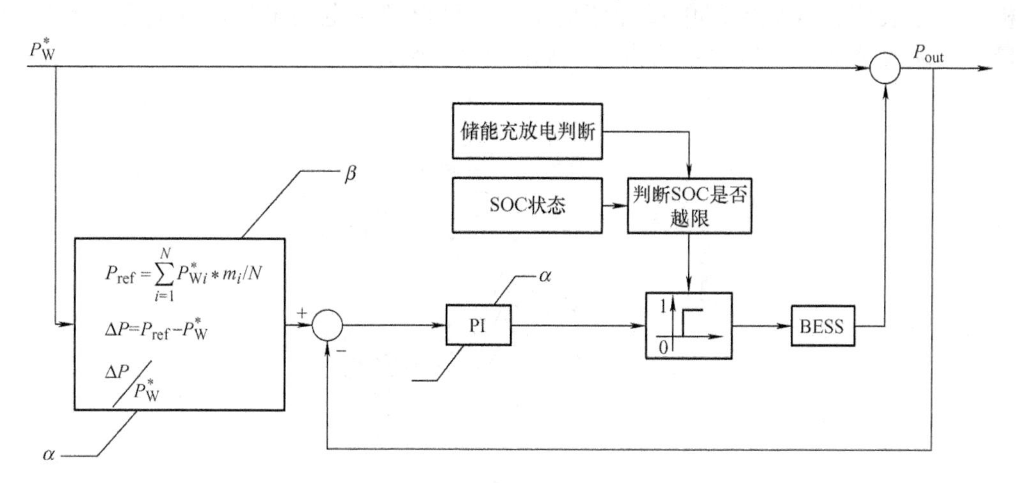

图 1-8　储能系统削峰填谷控制策略

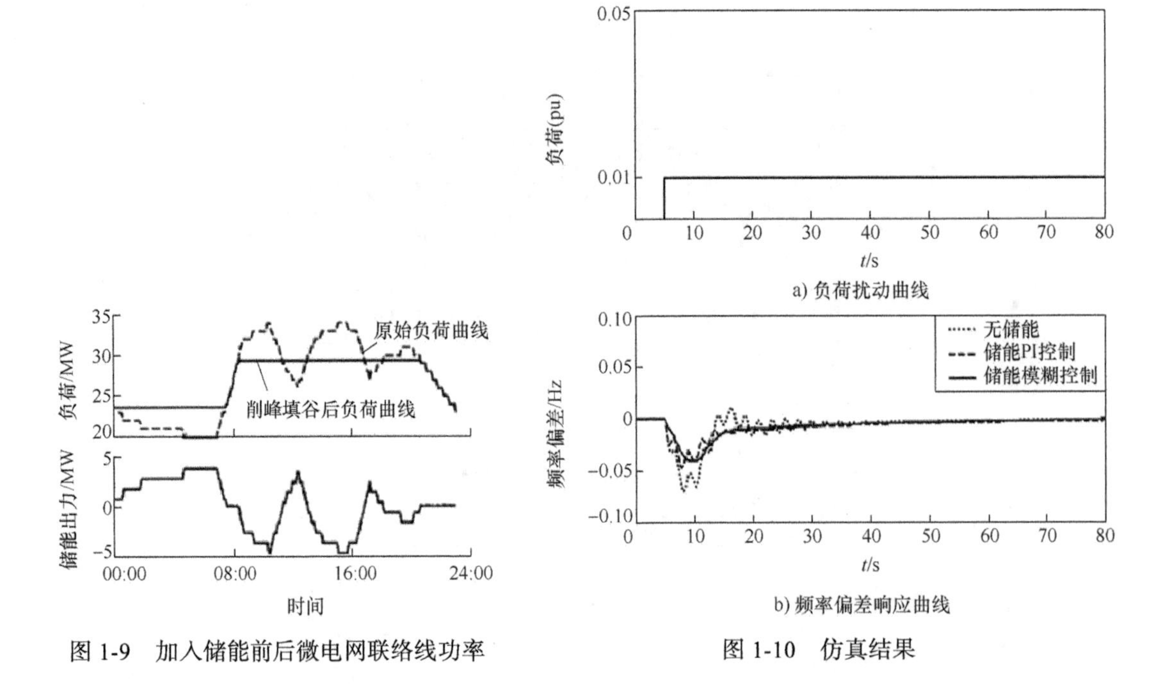

图 1-9　加入储能前后微电网联络线功率

图 1-10　仿真结果

4. 改善区域供电质量

储能系统具有连续有功功率、无功功率输出调节特性，通过储能变流器对电池储能系统有功功率和无功功率的实时控制，从而起到改善供电质量的作用。

当电网电压出现瞬时性跌落、瞬时供电中断和供电谐波含量较大等电能质量问题时，储能变流器根据指令信号调整控制策略，实现无功电压支撑、自备投电源无缝供电和消除谐波等功能。

以储能改善电网电压水平为例，选取装机容量为 500MW 的 10 节点系统进行仿真分析，结果表明，区域电网中添加储能系统，可以解决电网电压越限问题，提高供电质量。储能改善节点电压水平仿真结果如图 1-11 所示。

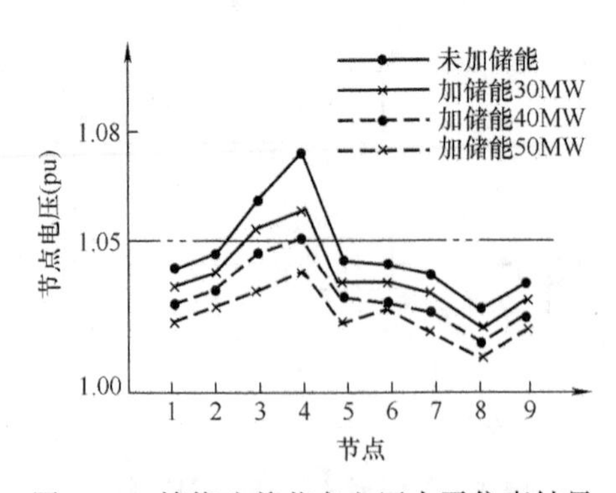

图 1-11　储能改善节点电压水平仿真结果

1.3 典型示范工程介绍及效益测算

以江苏淮安某公司自建储能系统为例，开展效益测算分析。用户专用变压器的电压等级为 110kV，安装容量为 1.6MV・A，在供电公司申请的用电容量为 6420kV・A，用电类型为大工业，配置的储能系统容量为 500kW/1370kW・h，通过移峰填谷，降低企业的用电成本。用户典型日负荷曲线如图 1-12 所示。

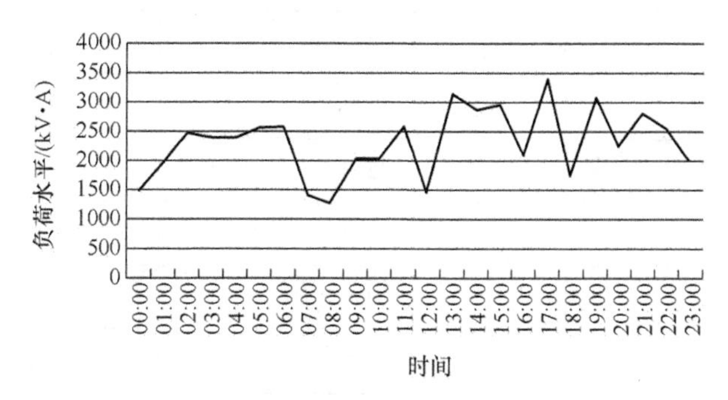

图 1-12 用户典型负荷曲线

根据江苏省物价局规定的电网销售电价，结合用户典型负荷曲线，制定储能充放电策略。考虑到峰谷平时间跨度并不相同，为充分利用储能装置，延长使用寿命，选择不同的充放电功率档位进行充放电操作。江苏电网销售电价见表 1-4，储能系统充放电策略见表 1-5。

表 1-4 江苏电网销售电价表

电压等级	用电时段			基本电价	
	高峰 8:00 ~ 12:00 17:00 ~ 21:00	平段 12:00 ~ 17:00 21:00 ~ 24:00	低谷 00:00 ~ 8:00	最大需量 [元 /（kW・月）]	变压器容量 [元 /（kV・A・月）]
1 ~ 10kV	1.1002	0.6601	0.3200	40	30
20 ~ 35kV	1.0902	0.6541	0.3180	40	30
35 ~ 110kV	1.0752	0.6541	0.3150	40	30
110kV	1.0502	0.6301	0.3100	40	30
220kV	1.0252	0.6151	0.3050	40	30

表 1-5 储能系统充放电策略

	00:00 ~ 8:00	8:00 ~ 12:00	12:00 ~ 17:00	17:00 ~ 21:00
储能系统工作方式	充电	放电	充电	放电
充电功率 /kW	220	500	500	500
充放电量①/（kW・h）	1000	1000	1000	1000

① 由于充放电过程存在能量损耗，本项目储能装置平均每次冲方，S 为一天的充放电收益，ΔP_1 是高峰时段与低谷时段的电价差，ΔP_2 是高峰时段与平段时段的电价差，a 是一个回合充放电电量，一天两回合的充放电收益为 $S=\Delta P_1a+\Delta P_2a$。

对客户侧储能系统的投资与回报进行经济性评估。根据储能充放电策略与江苏电网销售电价，可得一天两个充放电回合的收益为21160.30元。本项目采用锂电池，储能系统总造价为350万元，平均度电成本为2554.75元/(kW·h)，使用年限为10年。由此未来10年中，每年的现金流为42.35万元，对未来现金流进行折现，根据目前市场利率，设定期望投资利率为3.50%。未来现金流折现见表1-6。

表1-6 未来现金流折现表（单位：万元）

使用年份	未来现金流	现金流折现值①
1	42.35	40.92
2	42.35	39.54
3	42.35	38.20
4	42.35	36.91
5	42.35	35.66
6	42.35	34.45
7	42.35	33.29
8	42.35	32.16
9	42.35	31.07
10	42.35	30.02
合计	423.50	352.22

① 现金流折现值＝未来现金流/（1+期望利率）^{年份}。

由于未来现金流折现值为352.22万元，大于系统总造价350万元，因此在不计及10年后设备残余价值的条件下，本项目投资回报率约为3.5%。从未来累计现金流来看，用户在第8～9年间可收回项目成本。未来累计现金流如图1-13所示。

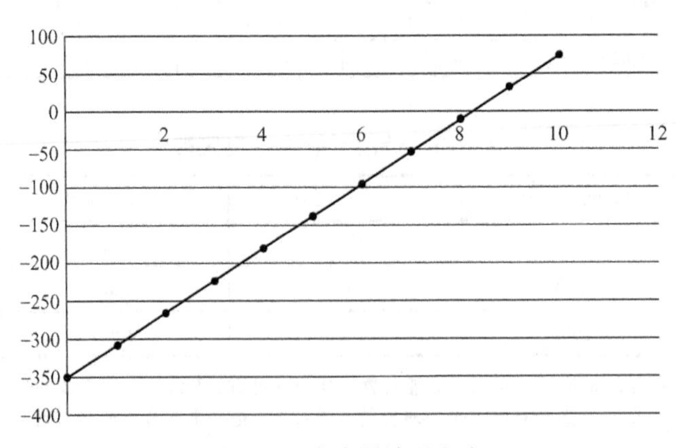

图1-13 未来累计现金流

综合来看，储能项目投资与否需要权衡企业的财务状况与运营情况，如果企业的现金流情况较好，闲置资金较为充沛，与目前最新的同期存款基准利率 2.75% 相比，储能项目投资具有较高的经济性；若企业的财务情况较为吃紧，融资成本较高，与同期 5 年以上贷款基准利率 4.90% 相比，储能项目投资收益并不能取得满意的效果。储能投资回报与储能电池的成本和充放电循环次数息息相关，未来随着储能材料的技术突破，其投资回报会进一步增长。

第 2 章　客户侧储能系统关键配置

2.1　概述

分布式电源并网发电被认为是 21 世纪电力工业的重要研究方向之一。分布式电源将大规模接入配电网。然而，分布式电源在配电网中渗透率的增加也将带来一系列的影响，例如双向潮流、节点电压越限及电能质量等。储能可以很好地解决由于分布式电源渗透率提高所带来的问题。

目前，储能造价昂贵，为了使其得到充分利用，储能的配置规划问题已经成为研究热点。早在 1995 年，就有中国台湾的学者研究以最大化用户建设储能系统的投资回报率为目标，建立了蓄电池储能系统的优化规划模型，并采用专家知识库规则和多步动态规划的方法求解，得到储能系统的最优规模和容量。模型考虑了储能系统节省用户电量电费和容量电费的价值。华北电力大学学者研究了光伏 / 蓄电池 / 超级电容器构成的光伏 - 混合储能系统容量配置问题，利用蓄电池和超级电容的互补特性建立混合储能系统容量配置模型，采用粒子群优化算法进行求解，得到储能容量优化配置结果。华中科技大学学者分别从平滑风电短期波动性、弥补风电预测误差和含风电电力系统调峰需求等三种目标出发，对含大规模风电的电力系统储能电源优化配置进行了研究，在此基础上提出基于分解协调的含风电电力系统的多元储能电源优化配置方法。华北电力大学学者研究了促进风电消纳的发电侧 - 储能 - 需求侧联合优化模型，以经济效益最大化为优化目标，将分时电价机制与储能技术纳入风电消纳模型，通过改变系统负荷分布提高风电的消纳水平。总体而言，分布式储能的规划已有一些研究，但多数研究仅考虑分布式电源与储能联合系统或配电网投资运行的总成本最小或总收益最大，多个目标间没有建立有效的联系。在实际的规划中，如果能够充分考虑储能系统带来的综合效益，可以更好地开展分布式储能的优化配置。

本章首先分析各类储能系统特点及适用条件，构建典型应用场景；分析不同运营模式和运行控制策略下分布式储能对电网的支撑调节作用。并针对延缓配电网升级投资和提升清洁能源消纳等目标，研究分布式储能优化配置模型及其求解方法。考虑源网荷三种不同应用场景下分布式储能系统的应用需求，研究新增分布式储能的选型、选址和容量配置方法。

储能电池组包括铅酸电池、镍系电池、锂系电池、液流电池和钠硫电池等。

2.2　电池本体

电池储能（Battery Energy Storage，BES）是利用电池正负极的氧化还原反应进行充放电的电化学储能装置。根据内部材料以及电化学反应机理的不同，电池储能可分为多种类型，如铅酸电池、锂离子电池、钠硫电池、液流电池、镍镉电池和镍氢电池等。各种不同类型的电池储能内部的核心结构基本相同，均由正极、负极、隔膜和电解质组成。在充电过程中，正极的活性材料上发生氧化反应，失去电子。与此同时，阳离子通过电解质在电场的作用下向负极移动。失去的电子沿着外电路流向负极，并在负极上与负极活性材料结合，发生还原反应。电池的放电过程与充电过程正好相反。不同类型的电池储能，其特性、发展水平以及使用场合均有一定的差异。

2.2.1　铅酸电池

铅酸电池（Lead-Acid Battery）中正极板为二氧化铅板，负极板为铅板，电解液为稀硫酸溶液，其正、负极化学反应式为

$$\text{正极}\quad PbO_2+2H^++H_2SO_4^-+2e^- \xrightleftharpoons[\text{充电}]{\text{放电}} PbSO_4+2H_2O$$

$$\text{负极}\quad Pb+HSO_4^- \xrightleftharpoons[\text{充电}]{\text{放电}} PbSO_4+H^++2e^-$$

铅酸电池技术成熟，在全球范围内实现规模化量产，因此铅酸电池价格便宜，制造成本在电池储能中最低，因此成为在电力系统中应用最广泛的储能电池。但其缺点同样明显，如循环寿命较短、不能深度充放电和存在环境污染隐患等。由于传统铅酸蓄电池的诸多缺点，目前全球很多企业和研究机构正致力于开发出性能更加优异、能够满足各种使用要求的新型铅酸电池，包括超级铅酸电池、水平铅布电池以及铅炭电池等。

2.2.2　锂离子电池

根据锂离子电池（Li-ion Battery）所用电解质材料不同，锂离子电池可以分为液态锂离子电池和聚合物锂离子电池两大类。目前锂离子电池已经发展出了多种体系，包括磷酸铁锂电池、锰酸锂电池、钛酸铁锂电池和锂空气电池等。锂离子电池的电化学反应方程式为

$$\text{正极}\quad LiCoO_2 \xrightleftharpoons[\text{充电}]{\text{放电}} Li_{1-x}CoO_2+xLi^++xe^-$$

$$\text{负极}\quad 6C+xLi^++xe^- \xrightleftharpoons[\text{充电}]{\text{放电}} Li_xC_6$$

锂离子电池主要优点有能量密度高、使用寿命长、安全环保、无记忆效应和自放电小等。目前针对磷酸铁锂电池的研究较多，在电动汽车、可再生能源并网、智能电

网以及移动电站等领域应用成效较好，新兴的锂空气电池因其较好的性能也备受关注。目前锂离子电池的发展瓶颈主要是其居高不下的成本，另外由于工艺和环境温度差异等因素的影响，大容量集成系统的各项指标往往达不到单体水平，且循环寿命较单体有所缩短。

2.2.3 钠硫电池

与铅酸电池、镉镍电池等由固体电极和液体电解质所构成不同，钠硫电池（NaS Batteries）是由熔融液态电极和固体电解质组成的，正极活性物质为液态的硫和多硫化钠熔盐，负极活性物质为熔融金属钠，中间是多孔性陶瓷隔板，其化学反应式如下

$$\text{正极}\quad 2Na \underset{\text{充电}}{\overset{\text{放电}}{\rightleftarrows}} 2Na^{+}+2e^{-}$$

$$\text{负极}\quad xS+2e^{-} \underset{\text{充电}}{\overset{\text{放电}}{\rightleftarrows}} S_x^{2-}$$

钠硫电池的主要特点是能量密度高、充放电功率大和使用寿命长，而且由于其通常采用固体电解质，没有采用液体电解质电池的自放电及副反应，充放电电流效率接近 100%。钠硫电池工作温度较高，一般为 300 ～ 350℃，电池正常工作需要加热和保温，因此钠硫电池除了电池本身的关键技术外，还涉及电池堆的温度控制技术、电池循环的电控技术和安全保护技术等多项保证电池正常运行的技术。自 20 世纪 80 年代起，日本 NGK 公司开始研发钠硫电池，2002 年开始逐步实现商业化应用，目前全球范围内已有超过 200 座功率大于 500kW、总容量超过 300MW 的钠硫电池储能电站投入运行，主要用于应急电源、电网峰谷差平衡和电能质量改善等场合。在我国，中国科学院上海硅酸盐研究所与国家电网公司合作，现已建成 2MW 钠硫电池生产示范线。

2.2.4 液流电池

液流电池（Redox Flow Battery），不同于固体材料电极或气体电极的电池，其活性物质是流动的电解质溶液，液流电池是利用正负极电解液分开、各自循环的电化学储能装置。按化学反应物不同可分为全钒液流电池、多硫化钠液流电池和锌溴液流电池等。全钒液流电池技术目前相对较为成熟，其将具有不同价态的钒离子溶液作为正极和负极的活性物质分别装在两个储罐中，电池内正、负极电解液用离子交换膜分隔开。电池进行充放电时，电解液通过泵的作用，由外部储液罐分别循环流经电池的正极室和负极室，并在电极表面发生氧化和还原反应，实现对电池的充放电。全钒液流电池的化学反应式为

$$\text{正极}\quad V^{4+} \underset{\text{充电}}{\overset{\text{放电}}{\rightleftarrows}} V^{5+}+e^{-}$$

$$\text{负极}\quad V^{3+}+e^{-} \underset{\text{充电}}{\overset{\text{放电}}{\rightleftarrows}} V^{2+}$$

液流电池最显著的优点为能够 100% 深度放电，循环寿命长，额定功率和容量相互独立，可以通过增加电解液的量或提高电解质的浓度达到增加电池容量的目的。其

主要缺点在于能量密度低，所需空间较大。目前，液流电池已初步实现商业化运行，兆瓦级液流电池储能系统已步入示范阶段。随着容量和规模的扩大、集成技术的日益成熟，液流储能系统成本将进一步降低，有望在电力系统中得到更广泛的应用。

2.2.5　氢储能

氢储能系统（Hydrogen Energy Storage System），一般是由水电解制氢装置（电解槽）、燃料电池、储氢容器以及压缩机、冷却系统等附加设备组成。在充电时，通过电解槽利用电能将水电解为氢气和氧气，并将氢气储存；放电时通过燃料电池，利用储存的氢气进行发电。

电解槽（Electrolyzer）由阳极、阴极、槽体和隔膜构成，根据电解槽电解质和电极材料的不同，可分为碱性电解槽、质子交换膜电解槽和固体氧化物电解槽等。当直流电通过电解槽时，在阳极与电解溶液界面处发生氧化反应，生成氧气；在阴极与电解溶液界面处发生还原反应，生成氢气。以碱性电解槽为例，其反应式为

$$\text{正极}\quad 4OH^- = O_2+2H_2O+4e^-$$
$$\text{负极}\quad 2H_2O+2e^- = H_2+2OH^-$$

燃料电池（Fuel Cell）是一种以氢为主要燃料，把燃料中的化学能通过电化学反应直接变成电能的能量转换装置。根据所用电解质的不同，燃料电池可分为碱性燃料电池、熔融碳酸盐燃料电池、固体氧化物燃料电池、质子交换膜燃料电池和直接甲醇燃料电池等。燃料电池中的电化学反应实际上是电解槽的逆过程，其反应式为

$$\text{正极}\quad H_2 = 2H^++2e^-$$
$$\text{负极}\quad O_2+4H^++4e^- = 2H_2O$$

与其他利用燃料的发电设备相比，燃料电池具有能量转换效率高、污染小和模块化等优点，在分布式发电、燃料电池汽车等领域有广泛的应用前景。

在氢储能系统中，储存氢气的方式也有多种，除最为常见的高压储气罐外，还可以采用低温液态氢的方式或氢化物的方式进行储存。小规模的氢储能系统中，一般采用地上的储氢容器，其压力可达 900bar（$1bar=10^5Pa$）。大规模的氢储能系统中，可采用地下管道系统或岩洞等存储氢气。随着储氢技术及燃料电池的发展，氢储能系统越来越多地应用于微电网以及平滑可再生能源发电输出等场景。近年来，全球范围内建立了多个氢储能系统的示范工程，较为典型的为挪威 Utsira 的风 / 储示范项目。

2.3　电池管理系统（BMS）

一些厂家的电池产品中，电池管理系统（BMS）又称作电池电子控制模块（BECM）。在最高级别，BMS 从应用程序主管接收命令以打开 / 关闭接触器，并报告电池的运行状态。下面讨论 BMS 的各种附加功能。

2.3.1 电池管理的作用

BMS的原理如图2-1所示。由于电池是无源设备，可响应应用程序尝试提供/接收任何负载，因此应用程序管理负责在BMS报告的操作限制内主动控制负载。需要估计算法来使用测量的电流、电压和温度信号，以确定电池能量和功率限制。

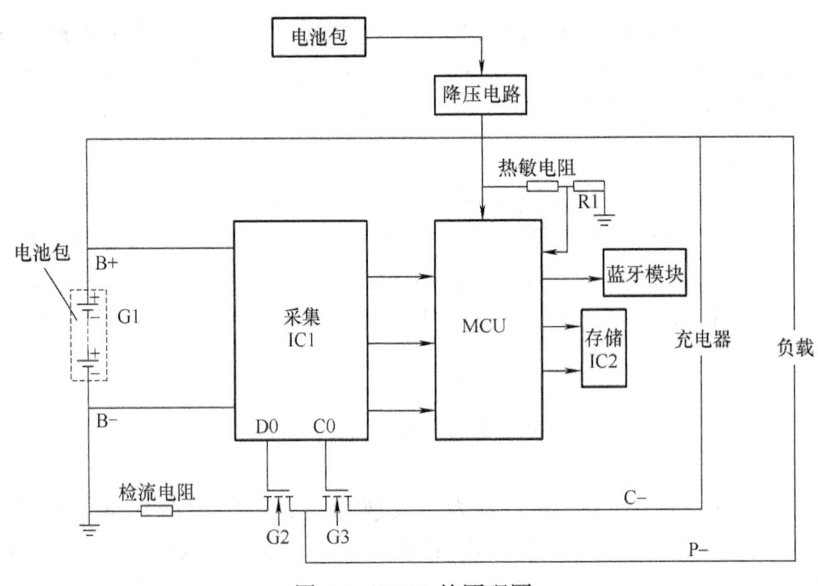

图2-1 BMS的原理图

除了估算和报告运行限制外，BMS还控制电池热管理和电池平衡。此外，BMS还检测故障并记录异常事件，包括电池/电池组过电压/欠电压/电流/温度、接地故障/电气隔离损失、气体检测，传感器故障、通信看门狗定时器以及校验和错误。

2.3.2 BMS硬件

BMS和平衡系统可以采用多种拓扑结构。BMS硬件的技术注意事项包括输入/输出精度、电压基准稳定性、工作温度范围、通信速度、对电磁干扰的容忍度以及记忆和计算速度。对于锂离子电池系统，BMS与电池平衡系统一起工作。如果平衡在BMS内共存，则必须能够消散平衡电阻和电路产生的热量。

BMS可以布置在主/从配置中，最小化在BMS和电池单体之间行进的导线的长度。一个极端是仅使用主站的BMS配置，使用具有传感器测量功能的完全集中式BMS，单体平衡和计算全部在一个盒子中进行。另一个极端是使用分布式的仅从属BMS配置的单元级处理器，每个都完成单体传感、计算和平衡，对于其单个单体或一组并联的单体。

选择特定的主/从硬件架构以最小化成本、体积和质量，便于维护或模块更换，并最大化组的性能和寿命。在可用的硬件选项中，架构选择以避免长距离的导线和布线连接的数量。根据汽车行业的经验，每个单线连接在汽车里花费1美元。另外，每个发送/接收节点用于CAN通信成本约0.5美元。

2.3.3　电池平衡

镍氢电池、镍镉电池和铅酸电池都具有氧化还原梭形式的内部过充电保护机制。氧化还原梭是一些分子，它可以在正电极上可逆地氧化，通过电解质扩散，并在负电极处还原，所有电位都略高于典型的充电结束电压。具有氧化还原梭的物质可以以一个比较温和的速率过充电，结果是具有不匹配容量，或一簇电池 SOC 最终都达到 100%，未使用的电荷在电池内部产生热量。

即使对于目前尚未证实存在氧化还原梭的锂离子电池，极其匹配的电池也可能不需要平衡，并且仍然可以达到较长寿命。这种拓扑有时用于卫星电池，其平衡系统电子设备故障的风险是一个问题，并且电池可以在构建电池系统之前很好地匹配。电池必须精确匹配其容量和自放电率；额外的电池单体预筛选和老化测试是昂贵的，因为未通过鉴定的电池单体的废品率增加。相对而言，只需要几年寿命的低成本可更换消费电子设备可能不需要电池平衡。

但总的来说，大多数锂离子系统需要平衡；无源电路平衡是最常见的选择。如果电池相单体对于其相邻单体达到太高的 SOC（或电压，但是 SOC 优先），则与每个电池并联的电阻器被接通以耗散一些能量。无源平衡系统通常仅在充电期间保持平衡，因为放电期间的平衡是浪费能量。无源平衡比有源平衡便宜；然而，它的缺点在于将未使用的能量留在健康电池单体中。在完全充电时电池完全匹配，在放电期间，具有低容量和 / 或高电阻的劣质电池将首先达到其最小允许电压，从而导致整个电池串的放电结束。尚未达到最低电压的优质电池将留下滞留的能量。这种未使用的能量显然对能源而不是电力应用产生更大的影响。相比之下，有源平衡系统具有一些在放电和充电期间将能量从优质电池传送到劣质电池的措施。对于具有不匹配的电池容量的系统，系统的所有能量减去由于低效率导致的一些损失。电池组寿命与电池单体和平衡系统老化的关系如图 2-2 所示。

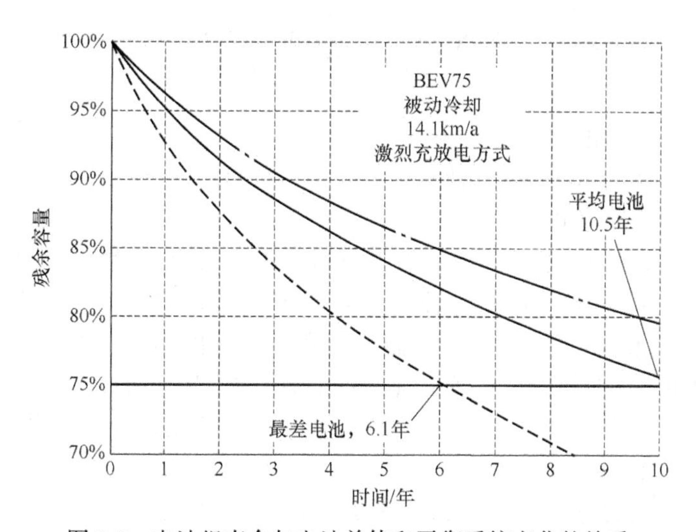

图 2-2　电池组寿命与电池单体和平衡系统老化的关系

锂离子电池在厂家中可以很好地匹配，当组装电池组时，可能只有 1% ～ 2% 的容量不匹配。即使这种紧密的匹配水平，电池单体不平衡也会在整个生命中不断增长。图 2-2 显示了整个生命过程中电池单体不平衡增长的极端情况。在仿真中，电池单体在内部匹配，寿命周期初始不平衡在 ±1.2% 以内。这种高年度里程情况的每日运行使得大型电动汽车电池组中心的电池比靠近电池组外部的电池更加明显地发热。10 年后，最优质的电池单体容量比最劣质的电池单体多 14%。到第 10 年，整个背景中的温度梯度大约是不平衡增长的一半。个别电池单体内老化过程的变化是造成另一半的原因。在第 10 年，图 2-2 所示的系统如果使用有源平衡，则将具有 76% 的寿命周期初始容量，如果使用无源平衡，则具有 65% 的寿命周期初始容量，因为它将受到最差单体的限制。仿真的不平衡水平取决于使用场景。例如小于 BEV75 的组或具有更强的热管理可能具有较小的温度不平衡，因此，在整个寿命期间具有较小的容量不平衡。

这种滞留的能量在第 10 年是否是一个问题取决于应用。在第 1 ～ 3 年，滞留的能量要少得多。因此，有源平衡对于短寿命消费者设备具有可疑价值，但对于需要持续 5 ～ 20 年的长期资本投资而言可能是值得的。此外，图 2-2 所示的不平衡增长幅度在很大程度上取决于电池质量、寿命周期初始匹配和整个电池组的热梯度。热的电池通常老化更快，但如果电池组遇到频繁的低温操作，特别是充电，最冷的电池也可能老化最快。

2.3.4　状态估计算法

需要估算算法来推断电流、电压和温度测量的荷电状态（SOC)、功率状态（SOP）和健康状态（SOH)。算法可以是基于规则的，也可以是基于模型的。例如，当电池处于静止状态且端子电压等于开路电压 $V=V_{OC}$ 时，基于规则的算法可能使用 SOC=fV 的查找表来估计初始 SOC。然而，在充电和放电期间，规则 $V=V_{OC}$ 不成立，并且算法可能会切换到库仑计数计算

$$\mathrm{SOC}(t)=\int_0^t \frac{-I(t)}{Q}\mathrm{d}t+\mathrm{SOC}_0$$

式中　Q——电池的容量；

SOC_0——初始 SOC 估计值；

$I(t)<0$——电池放电。

然而，库仑计数的问题在于，由于不可避免的电流传感器测量误差，SOC 估计最终将偏离适当的 SOC。为了校正电流传感器误差，最好同时使用电流和电压测量值来不断调整 SOC 估算值。这是状态估计器或观察者背后的概念，其中一类是卡尔曼滤波器。通常，基于模型的算法优于基于规则的算法，因为它们被公式化以在预期的传感器误差范围内提供平滑变化的，最佳可能的估计，并且在宽的操作范围内更准确。Sox 估计的模型和算法如图 2-3 所示。

为了以基于模型的方式估计 SOC、SOP 和 SOH，需要多种算法。图 2-3 中提出了一组算法。

1）需要一个参考模型来预测电池电流 / 电压动态并将它们与系统的内部状态联系起来。图 2-3 中的所有其他算法都使用电池参考模型。模型越准确，状态估计越准确。

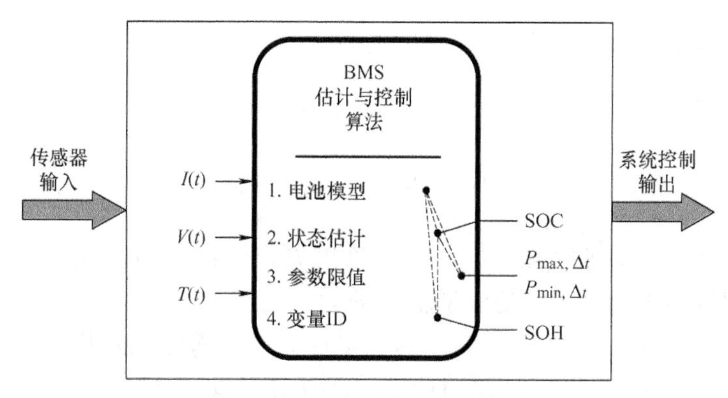

图 2-3　Sox 估计的模型和算法

2）状态估计器或观察器以预测 – 校正器方式使用参考模型来收敛模型状态的估计，其中之一是 SOC（递归回归算法是计算模型状态的替代方法）。

3）对于极限计算，参考调节器将参考模型反转，以找出不违反某些电池约束的允许电流或功率水平，通常是最小和最大电压限制。将这些电流 / 功率限制报告给监控控制器以控制负载，也可以使用模型预测控制算法来计算限制。

4）电池的健康变化可以通过参数的缓慢自适应调整来推断，即参考模型中的电阻和容量。这里没有讨论，在线参数识别算法包括参数回归和状态估计的增强，以联合估计模型状态和参数。参数估计应比状态估计（秒级）慢几个数量级（几个月），以避免两个估计之间的不稳定。上述算法采取线性和非线性的形式。本节使用线性模型和估算器说明基本概念。然后，线性算法可以很容易地扩展到更准确的非线性算法。

2.3.5　电池参考模型

电池参考模型通常采用模拟电池电流 / 电压动态的等效电路模型，如图 2-4 所示。电路模型的缺点是 SOC 是模型的唯一内部电化学状态。该模型的电阻 / 电容状态不能提供对电池内部过程的物理洞察，但可用于预测电池端电压与电压限制的接近程度。正在进行研究，以便在线应用快速准确地开发电化学模型。对于大多数状态估计算法，参考模型应该是状态变量形式。

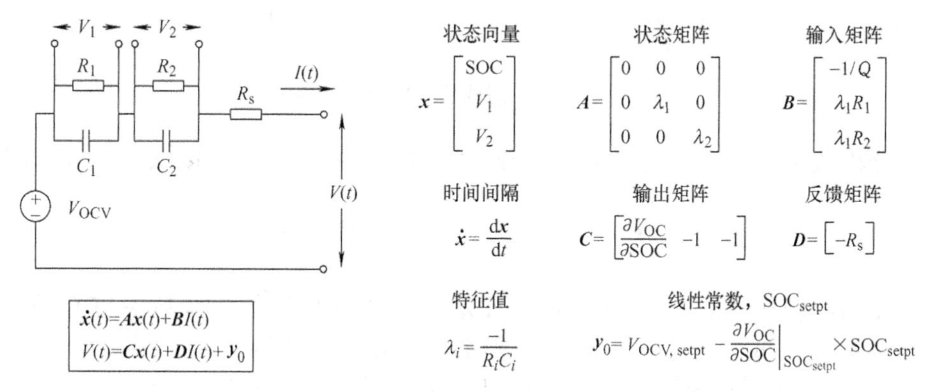

图 2-4　电池等效电路的连续时间线性状态模型

连续时间线性状态变量模型采用的形式为

$$x(t)=\boldsymbol{A}x(t)+\boldsymbol{B}u(t) \tag{2-1}$$

$$y(t)=\boldsymbol{C}x(t)+\boldsymbol{D}u(t)+\boldsymbol{y}_0 \tag{2-2}$$

式（2-1）、式（2-2）分别称为状态方程和输出方程。在这些等式中，x 是模型状态的向量；y 是模型输出的向量；u 是模型输入的向量。

该模型必须严格适当，以确保算法的稳定性。这要求电流是模型输入 $u(t)=I(t)$；电压是模型输出 $y(t)=V(t)$。相反的模型将构成控制理论中的不正确系统。图 2-4 定义了典型等效电路模型的模型矩阵 $\boldsymbol{A}$、$\boldsymbol{B}$、$\boldsymbol{C}$、$\boldsymbol{D}$ 和 $\boldsymbol{y}_0$。尽管不是必需的，但是如果可能的话，将 $\boldsymbol{A}$ 矩阵布置成具有对角线结构比较方便。因此，模型的特征值直接出现在对角线 $[0 \quad \lambda_1 \quad \lambda_2]$ 上。这有利于稳定性分析，并简化了普通差分方程与时间和 / 或从连续时间到离散时间的转换的集成。一个模型可观的必要要求是 $\boldsymbol{A}$ 矩阵只能包含一个等于零的特征值。这个自由积分项与 SOC 有关。库仑计数公式是一个自由积分器，其特征值为零。这有时需要巧妙的操作，以便模型的所有其他状态具有负的实际特征值，使得如果电池处于静止状态，它们的状态会收敛到零。通过扩散和反应过程控制电池动力学，电池模型的特征值没有虚部（振荡）。它们是纯实数，小于或等于零。

2.3.6 状态估计器

如图 2-5 所示，状态估计器使用反馈控制原理进行操作。在每个时刻，对模型状态方程进行小的校正。该校正与模型预测电压和实际测量电压之间的误差成比例。符号（例如 x）表示估计数量。

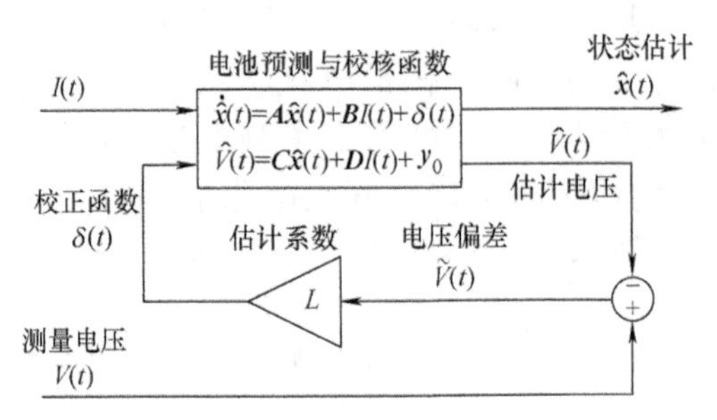

图 2-5 连续时间线型状态估计器

为了分析收敛标准，将测得的电压减去模型电压乘以增益乘以状态方程，即

$$\dot{\hat{\boldsymbol{x}}}=\boldsymbol{A}\hat{x}+\boldsymbol{B}u+\boldsymbol{L}(y-\boldsymbol{C}\hat{x}+\boldsymbol{D}u+y_0) \tag{2-3}$$

收集 x 的项，发现在循环中具有估计量的系统的特征值是矩阵 $\boldsymbol{A}-\boldsymbol{LC}$ 的特征值。为使估计量稳定并收敛，这些特征值必须都小于零。利用以对角线形式配置的电池模型的 $\boldsymbol{A}$ 矩阵和具有行向量的 $\boldsymbol{C}$ 矩阵，可以直接找到满足该条件的对角线 $\boldsymbol{L}$ 矩阵。如果要基于状态估计应用反馈控制，则控制稳定性的良好实践是将估计和控制函数的时间

尺度分开一个数量级。控制中的一般做法是使估计器特征值比控制器特征值更快；然而，鉴于电池内部状态的可观察性较弱，建议采取相反的做法：缓慢调整状态估算并为快速控制限制添加适当的安全裕度，以解决估算误差。

对系统可观察性的要求是可观性判别矩阵

$$\boldsymbol{O}=\begin{bmatrix} \mathrm{C} \\ \mathrm{CA} \\ \mathrm{CA}^2 \\ \vdots \\ \mathrm{CA}^{n-1} \end{bmatrix} \tag{2-4}$$

满秩。此条件是对电池参考模型的要求，它是一个矩阵只有一个特征值等于零。在数字控制器上，状态估计器以离散时间而不是连续时间实现。估计器是基于在当前时间步长 k 处进行的传感器测量和计算来操作的。首先，评估输出方程，然后更新状态方程

$$\hat{y}(k)=\boldsymbol{C}^d\hat{x}(k)+\boldsymbol{D}^d u(k)+y_0 \tag{2-5}$$

$$\dot{\hat{\boldsymbol{x}}}(k+1)=\boldsymbol{A}^d\hat{x}(k)+\boldsymbol{B}^d u(k)+\boldsymbol{L}^d(y(k)-\hat{y}(k)) \tag{2-6}$$

离散时间模型使用不同的矩阵作为其状态和输出方程而不是连续模型。矩阵可以通过零阶保持，Tustin 或任何数量的其他数字控制方法从连续时间转换为离散时间。在连续时间模型的 $\boldsymbol{A}$ 矩阵是对角线形式的情况下，可以使用连续时间常微分方程的精确解，并且时间步长或采样时间 T_s 的连续到离散变换简单地由下式给出

$$\boldsymbol{A}^d=\exp(\boldsymbol{A}T_s) \tag{2-7}$$

$$\boldsymbol{B}^d=\boldsymbol{A}^{-1}(\exp(\boldsymbol{A}T_s)-\mathrm{I})\boldsymbol{B} \tag{2-8}$$

$$\boldsymbol{C}^d=\boldsymbol{C}$$

$$\boldsymbol{D}^d=\boldsymbol{D}$$

离散时间状态估计的收敛条件是矩阵 $\boldsymbol{A}^d-\boldsymbol{L}^d\boldsymbol{C}^d$ 的特征值包含在实部与虚部的单位圆内，或者换句话说，复特征值的绝对值必须小于 1。

实际上，电池是非线性系统。在控制理论中，尽管并不能总是保证稳定性，而且必须要经过彻底测试，但对于非线性系统也使用线性控制技术是很常见的。为了捕获系统的非线性，电池模型的 $\boldsymbol{A}$、$\boldsymbol{B}$、$\boldsymbol{C}$、$\boldsymbol{D}$ 和 $\boldsymbol{y}_0$ 矩阵可以被安排为函数已知系统的非线性，通常是温度和 SOC。在这种形式下，该模型被称为线性参数变化（LPV）系统。对于离散时间实现，可以使用以上公式在每个时间步长将连续时间 LPV 矩阵变换为离散时间。

控制和估计理论为这里介绍的简单线性状态估计算法提供了许多扩展。这些总结

见表 2-1。其中，无损卡尔曼滤波器（UKF）可能是电池估算中最受欢迎的，它可以很好地处理非线性，具有快速的计算时间，并且与扩展卡尔曼滤波器（EKF）相比通常具有更小的稳态误差。

表 2-1 状态估计算法一览表

算法	线性 / 非线性	假设传感器和模型噪声	评价
状态估计器	线性	N/A	—
卡尔曼滤波器	线性	高斯噪声	基于传感器噪声和模型误差的假设水平调整增益矩阵 ***L*** 的方法
扩展卡尔曼滤波器	非线性	高斯噪声	使用当前状态估计的模型线性化将线性卡尔曼滤波器扩展到非线性系统，以在每个时间步长处提供对增益矩阵 ***L*** 的更新
无损卡尔曼滤波（无迹卡尔曼滤波）	非线性	混合噪声	不依赖于当前状态估计的线性化，而是在当前状态的几个可能值处对模型进行采样。如果当前状态估计在强非线性区域中太远，则更可靠的估计
粒子滤波	非线性	非高斯噪声	以多种可能的状态值对模型进行采样，以确定最可能的值。计算成本高，但可以通过简单的参考模型实现

2.3.7 电流 / 功率极限的计算

BMS 的功能之一是报告电池的充电和放电功率。根据控制的时间尺度，可能需要几种不同的可用功率来满足监控控制器的要求。可用功率可以指定为：①瞬时限制；②可用的脉冲限制未来几秒和 / 或③连续限制；③如果能量是约束因子，则可以基于可用能量除以期望的充电或放电时间窗口来计算连续限制。如果高温是制约因素，那么连续功率可能受到的约束是热系统能够根据功率调节电池的发热率。

瞬时和脉冲功率限制的预测需要一个模型来估计未来可用的功率，而不会达到电池内部或外部限制（例如最大 / 最小电压限制）。在脉冲功率的情况下，这是延伸到未来的某个预定时间窗口。例如，在车辆中，功率限制可以仅持续 2s 的时间以适应在再生制动期间接收的充电电流的脉冲或者持续 10s 的时间以适应车辆加速所需的放电功率。

引入了一种简单的参考调节器方法来估算极限，使用电池的状态变量模型和由机载算法估计的系统状态已在前面讨论过。参考调节器在当前状态下的反转模型以找到约束极限的极限电流（模型输入）。该算法依赖于电池在短时间内的（近似）线性行为。由于电流（而不是功率）为模型输入，因此根据电流计算限值。功率限制可以通过将充电 / 放电电流限制乘以最大 / 最小电池端电压来近似。如果这些线性假设过于严格，模型预测控制（MPC）提供了计算限制的方法。参考调节器试图在模型输出中强制执行一般约束 $y_{min}<y(t)<y_{max}$，并为监督控制器计算限制输入，在这种情况下，$u(t)=I(t)$，使得在未来的几秒内 $y(\Delta t)=y_{lim}$。该约束通常是最小和最大电池端电压。反转模型，发现极限电流

$$I_{\text{min/max},\Delta t} = [\boldsymbol{C}\boldsymbol{A}^{*}\boldsymbol{B}+\boldsymbol{D}]^{-1}[(y_{\text{lim}} - y_0) - \boldsymbol{C}\text{e}^{\boldsymbol{A}(\Delta t)}\hat{x}] \tag{2-9}$$

式（2-9）假设 $\boldsymbol{A}$ 为对角线形式。

作为最后的考虑，BMS 以及监督控制器可能需要降低这些功率限制以实现可接受的寿命。通常，电池冷却系统是限制因素，而不是电化学限制，即不能将电池连续冷却到长寿命所需的可接受温度。

2.3.8　充电策略

在许多大型应用中，BMS 至少部分地负责控制电池充电。控制权限可以从以电池管理为中心的观点变化，其中电池管理系统做出关于充电的所有决定并且电池充电器电子设备仅在电池管理系统的指令下执行期望的电力转换，以及以充电器为中心的实施方式。电池管理系统启用充电器，然后充电器负责充电过程中的大部分决定。BMS 必须做出的重要决定是优化系统效用的充电速率（更快的充电速度可使系统更快地放电）、电池寿命、整体效率和其他因素，以及何时终止充电。

1. 恒电流 / 恒电压充电

恒电流 / 恒电压（CC/CV）充电（如图 2-6 所示）经常作为锂离子电池充电的首选方法。按照这种方法，电池应以恒定电流充电（建议取决于特定的电池、温度和其他因素），直到达到充电结束电压。当达到该电压时，充电应切换到恒定电压，在此期间，当电池充电时，电流将逐渐减小。当电流逐渐减小到预定水平时，充电完成。

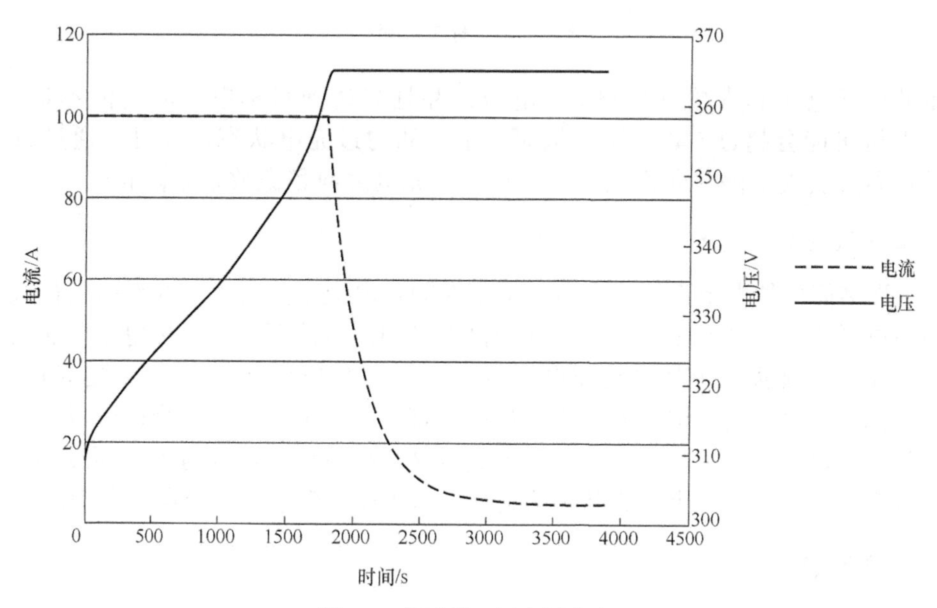

图 2-6　恒电流 / 恒电压充电

2. 目标电压策略

目标电压方法（如图 2-7 所示）可用于近似采用大型电池组的 CC–CV 充电，而无须精确的电池动态模型，同时避免过充电。选择略低于推荐CV电压的目标电压作为初始目标电压。电池充电器的最大容量或电池的最大推荐充电电流（以较低者为准）充电，直到电池组中的最高电池电压达到目标电压。然后缩小电流并增加目标电压，重复该过程。目标电压应逐渐接近CV电压（“最终CV电压距离的一半”策略已成功使用）并且电流将逐渐减小。

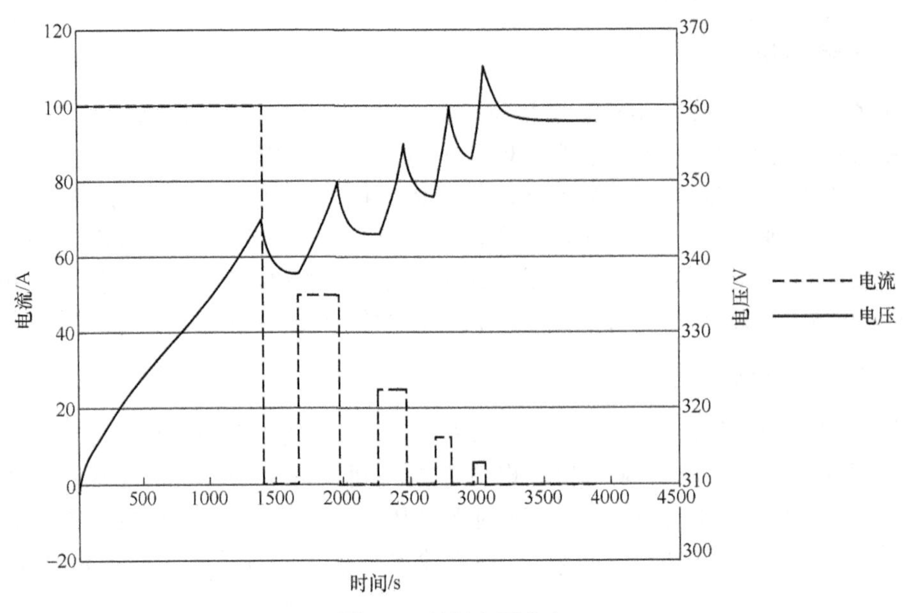

图2-7 目标电压充电

如果目标电压非常接近最终CV电压，并且当达到目标电压时电流不足够降低，则电池电压可能会超过CV电压，从而产生温和的过充电状态。这可以通过将电流切换到接近零且实现暂停并允许电池电压在恢复充电之前稍微放松来防止。

3. 恒电流充电

对于许多简单的电池系统，电池充电是在固定电流下进行的。这对引入低成本和高功率电力电子产品来说并不常见，但即使没有可用的电流调节，目标电压方法的变化也可用于安全地为锂离子电池系统充电。图2-8为恒定电流充电方法，如建立目标电压。当达到目标电压时，切断电流并使电池松弛，直到最大电压降至重启阈值以下，此时电流再次流动。以与目标电压方法相同的方式升高目标电压。因为电流不能减小，所以当电池接近完全充电时，每个电流脉冲的充电时间将连续变短，放松期也会持续增加。

2.3.9 热管理

在大型电池系统中，电池通常需要热管理，并且电池管理系统有望实现控制功能。热管理控制所需的输入包括电池温度测量（这是基本安全和功能所必需的）以及可能对入口和出口空气或冷却剂进行额外的温度测量。当泵、阀门或风扇受到控制时，通常会包含反馈信号以验证它们是否按预期工作（泵或风扇通常采用脉冲宽度调制型转速计信号，其频率与转速成正比），以便诊断故障。湿度测量可用于防止过度冷凝，可以在电池系统内部采用除湿策略。

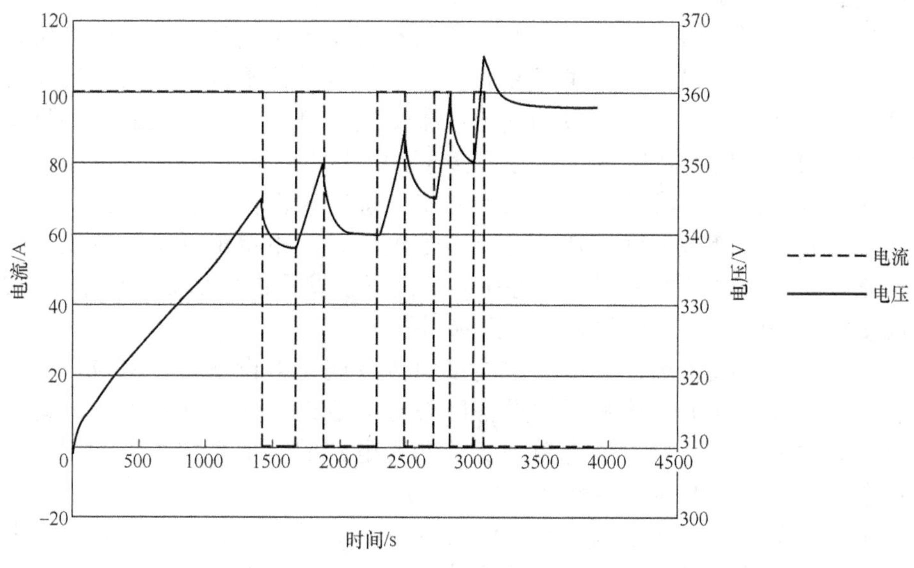

图 2-8　恒电流充电

无论何时涉及电池加热，都要保证多级安全，以防止加热元件导致电池进入热失控状态。这是一种非常危险的情况，因为过热会在整个电池组中普遍存在，并可能导致多个并发的热事件。单点继电器或接触器可能在触点焊接状态下失效，从而导致不间断加热。还应使用多个晶体管来控制接触器驱动电路，以防止驱动器故障导致接触器无意中关闭。

2.3.10　运行模式

大多数电池管理系统将实施一个或多个负责控制电池运行状态的有限状态机。这些状态机将响应外部命令以及检测电池系统内部的各种条件。

通常存在低功率或睡眠模式。在该模式中，电池通过接触器的开口与负载断开，因此电池电流必须为零。该系统应最大限度地减少高压电池组和控制电源的能量消耗。由于电池系统断开，因此不需要监控电池电压和温度，因此所有监控电路和 IC 都应处于高阻抗状态。通信总线处于空闲且低功耗状态。应关闭微处理器，并尽可能多地停用电路。关闭点火装置的电动车辆是使用这种模式的一个很好的例子。

即使电池系统未被激活，从睡眠模式定期唤醒也是有用的，原因有很多。随着细胞动力学的放松，可以更准确地估计充电状态和细胞平衡。可以在电池管理系统上执行自检功能，并且可以检查电池单元的各种缺陷。为实现这一点，硬件中需要实时时钟或定时器电路。具有“闹钟”功能的超低功耗器件可以使用串行总线（如 I2C 集成电路或串行外设接口 SPI）从主处理器设置。

在某些情况下，可以在此睡眠模式下执行单体平衡。如果是这种情况，定期唤醒以确保平衡正在进行。许多电池系统将在这种状态下花费很长一段时间。

通常也存在空闲或待机状态。在此模式下，电池仍然与负载断开，但监控电路处于活动状态。正在测量电池电压和温度，故障检测算法正在运行，并且充电状态、限制和其他状态估计算法将进行操作。该状态允许在电池系统断开并且防止充电和放电的同时验证电池单元和整个系统的状况。此状态可用于启动和关闭，以确保在关闭接触器之前系统安全。如果必要，可以在此状态下执行单体平衡。通信总线通常是活动的，并且电池正在与网络上的负载和其他设备交换信息，允许接收命令并且检索诸如故障状态的数据。连接到高压总线的高压设备不应出现高压。

如果电池执行预充电或软启动，则可能需要特殊操作模式。在此模式下，高压总线上的其他设备应该期望总线电压上升到电池电压，但不得消耗来自总线的任何电流以防止预充电故障。接触器关闭顺序将在此模式下触发，由外部命令启动以连接电池。成功完成接触器关闭顺序或在尝试期间检测到故障。

可能存在多个在线状态，其中电池连接到负载或充电设备。许多应用（如电网存储和混合动力电动汽车）使用相同的设备网络对电池进行充电和放电，因此在充电模式和放电模式之间没有区别。具有单独负载和充电器的其他系统可以使用不同的模式来连接每个设备（电池电动车辆就是一个例子）。

可能存在错误状态，其中电池在接触器打开的情况下处于空闲状态，但由于电池系统中的问题而不响应某些命令。在此模式下，系统可以查询故障代码和执行的诊断程序，但是在执行清除命令以离开错误状态之前，系统无法关闭接触器。其他可能的实施方式将允许连接，但是禁止充电和 / 或放电。重要的是避免在错误状态和尝试连接电池之间无休止地循环；如果某些电池故障自动清除，则会发生这种情况，从而触发尝试返回活动状态。

对于具有热管理的电池系统，如果在使用电池之前将电池的温度调节到某个目标，则可以在电池上电前执行预处理循环。在此模式下，电压和温度测量有效，热管理元件（风扇、泵和加热器 / 冷却器）处于活动状态以更改电池温度。

2.4　储能变流器（PCS）

2.4.1　变流器系统构成

100kW 双向储能变流器由以下几个部分构成，包括主功率部分、信号检测部分、控制部分、驱动部分、上位机监控部分及辅助电源部分，系统结构框图如图 2-9 所示。

1）主功率部分。主要由预充电电路、母线电容、IGBT 功率开关模块、LCL 滤波器和交流接触器等组成。主功率部分是双向变流器的主体部分，也是能量流动的通路。通过 IGBT 的导通与关断实现能量形式的变换（DC/AC 变换或 AC/DC 变换）和能量的双向流动。

2）信号检测部分。主信号检测部分主要实现了电压、电流信号的高精度采样及信号处理功能和故障信号的检测功能。

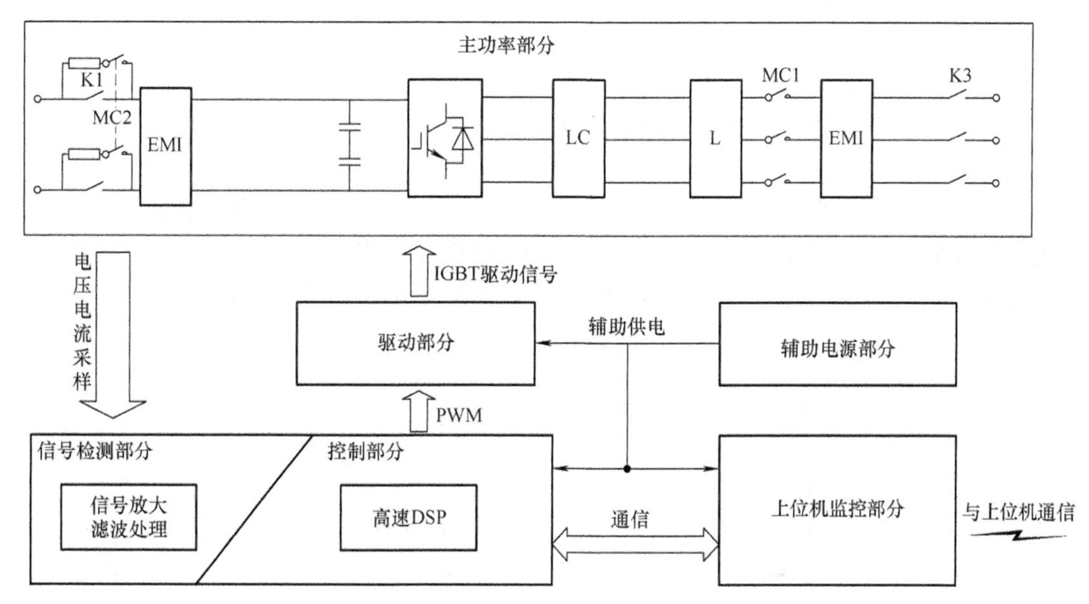

图 2-9　100kW 双向储能变流器系统结构框图

3）控制部分。控制部分是双向变流器的核心部分。采用 TI 高速 DSP 芯片作为核心处理器，采用 Cyclone 高速 FPGA 芯片作为辅助控制器。控制部分实现的功能主要有信号的采样和计算、变流器控制、变流器的故障判断与保护以及与上位机监控界面的通信等。

4）IGBT 驱动部分。本变流器系统驱动选用 IGBT 专用驱动，使 IGBT 工作于最优开关状态，提高了 IGBT 工作可靠性。同时驱动本身还对 IGBT 功率器件进行过电流、过温度等异常状态的检测，当有异常状态出现时，关断功率器件，实现保护器件的功能。

5）上位机监控部分。上位机监控界面采用高清 LCD 液晶触摸屏作为输入输出接口，基于 Windows CE 操作系统提供了友好的人机交互界面，同时提供了多种通信接口，实现变流器就地控制器功能。

6）辅助电源部分。为驱动部分、控制部分和上位机监控部分提供电源，保障设备持续正常运行。

2.4.2　系统主电路拓扑结构

电池组的成组方式及其连接拓扑应与功率变换系统的拓扑结构相匹配，功率变换系统常见的拓扑结构如图 2-10 所示。

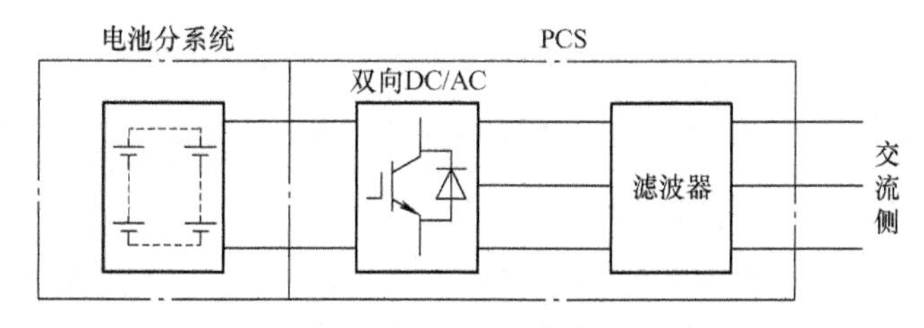

图 2-10　仅含 DC/AC 环节的 PCS 拓扑结构

1. 一级变换拓扑型

一级变换拓扑型仅含DC/AC环节的单级式功率变换系统，电池经过串并联后直接连接AC/DC的直流侧。此种功率变换系统拓扑结构简单，能耗相对较低，但储能单元容量选择缺乏灵活性，适用于独立分布式储能并网。

为了扩容方便，仅含DC/AC环节的功率变换系统可扩展为仅含DC/AC环节共交流侧的拓扑结构，如图2-11所示，采用模块化连接，配置更加灵活；当个别电池组或DC/AC环节出现故障时，储能系统仍可工作，但导致电力电子器件增多，控制系统设计复杂。

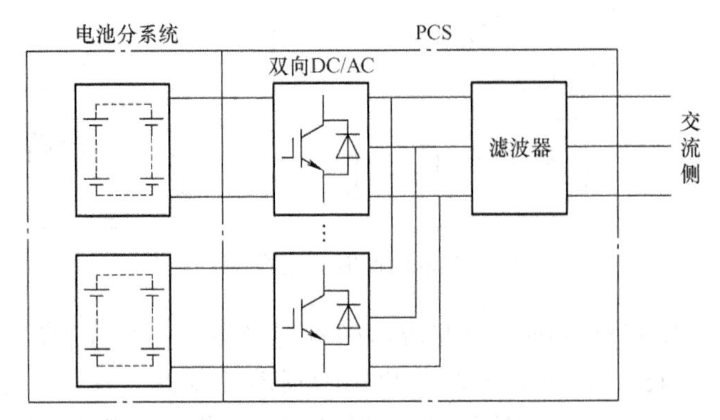

图2-11　仅含DC/AC环节共交流侧的功率变换系统拓扑结构

2. 两级变换拓扑型

两级变换拓扑型含DC/AC和DC/DC环节的双极式功率变换系统，如图2-12所示，双向DC/DC环节主要是进行升、降压变换，提供稳定的直流电压。此种拓扑结构的功率变换系统适应性强，由于DC/DC环节实现直流电压的升降，使容量配量更加灵活，适用于配合间歇性、波动性较强的分布式电源接，抑制其直接并网可能带来的电压波动。由于DC/DC环节的存在，使得功率变换系统效率降低。

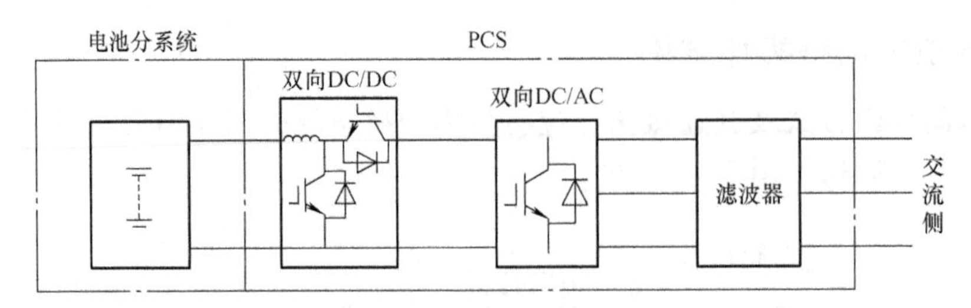

图2-12　含DC/AC和DC/DC环节的双极式功率变换系统拓扑结构

为了扩容方便，双极式功率变换系统可扩展为含DC/AC和DC/DC环节的共直流侧或共交流侧的拓扑结构，如图2-13和图2-14所示。

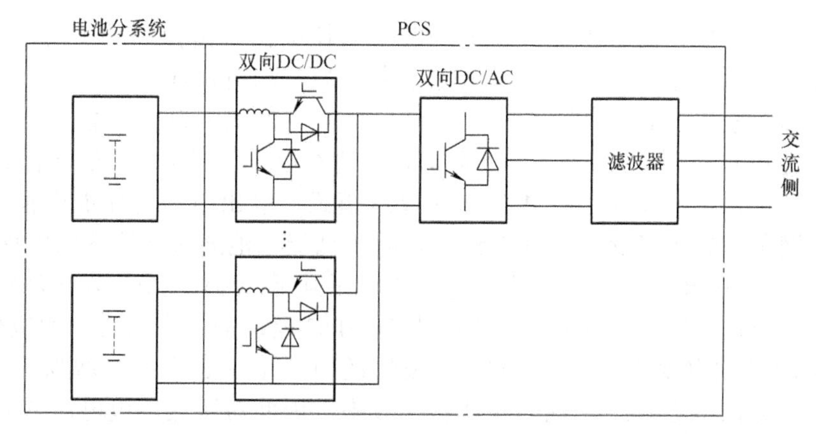

图 2-13　含 DC/AC 和 DC/DC 环节共直流侧的双极式功率变换系统拓扑结构

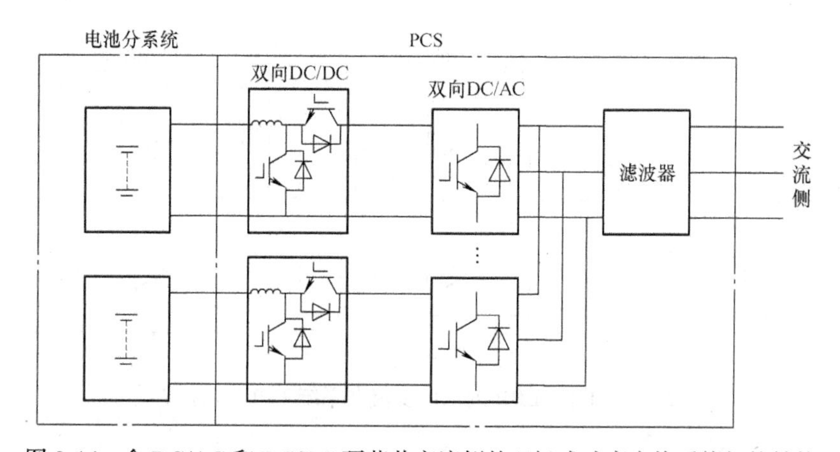

图 2-14　含 DC/AC 和 DC/DC 环节共交流侧的双极式功率变换系统拓扑结构

3. H 桥链式拓扑型

H 桥链式功率变换系统采用多个功率模块串联的方法来实现高压输出，需要实现高压时，只需简单增加功率模块数即可，避免电池的过多串联；每个功率模块的结构相同，容易进行模块化设计和封装。每个功率模块都是分离的直流电源，之间彼此独立，对一个单元的控制不会影响其他单元。

一级变换拓扑、两级变换拓扑结构的功率变换系统一般适用于储能单元容量不大于 1MW 的场合；当储能单元能量较高时，为避免多电池组的并联，可采用两级变换拓扑结构。

H 桥链式拓扑结构的功率变换系统一般适用于储能单元容量大于 1MW 的场合。对于 35kV 及以下电压等级且不考虑三相不平衡的调节，H 桥链式拓扑结构可采用 Y 形接法；对于更高电压等级或低电压等级需考虑三相不平衡的调节，H 桥链式拓扑结构可采用角形接法。

具体工程设计可根据工程实际情况、储能单元的容量、能量、电池类型和生产制造水平，对功率交换系统的性能要求综合考虑功率变换系统的拓扑。

图 2-15 为 100kW 双向变流器系统主电路拓扑结构，拓扑中采用两个 PEBB 模块作为变流器功率器件，其中交流侧 AC/DC 模块为三相电压源整流器，实现双向有源整流功能，直流侧 DC/DC 模块为直直变换器，实现升压和降压功能。当电网负荷较小且储能电池电量小时，电网通过变流器向电池充电，AC/DC 模块工作在整流模式，直流输出电压 700V，DC/DC 模块工作在降压模式，输出电压为储能电池所需的充电电压；当电网负荷较大且储能电池电量充足时，储能电池通过变流器向电网进行放电，DC/DC 模块工作在升压模式，将储能电池的电压升至 700V，AC/DC 模块工作在逆变模式，输出线电压 380V 交流电能。系统中 DC/DC 模块的引入是为了适应变流器对不同类型电池的充放电要求，但是 DC/DC 模块的引入也一定程度上增加了系统控制的复杂度，另一方面也会减小系统的整体转换效率，因此对于充放电电压在系统 AC/DC 输出电压范围内的储能电池，可以省略 DC/DC 模块。下面重点介绍系统 AC/DC 模块的工作原理。

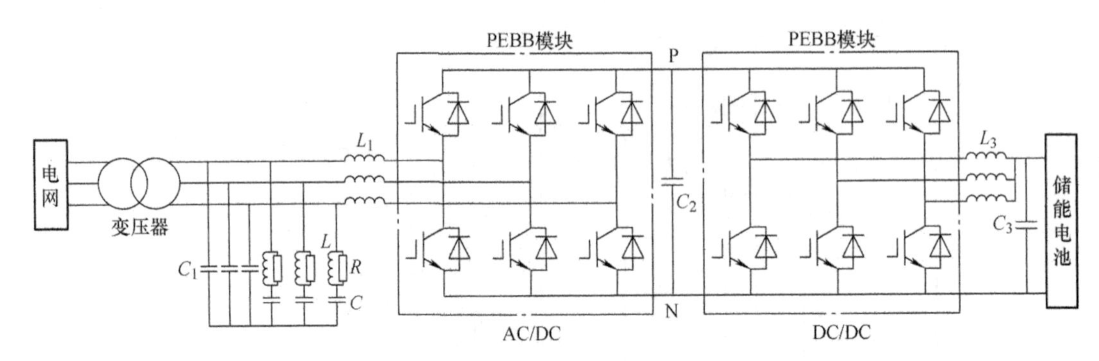

图 2-15　基于 PEBB 的双向变流器系统主电路拓扑结构

2.4.3　变流器有源整流控制策略

电压型三相桥式 PWM 整流器具有较简单的电路拓扑结构和较快的控制响应速度，实现相对容易，本系统 AC/DC 有源整流模块选用如图 2-16 所示的电压型三相桥式 PWM 整流器拓扑结构。

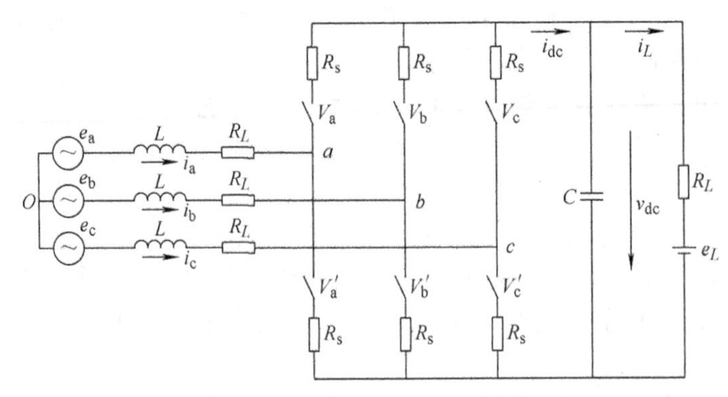

图 2-16　电压型三相桥式 PWM 整流器拓扑结构

1. 基于 SVPWM 算法的有源整流控制策略

空间矢量脉宽调制（Space Vector Pulse Width Modulation，SVPWM）与传统 SPWM 调制方法不同，后者从电源角度出发，以生成一个可调频调压的电压源，前者将变流器系统和异步电动机看成一个整体，以三相对称正弦波电压供电时三相对称电动机定子理想磁链圆为参考标准，通过变流器不同开关模式的配合切换形成 PWM 波，以所形成的实际磁链矢量来追踪其准确磁链圆。

与传统 SPWM 调制方法比较，SVPWM 调制方法具有以下几个突出优点：

1）相同条件下，SVPWM 调制方法比 SPWM 调制方法开关频率低，而且每次开关切换只涉及一个器件，功率管的开关损耗较低。

2）采用数字 SVPWM 实现方式可以直接由空间电压矢量生成 PWM 波形，计算简单、实现方便。

3）直流电压利用率高，可以有效降低功率管损耗，提高变流器转换效率。

4）动态性能好，电流跟踪效果好。

5）逆变工作模式下，输出交流线电压高，线电压基波最大值为直流侧电压。

鉴于 SVPWM 的诸多优点，采用 SVPWM 调制方法产生 PWM 波形。

2. 基于 SVPWM 调制的直接电流双环控制系统

本系统采用电压外环和电流内环双环控制模式实现 SVPWM 调制。如果变流器系统设定为恒压输出模式，则整个控制为双闭环控制，外环为输出电压环，保证输出直流电压恒定，内环为输出电流环，其给定为电压调节器的输出，限定电压调节器的输出同时可以起电流环限流作用；如果为恒流输出方式，则使电压环饱和退出控制，整个控制电路中仅电流环起作用，以保证输出电流恒定。控制框图如图 2-17 所示。

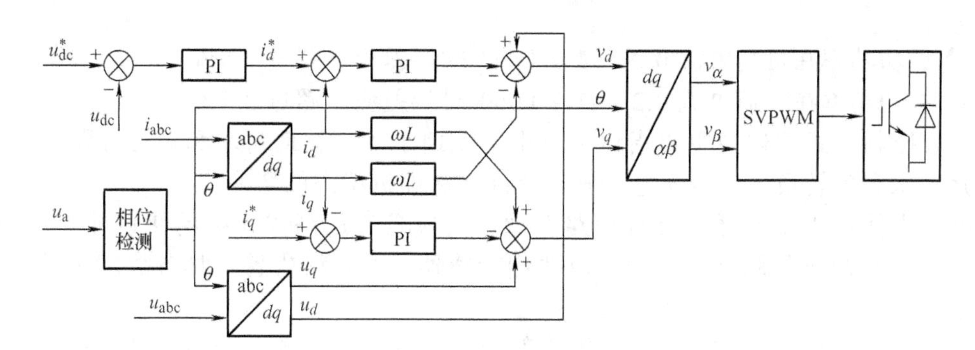

图 2-17　有源整流控制框图

2.4.4　PCS 硬件要求

电池组接于储能变流器的直流侧，电池组的容量、能量应满足以下公式

$$n_s U_r n_p C K_{cd} \geqslant K_{kP} P \tag{2-10}$$

$$n_s U_r n_p C K_D \geqslant K_{kE} E \tag{2-11}$$

式中 U_r ——电池单体 / 模块电压（V）；
C ——电池单体 / 模块容量（A・h）；
n_p ——电池组等效并联电池单体 / 模块数量；
n_s ——电池组等效串联电池单体 / 模块数量；
K_{cd} ——容量折算系数（1/h）；
K_D ——电池充放电深度；
K_{kP} ——容量裕度，一般取 1 ～ 1.15 裕度，具体工程设计时应根据电池特性和生产制造水平确定；
K_{kE} ——能量裕度，一般取 1 ～ 1.15 裕度，具体工程设计时应根据电池特性和生产制造水平确定；
P ——储能单元容量要求（W）；
E ——储能单元能量要求（W・h）。

功率变换系统交流侧电压宜优先选用电网标称电压系列，尽量避免接口设备的非标准化。

国标文件 GB 51048—2014《电化学储能电站设计规范》对功率变换系统的监测、控制和保护功能做了基本规定。

对于模拟量测量精度，宜符合下列要求。

1）交流电压在 0.2 ～ 1.15（pu）时的测量和转换量值误差应不超过实际值的 1%。

2）交流电流在 0.2 ～ 1.5（pu）时的测量和转换量值误差应不超过实际值的 2%。

3）直流电压在允许电压范围内，测量和转换最佳误差应不超过实际值的 1%。

4）直流电流在额定功率 0.2 ～ 1.2（pu）时的测量和转换量值误差应不超过实际值的 2%。

5）无功功率在负荷电流 0.2 ～ 1.2（pu）时误差应不超过 2.5%。

6）有功功率在负荷电流 0.2 ～ 1.2（pu）时误差应不超过 2.5%。

一般控制方式的切换主要指锁定退出、就地手动、就地自动和远方控制。方式的切换运行状态的转换主要指充电、放电、待机和停机状态的切换。

PCS 本体保护主要通过硬件回路实现，其应具有最高优先级的快速的响应回路，在严重故障状况下封脉冲、跳交直流两侧断路器，并停机告警，具备故障手动复归确认功能。

PCS 直流侧保护、交流侧保护等一般通过软件算法实现，分为跳动保护和定时限保护。瞬动保护设有保护动作定值，当系统检测到严重故障时单点动作出口，封脉冲，跳交直流两侧断路器，并停机告警，具备故障手动复归确认功能。定时限保护设有动作定值和延时定值，当系统检测到严重故障时，经延时定值确认后出口封脉冲，系统转为故障状态并告警，故障消失后故障标志自动消除，转为待机状态。

2.5 系统接口需求

随着科学技术及我国电力事业的飞速发展与快速建设，电力通信网络也同步迎来了快速发展期，从原先的微波通信、载波通信为主发展为今天的光通信为主，网络规模及带宽均有了质的突破，尤其是在光纤通信技术的推动下，电力系统的发电厂、变电站、输配电和继电保护等设施都先后采用了以光纤通信为主的现代通信方式。按传统的区分方法由通信介质进行划分，通信网络可简单划分为无线方式和有线方式。

无线通信方式分为无线公网和无线专网两类，具有架设方便、建设速度快、工程量小、造价低、结构简单和维护方便等优点，具备停电通信的能力，生命力极强，但容易受到地形及天气等因素的限制和影响，并且由于无线通信的传输开放性以及易被截获、干扰和篡改，在安全性方面无法得到有效保证。有线通信技术目前一般包括光纤通信等。光纤通信具有传输速率高、传输衰耗小、抗干扰能力强和可靠性高等优点，但是需要架设专门的光纤网络，建设工程量大，一次性投资也很大，且存在部分光纤网络难以布设的区域。

我国目前的无线公网主要包括 2G/3G/4G 网络。无线公网技术具有应用范围广、建设速度快、建设投资少、可扩展性强、易维护性好及组网方式灵活的特点，而且后期运行及维护费用相对较低，但由于以前的无线公网技术面向的是公众服务，业务比较繁忙时，难以保证终端在线提供服务，偏远地区通信也无法保证。无线公网在传输容量、连接稳定性、可靠性及安全性方面仍有较多的问题，适用于无线抄表等传输数据量小、对实时性要求不高的使用场合。目前对于无线公网的接入，国家电网公司相关文件规定必须通过安全接入平台统一接入。系统拓扑结构图如图 2-18 所示。

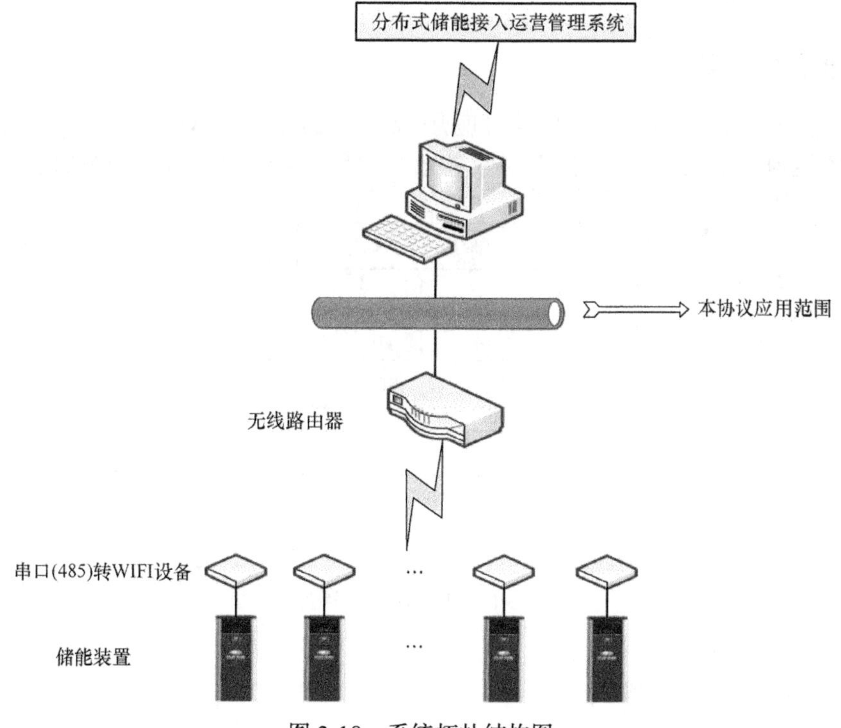

图 2-18　系统拓扑结构图

2.5.1 总则

分布式储能接入运营管理系统 / 分布式储能装置终端通信的接口应支持 TCP/IP；分布式储能接入运营管理系统 / 分布式储能装置的通信采用网络传输层的可靠传输协议 TCP，运营管理系统为 TCP 服务器端，分布式储能装置为 TCP 客户端，采用长连接方式以标准的 TCP/IP 客户 – 服务器模式建立 TCP 连接；分布式储能接入运营管理系统侦听端口号采用 2816。通信协议结构见表 2-2。

表 2-2　通信协议结构

<table>
<tr><td>应用功能</td><td>初始化</td><td>用户进程</td></tr>
<tr><td colspan="2">本协议中定义的 ASDU</td><td rowspan="2">应用层
（第 7 层）</td></tr>
<tr><td colspan="2">APCI（应用规约控制信息）
传输接口（用户到 TCP 的接口）</td></tr>
<tr><td colspan="2" rowspan="4">TCP/IP 子集</td><td>传输层（第 4 层）</td></tr>
<tr><td>网络层（第 3 层）</td></tr>
<tr><td>链路层（第 2 层）</td></tr>
<tr><td>物理层（第 1 层）</td></tr>
</table>

注：第 5、第 6 层未用。

2.5.2 通信协议结构

应用层数据结构如图 2-19 所示。应用规约数据单元（APDU）为一个传输单元，由应用规约控制信息（APCI）和应用服务数据单元（ASDU）两部分组成。

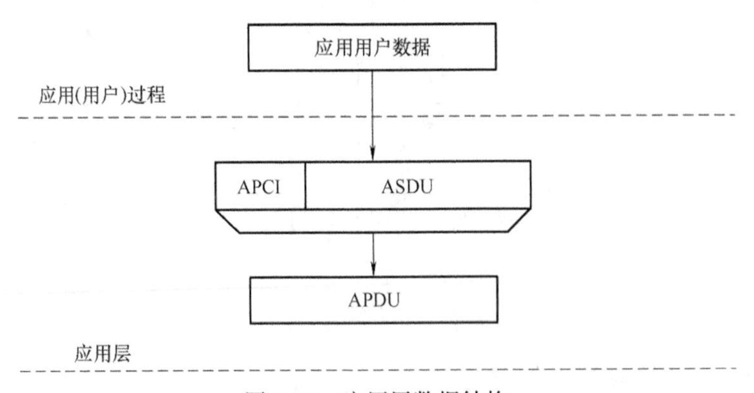

图 2-19　应用层数据结构

2.5.3 应用层报文帧格式

本协议定义的应用层报文帧结构如图 2-20 所示，报文字节顺序遵循低字节在前、高字节在后的原则。

应用规约控制信息如图 2-21 所示，包括启动字符、APDU 长度。启动字符 68H 定义了数据流起点。APDU 的长度域定义了 ASDU 体的长度，其计数范围包括 ASDU 的长度。APDU 长度域使用两个 8 位位组，低 11 位有效，高位保留为 0，取值范围为 0 ～ 2047。

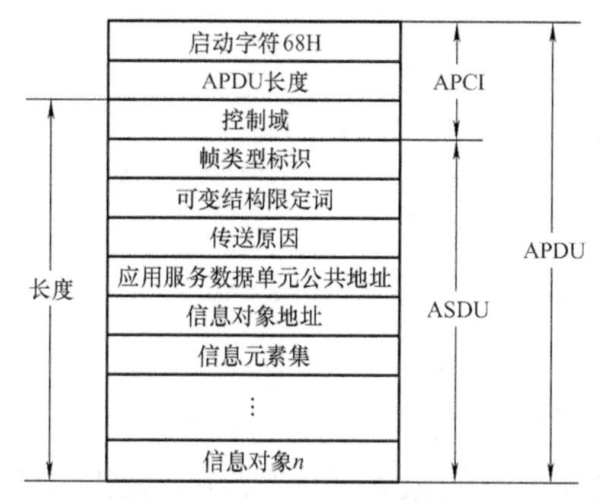

图 2-20　应用层报文帧结构

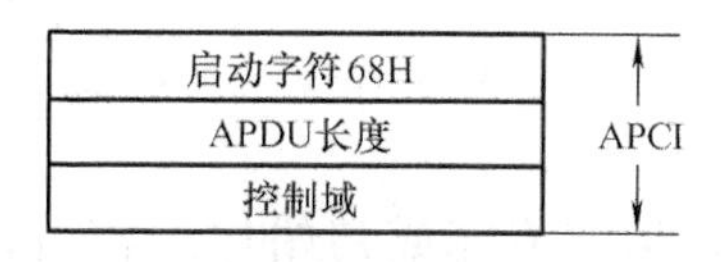

图 2-21　应用规约控制信息（APCI）

应用服务数据单元的定义如下：帧类型标识，一个 8 位位组；信息元素集，不定长；CRC 校验，两个 8 位位组。

帧类型标识定义应用服务数据单元的第一个 8 位位组为帧类型标识，它定义了后续信息对象的结构、类型和格式。表 2-3 定义了本标准使用的帧类型标识。

表 2-3　帧类型标识

类型号	帧功能
1	分布式储能单元登录辨识
2	分布式储能接入运营管理系统对时
3	充电开始事件
4	充电结束事件
5	有序充电控制器 / 单元实时信息
6	放电事件开始
7	放电事件结束
8	设备故障事件上送
9	电池总体信息
10	电池档案信息
11	电池单体信息
12	应答报文
13	分布式储能装置启停

此外，信息数据集的定义参见信息数据项定义。

2.5.4 通信报文规范

在分布式储能接入运营管理系统/分布式储能装置建立通信连接后，应首先发送分布式储能装置登录辨识报文，如果分布式储能接入管理系统辨识分布式储能装置失败，则会断开连接，如果辨识成功，则进入正常的初始化过程，初始化过程如图 2-22 所示。

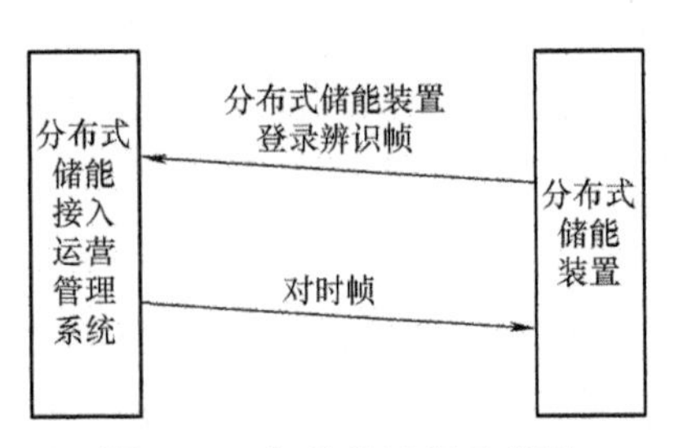

图 2-22　初始化过程示意图

当通信双方完成初始化过程后，分布式储能系统终端将循环上送管辖范围内所有储能电池的实时数据，循环时间间隔为 30s，同时该帧也兼具心跳帧作用，心跳超时 10s，如图 2-23 所示。电池数据交互示意图如图 2-24 所示。

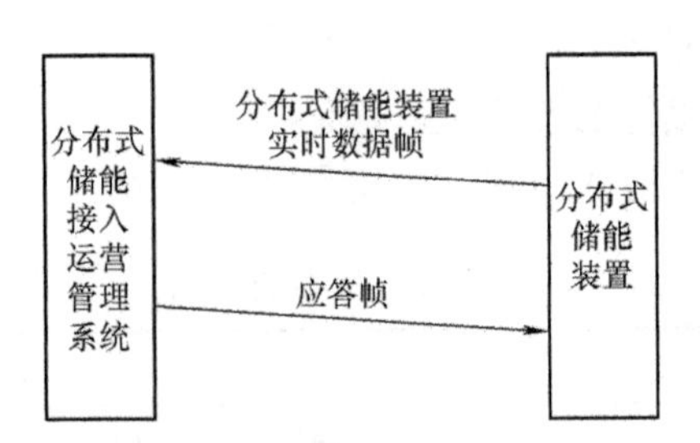

图 2-23　分布式储能系统/单元实时数据交互示意图

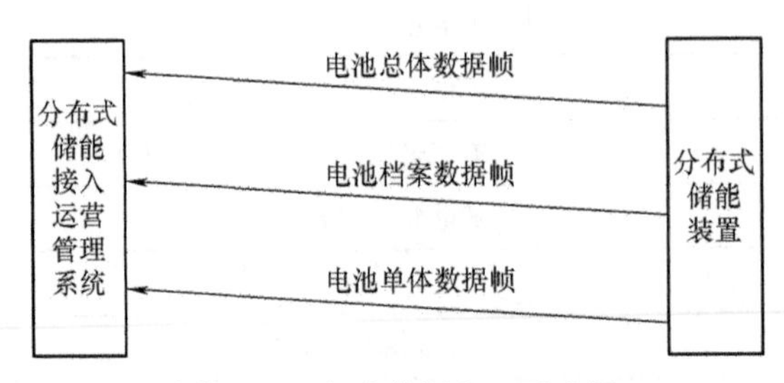

图 2-24　电池数据交互示意图

事件上送是处理突发事件的机制，当事件发生后，上送事件报文到分布式储能接入管理系统，分布式储能接入运营管理系统接收到报文后，应该有应答报文作为回应，如果系统未收到回应，则需重复发送。为实现分布式储能装置有序充电功能，分布式储能接入运营管理系统向分布式储能装置发送管理范围内的启动或停止充放电的命令。

分布式储能接入运营管理系统收到分布式储能装置发送的管理区域内的电池实时数据报文帧、事件报文帧时，回复应答报文。分布式储能装置收到分布式储能接入运营管理系统发送的管理区域内储能装置启动停止报文时，也应回复应答报文。

2.5.5　通信安全方案

以太网具有很多特有的优势，使之能够在通信系统中成为主流应用。具体优势如下：

1）以太网的数据传输速率高，越高的速率就能在通信工作量相同的前提下减少时间，大大减轻通信网络的负荷。

2）以太网具有强大的开放性，能够很大程度提高设备互相之间的操作性，简化用户的工作，同时可以避免使用者被制造商的自身通信协议所限制。

3）以太网技术资源共享能力很强大，能轻易实现与其他控制网络的无缝衔接。

4）可以解决各种远程访问技术、远程监控技术以及远程维护等技术难题。

5）以太网具有极强的扩展性，能对各种网络拓扑结构有很好的支持，同时能够支持众多主流的的物理传输介质。

6）以太网价格便宜，应用广泛，可以推进系统发展。以太网虽有很多优势，但在实时性和安全性上仍存在一定的不足，在数字化技术下，分布式储能装置与分布式储能管理系统之间时刻都在传递信息，还有各种报文根据不同情况进行交流，对于信息的实时性和安全性要求极高。在满足实时性要求的情况下，提高以太网的安全性是一个亟待解决的问题。

分储式设备与储能设备管理系统间通信安全采用物理隔离，保证通信安全。在通信过程中借鉴了对称密钥密码技术和非对称密钥密码技术。在通信层次上使用链路加密、节点加密和端到端加密，保证通信信息安全。

第 3 章　客户侧储能系统并网运行技术

3.1　储能长期应用性能

3.1.1　可充放电量

对储能系统，理论上最根本的特性是能量容量，用焦耳（J）或者千瓦时（kW・h）表示。它对于储能系统的尺度选择是一项最为重要的标准。然而，真正可以利用的能量取决于对所储存的所有能量进行利用的可能性（放电深度限制）以及能量损失。

3.1.2　最大功率充放电时间

最大充放电功率（有时不对称）限制了储能的最大功率输出，对储能的尺度选择具有非常大的影响。在给定的能量容量下，增加最大功率储存系统代表着增加相关部件的大小，尤其是 PCS 和电池电极表面，因此，尺寸大小、质量大小和成本大小会受到这一特性的影响。

可以通过能量容量与最大功率的比率将储能系统分为能量型或者功率型，有时称作最小放电 / 充电时间。当此值较小（例如小于 1h）且功率尺度影响相对能量尺度较大时，称作功率储存系统；反之，称作能量储存系统。

3.1.3　循环效率

在转换的过程中出现的各种能量转换必然伴随着一些损失，这些损失在很大程度上取决于所考虑的技术。能量损失包括两类：

1）表现为充放电的损失，近似于潮流的二次方正比。

2）表示为空载损失，又称作自放电损失，通常取决于系统的能量状态。在电化学电池中损失非常低，大约每月百分之几；在飞轮中非常高，达到每小时百分之几。

3.1.4　使用寿命

使用寿命即循环寿命，分布式储能的循环寿命即储能的最大充放电次数。一般认为，在特定外部环境下对储能电池进行充放电测试，储能电池的容量保持率低于某一值时，电池的寿命终止，此时的充放电次数即循环寿命。电池的循环寿命受诸多因素影响，例如电池的放电深度、放电倍率、充放电截止电压和环境温度等。用于峰谷套利的分布式储能电站一天的循环次数一般为 1 次或 2 次，低循环寿命意味着储能电池需要高频率更新设备，增加了储能电站的维护难度。

1. 循环寿命

循环寿命指的是分布式储能的循环寿命，即储能的最大充放电次数。在特定外部环境下对储能电池进行充放电测试，储能电池的容量保持率低于某一值时，电池的寿命终止，此时的充放电次数即循环寿命。

2. 当前循环寿命百分比

当前循环寿命即统计储能电池已用的循环寿命与储能电池循环寿命之比，表达式为

$$\omega_{\mathrm{N}}=\frac{N}{N_{\mathrm{life}}}\times 100\% \tag{3-1}$$

式中　ω_{N}——剩余循环寿命百分比；

N_{life}——循环寿命；

N——已用循环寿命。

3. 年运行成本折算

根据储能系统的使用寿命年限和贴现率，将储能系统全寿命周期内的成本进行分摊，并与储能系统的年运行维护费用叠加，得到储能系统的年平均成本为

$$C_{\mathrm{pj}}=C_{\mathrm{ES}}\frac{(1+r)^{T}r}{(1+r)^{T}-1}+C_{\mathrm{OM}} \tag{3-2}$$

式中　r——储能项目贴现率，本文取为 8%；

T——储能寿命年限。

限制锂电池应用的一个主要因素在于安全性，因此舍弃能量密度和功率密度，专注提升长寿命、低成本和高安全为突出特征的储能电池成为目前主要研究方向之一。目前针对长寿命电池的研究，以零应变材料为代表的长寿命电池材料是目前的研究热点，而基于此类材料的电池凭借其优异的长寿命特性，成为现阶段电池储能领域最具应用潜力的锂离子电池。钛酸锂材料是目前零应变材料中最为典型的代表，基于钛酸锂负极材料的锂离子电池目前寿命能够达到 10000 次以上，成本是磷酸铁锂电池的 3 ～ 5 倍。钛酸锂电池的主要缺点是成本较高，与储能应用要求的技术经济性指标差距较大；而目前磷

酸铁锂电池性能与储能应用指标差距最大的则是循环寿命。安全性方面，以离子液体和全固态电解质为代表的高安全性电池体系中，全固态聚合物电解质的导电依靠聚合物的链段运动和锂离子迁移，被认为是解决锂离子电池安全性问题的最好途径之一。

尽管铅炭超级电池在循环寿命、比功率和比能量等各项关键性能指标上均优于传统铅酸电池，并在新能源示范工程项目中得到了验证，但铅炭电池在研发上仍存在一些技术和工艺问题亟待解决。铅炭复合电极提高电池循环寿命的内在机理并不十分明确，复合电极制造技术仍需进一步深入研究；适合铅炭电池用的炭材料制造技术只有美国 EnerG2 等少数公司所掌握，炭材料价格昂贵；铅炭电池还存在析氢现象；铅炭电池的理论比能量为 166W・h/kg（包含硫酸重量，假设单体电池电压为 2V），而目前铅炭电池装置仅为 30 ～ 55W・h/kg，只有理论比能量值的 20% ～ 33%，铅炭电池的巨大潜能仍未发挥出来。

3.2　储能短期应用性能

3.2.1　响应速度

各类储能系统的能量转换原理不同，部分技术可以比其他技术更快达到最大输出功率。例如飞轮系统中产生的响应时间大约是几毫秒，因此，可以迅速输出功率；相比之下，抽蓄电站需要几分钟才能达到慢功率。

3.2.2　功率爬坡速度

与传统调频电源相比，储能技术具有较为明显的技术优势。研究表明，储能系统的调频效果平均是水电机组的 1.7 倍，是燃气机组的 2.5 倍，是燃煤机组的 20 倍以上。采用水电或火电机组调频时，由于爬坡率的限制，机组容量往往大于调频功率的需求。以爬坡率为 4%/min 的燃气机组为例，假设电网在 10min 内有 10MW 的功率需求，需要燃气机组的容量为 25MW，需要储能的容量为 10MW，而且系统的调频需求越紧迫，储能技术的优势越明显。随着储能系统成本的下降，在调频服务中也将逐渐显现出其经济性。目前，在美国已建成多座采用飞轮、锂电池等储能系统参与系统调频的示范工程，取得了良好的运行效果。从系统动态响应能力的角度，最恶劣场景下常规机组的爬坡率约束为

$$\sum_{i=1}^{NI}\Delta r_{it}^{\mathrm{u}}=\sum_{i=1}^{NI}r_{it}^{\mathrm{u}}-R_t^{\mathrm{u}} \tag{3-3}$$

$$\sum_{i=1}^{NI}\Delta r_{it}^{\mathrm{d}}=\sum_{i=1}^{NI}r_{it}^{\mathrm{d}}-R_t^{\mathrm{d}} \tag{3-4}$$

$$0\leqslant\Delta r_{it}^{\mathrm{u}}\leqslant r_{it}^{\mathrm{u}} \tag{3-5}$$

$$0\leqslant\Delta r_{it}^{\mathrm{d}}\leqslant r_{it}^{\mathrm{d}} \tag{3-6}$$

$$p_{it}+\Delta r_{it}^{\mathrm{u}}-p_{i,t-1}+\Delta r_{i,t-1}^{\mathrm{d}}\leqslant(1-s_{it})r_i^{\mathrm{u}}\Delta T+s_{it}p_{\min,i} \tag{3-7}$$

$$p_{i,t-1}+\Delta r_{i,t-1}^{\mathrm{u}}-p_{it}+\Delta r_{it}^{\mathrm{d}}\leqslant(1-d_{it})r_i^{\mathrm{d}}\Delta T+d_{it}p_{\min,i} \tag{3-8}$$

式中，$\Delta r_{it}^{\mathrm{u}}$和$\Delta r_{it}^{\mathrm{d}}$分别为两种最恶劣场景下常规机组$i$在第$t$时段的出力上、下调整量。在机组组合问题中，调度时段$t-1$、t内机组有可能处于停机状态，因此假设机组一旦开机，则能达到最小出力，机组在停机前为最小出力。

3.2.3 最大功率支撑能力

当地区电力系统因事故造成大面积停电时，电网处于全黑状态，为了快速恢复负荷供电，减少经济损失和保证社会稳定，需要立即对电网进行黑起动。传统黑起动方案针对的是地区输电网，选取地区内具备黑起动能力的电厂充当黑起动电源，为不能自起动的大型机组供电，逐步恢复地区输电网，最后恢复配电网。在现代电力系统中，分布式电源在配电网中的渗透率日益提高，利用分布式电源和储能系统的短时间支撑能力为配电网中的重要负荷供电，建立短时间的孤岛，减少重要负荷的停电时间，可有效提高配电网的可靠性，具有重要的现实意义。

3.3 储能电站并网技术规定

关于储能系统的并网技术性能需求，有国家标准 GB/T 36547—2018《电化学储能系统接入电网技术规定》和企业标准 Q/GDW 1564—2014《储能系统接入配电网技术规定》。

3.3.1 一般性技术规定

1. 基本原则

1）储能系统接入配电网及储能系统的运行、监控应遵守相关的国家标准、行业标准和企业标准。

2）储能系统接入配电网，不得危及公众或操作人员的人身安全。

3）储能系统接入配电网，不应对电网的安全稳定运行产生任何不良影响。

4）储能系统接入配电网后，公共连接点处的电能质量应满足相关标准的要求。

5）储能系统接入配电网，不应改变现有电网的主保护配置。

2. 电压等级

储能系统可通过三相或单相接入配电网，其容量和接入点的电压等级参照表 3-1 确定。

表 3-1 储能系统接入配电网电压等级

储能系统容量范围	并网电压等级	接入方式
8kW 及以下	220V	单相
8 ～ 400kW	380V	三相
400kW ～ 6MW	6 ～ 10（20）kV	三相
6MW 至数十兆瓦	35（20）kV	三相

3. 短路容量

储能系统接入配电网后，不应导致其所接入配电网的短路容量超过该电压等级的允许值。

储能系统公共连接点处的短路电流值应低于断路器遮断容量且留有一定裕度，否则应采取相应措施。

4. 最大充放电电流

储能系统以最大方式进行充放电时，公共连接点处电流不应超出配电设备允许的载流能力。

3.3.2 接口装置

1. 隔离开关

在储能系统的接入点处应采用易操作、可闭锁且具有手动和自动操作的断路器，同时安装具有可视断点的隔离开关。

2. 电气设备耐压水平

储能系统的接口装置应满足相应电压等级的电气设备耐压水平。

3. 电磁干扰

储能系统接口装置应能抵抗下述标准规定的电磁干扰类型和等级：

1）GB/T 14598.13《电气继电器 第 22-1 部分 量度继电器和保护装置的电气骚扰试验 1Hz 脉冲群抗扰度试验》规定的严酷等级为三级的 1MHz 和 100kHz 的脉冲群干扰。

2）GB/T 14598.10《量度继电器和保护装置 第 22-4 部分 电气骚扰试验快速瞬变 脉冲群抗扰度试验》规定的严酷等级为三级的快速脉冲群干扰。

3）GB/T 14598.14《量度继电器和保护装置 第 22-2 部分 电气骚扰试验 静电放电试验》规定的严酷等级为三级的静电放电干扰。

4）GB/T 14598.9《量度继电器和保护装置 第 22-3 部分 电气骚扰试验 辐射电磁场抗扰度》规定的严酷等级为三级的辐射电磁场干扰。

3.3.3 接地安全

国标 GB/T 36547—2018《电化学储能系统接入电网技术规定》要求，电化学储能系统的防雷与接地应符合 GB 14050《系统接地及安全技术要求》、GB 50057《建筑防雷设计规范》和 GB/T 50065《交流电气装置的接地设计规范》的要求。

1. 接地

通过 10（6）～ 35kV 电压等级接入的储能系统接地方式应与其接入的配电网侧系统接地方式保持一致，并应满足人身设备安全和保护配合的要求。通过 380V 电压等级并网的储能系统应安装有防止过电压的保护装置，并应装设终端剩余电流保护器。储能系统的接地应符合 GB 14050 和 DL/T 621《交流电气装置的接地》的相关要求。

2. 安全标识

连接储能系统和电网的设备应有醒目标识。标识应标明“警告”“双电源”等提示性文字和符号。标识的形状、颜色、尺寸和高度按照 GB 2894《安全标志》规定执行。

通过 10（6）～ 35kV 电压等级接入的储能系统，应根据 GB 2894 的规定，在电气设备和线路附近标识“当心触电”等提示性文字和符号。

3.3.4 电能质量

GB/T 36547—2018 对储能并网的电能质量规定如下：

1）电化学储能系统接入公共连接点的谐波电压应满足 GB/T 14549《电能质量 公用电网谐波》的要求。

2）电化学储能系统接入公共连接点的间谐波电压应满足 GB/T 24337《电能质量 公用电网间谐波》的要求。

3）电化学储能系统接入公共连接点的电压偏差应满足 GB/T 12325《电能质量 供电电压偏差》的要求。

4）电化学储能系统接入公共连接点的电压波动和闪变值应满足 GB/T 12326《电能质量 电压波动和闪变》的要求。

5）电化学储能系统接入公共连接点的电压不平衡度应满足 GB/T 15543《电能质量 三相电压不平衡》的要求。

6）电化学储能系统接入公共连接点的直流电流分量不应超过其交流额定值的 0.5%。

7）通过 10（6）kV 及以上电压等级接入公用电网的电化学储能系统宜装设满足 GB/T 19862《电能质量监测设备通用要求》要求的电能质量监测装置；当电化学储能系统的电能质量指标不满足要求时，应安装电能质量治理设备。

1. 一般性要求

储能系统接入配电网后，公共连接点处的电能质量在谐波、间谐波、电压偏差、电压不平衡和直流分量等方面应满足国家相关标准的要求。在储能系统公共连接点处应装设 A 类电能质量在线监测装置（A 类电能质量在线监测装置应满足 GB/T 17626.7

《电磁兼容 试验和测量技术》标准的要求)。对于接入10(6)～35kV电压等级的储能系统，电能质量数据应能够远程传送，满足电网企业对电能质量监测的要求。对于接入220V/380V电压等级的储能系统，应能存储一年及以上的电能质量数据，以备电网企业调用。

2. 谐波和畸变

储能系统接入配电网后，公共连接点处的谐波电压应满足GB/T 14549《电能质量 公用电网谐波》的规定，并满足电力行业电能质量技术管理相关标准的要求。

储能系统接入配电网后，公共连接点处的总谐波电流分量应满足GB/T 14549《电能质量 公用电网谐波》的规定。储能系统向电网注入的谐波电流允许值应按储能系统安装容量与其公共连接点的供电设备容量之比进行分配。

3. 电压波动和闪变

储能系统起停和并网，公共连接点处的电压波动和闪变应满足GB/T 12326《电能质量 电压波动和闪变》的规定。

因储能系统引起公共连接点处电压变动值与电压变动频度、电压等级有关时，具体限值应按照Q/GDW 480《分布式电源接入电网技术规定》有关规定执行。

储能系统在公共连接点引起的电压闪变限值应根据储能系统安装容量占接入点公用电网供电容量的比例，系统电压等级按照GB/T 12326《电能质量 电压波动和闪变》的三级规定执行。

4. 电压偏差

储能系统接入配电网后，公共连接点的电压偏差应符合GB/T 12325《电能质量 供电电压偏差》的规定：

1）35kV公共连接点电压正负偏差的绝对值之和不超过标称电压的10%。如供电电压上下偏差同号（均为正或负）时，以较大的偏差绝对值作为衡量依据。

2）20kV及以下三相电压偏差不超过标称电压的±7%。

3）220V单相电压偏差不超过标称电压的+7%和−10%。

5. 电压不平衡

储能系统接入配电网后，公共连接点的三相电压不平衡度应不超过GB/T 15543《电能质量 三相电压不平衡》规定的限值，公共连接点的负序电压不平衡度应不超过2%，短时不应超过4%。

由储能系统引起的负序电压不平衡度应不超过1.3%，短时不超过2.6%。

6. 直流分量

储能系统经变压器接入配电网的，向电网馈送的直流电流分量不应超过其交流额定值的0.5%。储能系统不经变压器接入电网，向电网馈送的直流分量应小于其交流额定值的1%。

3.3.5　功率控制和电压调节

GB/T 36547—2018《电化学储能系统接入电网技术规定》中规定：电化学储能系统应具备恒功率控制、恒功率因数控制和恒充电 / 放电电流控制功能，能够按照计划曲线和下发指令方式连续运行。

电化学储能系统在其变流器额定功率运行范围内应具备四象限功率控制功能，有功功率和无功功率应在图 3-1 所示的阴影区域内动态可调。

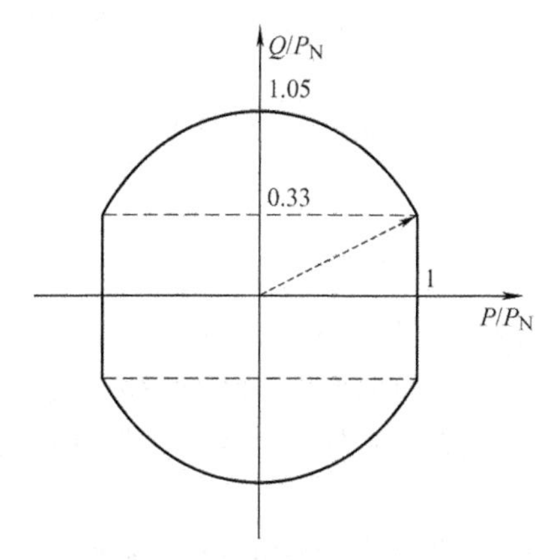

图 3-1　电化学储能系统四象限功率控制调节范围示意图

接入 10（6）kV 及以上电压等级公用电网的电化学储能系统应具备就地和远程充放电功率控制功能，且具备能够自动执行电网调度机构下达指令的功能。

接入 110（220）kV 及以上电压等级公用电网的电化学储能系统应具有参与一次调频的能力，并具备自动发电控制（AGC）功能。

接入 10（6）kV 及以上电压等级公用电网的电化学储能系统，动态响应特性应满足以下要求：

1）储能系统功率控制的充 / 放电响应时间不大于 2s，充 / 放电调节时间不大于 3s，充电到放电转换时间、放电到充电转换时间不大于 2s。

2）调节时间后，系统实际出力曲线与调度指令或计划曲线偏差不大于 ±2% 的额定功率。

通过 10（6）kV 及以上电压等级接入公用电网的电化学储能系统应同时具备就地和远程无功功率控制和电压调节功能。

1. 有功功率控制

（1）控制要求

储能系统应具备就地充放电控制功能。接入 10（6）～ 35kV 配电网的储能系统，还应同时具备远方控制功能，并应遵循分级控制、统一调度的原则，根据电网调度部门指令，控制其充放电功率。

接入 6 ～ 10（20）kV 配电网的储能系统，其有功调节速率至少能够达到 10%P_E/20ms，P_E 为储能系统的额定有功功率。

储能系统的有功功率动态响应速度应满足并网调度协议的要求。

（2）起停和充放电切换

储能系统的起停和充放电切换应按储能系统所有者与电网经营企业签订的并网电量购销合同执行。通过 10（6）～ 35kV 电压等级接入的储能系统的起停和充放电切换应执行电网调度部门的指令。

储能系统并网运行且以额定功率进行充放电转换时，充放电切换时间应不大于 400ms，且应满足当地配电网的要求。

储能系统的起停和充放电切换不应引起公共连接点处的电能质量指标超出规定范围。

由储能系统切除或充放电切换引起的公共连接点功率变化率不应超过电网调度部门规定的限值。

2. 电压 / 无功调节

储能系统参与电网电压调节的方式包括调节其无功功率、调节无功补偿量等。储能系统无功功率调节能力有限时，宜就地安装无功补偿设备 / 装置。

通过 220V/380V 电压等级接入的储能系统功率因数应控制在 0.95（滞后）～ 1 范围。

通过 10（6）～ 35kV 电压等级接入的储能系统应能在功率因数 0.95（超前）～ 0.95（滞后）范围内连续可调。在其无功输出范围内，应能在电网调度部门的指令下参与电网电压调节，无功动态响应时间不得大于 20ms，其调节方式和参考电压、电压调差率等参数应满足并网调度协议的要求。

3. 异常响应

（1）频率异常响应特性

接入 220V/380V 配电网的储能系统，当接入点频率低于 49.5Hz 时，应停止充电；当接入点频率高于 50.2Hz 时，应停止向电网送电。

接入 10（6）～ 35kV 配电网的储能系统应具备一定的耐受系统频率异常的能力，应能按表 3-2 所示的要求运行。

表 3-2　储能系统的频率响应时间要求

频率范围 f/Hz	要求
$f<48.0$	储能系统不应处于充电状态。储能系统应根据变流器允许运行的最低频率或电网调度部门的要求确定是否与电网脱离
$48.0 \leqslant f<49.5$	处在充电状态的储能系统应在 0.2s 内转为放电状态，对于不具备放电条件或其他特殊情况，应在 0.2s 内与电网脱离
$49.5 \leqslant f \leqslant 50.2$	正常充电或放电运行
$50.2<f \leqslant 50.5$	处于放电状态的储能系统应在 0.2s 内转为充电状态，对于不具备充电条件或其他特殊情况，应在 0.2s 内与电网脱离
$f>50.5$	储能系统不应处于放电状态。储能系统根据变流器允许运行的最高频率确定是否与电网脱离

（2）电压异常响应特性

接入 220V/380V 配电网的储能系统，电压异常响应特性应符合表 3-3 的规定。此要求适用于三相系统中的任何一相。

表 3-3　接入 220V/380V 配电网储能系统的电压异常响应特性要求

并网点电压	要求
$U<50\%U_N$	储能系统不应从配电网获取电能。若并网点电压低于 $50\%U_N$ 持续 0.2s 以上时，储能系统应与配电网断开连接
$50\%U_N \leqslant U<85\%U_N$	储能系统不宜从配电网获取电能。若并网点电压位于该区间的持续时间大于 2s 时，储能系统应与配电网断开连接
$85\%U_N \leqslant U \leqslant 110\%U_N$	正常运行
$110\%U_N<U \leqslant 120\%U_N$	储能系统不宜向配电网输送电能。若并网点电压位于该区间的持续时间大于 2s 时，储能系统应与配电网断开连接
$120\%U_N<U$	储能系统不应向配电网输送电能。若并网点电压高于 $120\%U_N$ 持续 0.2s 以上时，储能系统应与配电网断开连接

注：U_N 为储能系统并网点处的电网额定电压。

接入 6～10（20）kV 配电网的储能系统，当并网点电压在额定电压的 85% 以下时，储能系统应具备如图 3-2 所示的低电压穿越能力。并网点电压在图中曲线 1 轮廓线及以上区域时，储能系统应不脱网连续运行；否则，允许储能系统离网。

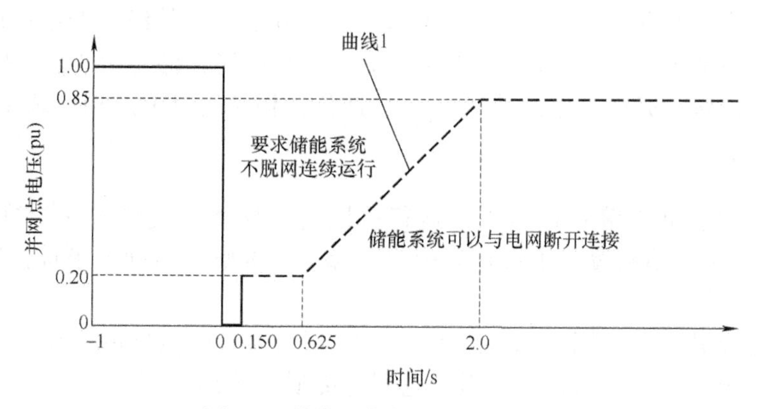

图 3-2　储能系统低电压穿越能力

各种故障类型下的并网点考核电压见表 3-4。

表 3-4　储能系统低电压穿越考核电压

故障类型	考核电压
三相短路故障	并网点线电压
两相短路故障	并网点线电压
单相接地短路故障	并网点线电压

3.3.6　继电保护与安全自动装置

1. 一般性要求

储能系统的保护应符合 GB/T 14285《继电保护和安全自动装置技术规程》和 DL/T 584《3kV ～ 10kV 电网继电保护装置运行整定规程》的规定。

2. 元件保护

储能系统的变压器、变流器和储能元件应配置可靠的保护装置。储能系统应能检测配电网侧的短路故障和缺相故障，保护装置应能迅速将其从配电网侧断开。储能系统应安装低压和过电压继电保护装置，继电保护的设定值应满足相应要求；储能系统的频率保护设定应满足相应要求。

3. 涉网保护

储能系统涉网保护的配置及整定应与电网侧保护相适应，与电网侧重合闸策略相协调。采用专线方式通过 10（6）～ 35kV 电压等级接入的储能系统宜配置光纤电流差动保护或方向保护，在满足继电保护“选择性、速动性、灵敏性、可靠性”要求时，也可采用电流、电压保护。接入 220V/380V 配电网的储能系统应具备低电压和过电流保护功能。储能系统应具备防孤岛保护功能。非计划孤岛情况下，应在 2s 内与配电网断开。

4. 故障信息

对于供电范围内有储能系统接入 10（6）～ 35kV 电压等级的变电站应具有故障录波功能，应记录故障前 3s 到故障后 10s 的情况，且应能存储至少 10 次故障录波信息。该记录装置应该包括必要的信息输入量，宜具备将相应信息上送相应调度端的功能。

5. 同期并网

当电网频率、电压偏差超出正常运行范围时，储能系统应按照标准 GB/T 14285《继电保护和安全自动装置技术规范》中表 1 和表 2 的响应时间要求选择以充电状态或放电状态起动。

储能系统应具有自动同期功能，起动时应与接入点配电网的电压、频率和相位偏差在相关标准规定的范围内，不应引起电网电能质量超出规定范围。

3.3.7　自动化与通信

1. 基本要求

接入 220V/380V 配电网的储能系统应具备受电网企业监测运行状况的能力。

通过 10（6）～ 35kV 电压等级接入的储能系统，应具备按电力调度机构要求采集、上传运行信息和接收、执行控制指令的能力，其通信系统应能满足继电保护、安全自动装置、调度自动化系统及调度电话等业务的要求。

通过 10（6）～ 35kV 电压等级接入的储能系统与电网调度部门之间通信方式和信息传输应符合相关标准的要求，包括遥测、遥信、遥控和遥调信号，提供信号的方式和实时性要求等。一般宜采取基于 DL/T 634.5—101 和 DL/T 634.5—104 的通信协议。

通信系统可综合采用光纤专网、电力线载波、无线专网和无线公网等通信方式，其中：

1）光纤专网通信方式宜选择无源光纤网、工业以太网等光纤以太网技术。

2）中压电力线载波通信方式可选择电缆屏蔽层载波等技术。

3）无线专网通信方式宜选择符合国际标准、多厂家支持的宽带技术。

4）无线公网通信方式宜选择 GPRS/CDMA/4G 通信技术，并采用 APN+VPN 或 VPDN 技术实现无线虚拟专用通道，为终端提供身份认证和地址分配。

通信系统宜优先利用配电自动化通信资源，满足保护、安全自动装置、自动化及调度电话等业务的要求，并满足《中华人民共和国国家发展和改革委员会第 14 号令　电力监控系统安全防护规定》等相关规定的要求。

2. 运行信息

接入 220V/380V 配电网的储能系统监测和记录的运行信息应包括但不限于以下内容：

1）电气模拟量即并网点的频率、电压、注入电网电流、注入电网有功和无功、功率因数和电能质量数据。

2）电能量，即可充 / 可放电量、上网电量和下网电量等。

3）状态量，即并网点开断设备状态、充放电状态和荷电状态等信号。

4）其他信息，即储能系统的总容量等。

接入 6 ～ 10（20）kV 配电网的储能系统向电网调度部门提供的信息应包括但不限于以下内容：

1）电气模拟量，即并网点的频率、电压、注入电网电流、注入电网有功和无功、功率因数和电能质量数据。

2）电能量，即可充 / 可放电量、上网电量和下网电量等。

3）状态量，即并网点开断设备状态、充放电状态、荷电状态、故障信息、储能系统远方终端状态信号和通信状态等信号。

4）其他信息，即储能系统的总容量等。

3.3.8　电能计量

GB/T 36547—2018《电化学储能系统接入电网技术规定》规定电化学储能系统接入电网前，应明确电量计量点。电量计量点设置应遵循以下规定：

1）电化学储能系统采用专线接入公用电网，电量计量点设在公共连接点。

2）电化学储能系统采用 T 接方式接入公用线路，电量计量点设在电化学储能系统出线侧。

3）电化学储能系统接入用户内部电网，电量计量点设在并网点。

电化学储能系统应设置电能计量装置，且设备配置和技术要求应符合 DL/T 448《电能计量装置技术管理规程》的要求。电化学储能系统的电能计量装置应具备双向有功和无功计量、事件记录、本地及远程通信的功能，其通信协议应符合 DL/T 645《多功能表通信协议》的规定。

1. 计量点

储能系统接入配电网前，应明确上网电量和用网电量计量点。电能计量点设置原则应遵循以下规定：

1）储能系统采用专线接入公用电网，电能计量点设在产权分界点。

2）储能系统采用 T 接方式接入公用线路，电能计量点设在储能系统出线侧。

3）储能系统接入用户内部电网，电能计量点设在并网点。

4）其他情况按照合同执行。

2. 电能计量装置

每个计量点均应装设电能计量装置，其设备配置和技术要求应符合 DL/T 448《电能计量装置技术管理规程》有关规定以及相关标准、规程的要求。电能表至少应具备双向有功和四象限无功计量功能、事件记录功能，配有标准通信接口，具备本地通信和通过电能信息采集终端远程通信的功能。电能表通信协议符合 DL/T 645《多功能表通信协议》规定。储能系统的电能表采用智能电能表时，其技术性能应满足国家电网公司关于智能电能表的相关标准要求。

3.4 储能电站并网检测技术

为了确保储能系统接入配电网的安全可靠运行，国标 GB/T 36548—2018《电化学储能系统接入电网测试规范》和企标 Q GDW 676—2011《储能系统接入配电网测试规范》对储能系统的并网检测作了规定。

3.4.1 测试仪器仪表

1. 测试仪器仪表

测试仪器仪表应满足以下要求：

1）测试仪器仪表应检验合格，并在有效期内。

2）测试仪器仪表的准确度见表 3-5。

表 3-5 测试仪器仪表准确度要求

名称	准确度等级	备注
电压传感器	0.5（0.2）级	FS（满量程）
电流传感器	0.5（0.2）级	FS（满量程）
温度计	±0.5℃	—
湿度计	±3%	响度湿度
电能表	0.2 级	FS（满量程）
数据采集装置	0.2 级	数据带宽≥10MHz

注：电能质量测量时的准确度要求为 0.2 级

2. 用于测试的模拟电网装置性能

模拟电网装置应能模拟公用电网的电压幅值、频率和相位的变化，并符合以下技术要求：

1）与储能变流器连接侧的电压谐波应小于 GB/T 14549《电能质量 公用电网谐波》中谐波允许值的 50%。

2）与电网连接处的电流谐波应小于 GB/T 14549《电能质量 公用电网谐波》中谐波允许值的 50%。

3）在测试过程中，稳态电压变化幅度不得超过标称电压的 1%。

4）电压偏差应小于标称电压的 0.2%。

5）频率偏差应小于 0.01Hz。

6）三相电压不平衡度应小于 1%，相位偏差小于 3°。

7）中性点不接地的模拟电网装置，中性点位移电压应小于相电压的 1%。

8）额定功率（P_N）应大于被测试电化学储能系统的额定功率。

9）具有在一个周波内进行 ±0.1% 额定频率（f_N）的调节能力。

10）具有在一个周波内进行 ±1% 额定电压（U_N）的调节能力。

11）阶跃响应的调节时间小于 20ms。

3. 用于测试的电网故障模拟发生装置性能

1）装置应能模拟三相对称电压跌落、相间跌落和单相电压跌落，跌落幅值应包含 0 ～ 90%。

2）装置应能模拟三相对称电压抬升，抬升幅值应包含 110% ～ 130%。

3）电压阶跃响应调节时间应小于 20ms。

3.4.2　测试条件

1. 环境条件

储能系统在下列环境条件下开展测试：

1）环境温度为 5 ～ 40℃。

2）环境湿度为 15% ～ 90%。

3）大气压强为 86 ～ 106kPa。

2. 基本条件

储能系统在并网测试前应符合以下规定：

1）储能系统的防雷接地装置应满足 GB/T 21431《建筑防雷装置检测技术规范》、GB 50057《建筑防雷设计规范》和 DL/T 621《交流电气装置的接地》中的规定。

2）储能系统接入点设备的绝缘强度应满足 GB 50150《电气装置安装工程电气设备交接试验标准》的规定，接入点各回路交直流电缆绝缘应满足 GB/T 12706.1《额定电压 1kV（U_m=12kV）到 35kV（U_m=40.5kV）挤包绝缘电力电缆及附件第 1 部分额定电压 1kV（U_m=12kV）和 3kV（U_m=3.6kV）电缆》和 GB/T 12706.2《额定电压 1kV

（U_m=12kV）到 35kV（U_m=40.5kV）挤包绝缘电力电缆及附件》的规定。

3）储能系统接入点设备的耐压应满足 DL/T 474.4《现场绝缘试验实施导则 交流耐压试验》和 DL/T 620《交流电气装置的过电压保护和绝缘配合》的要求。

4）当储能系统并网点的电压波动和闪变满足 GB/T 12326《电能质量 电压波动和闪变》、电压谐波值满足 GB/T 14549《电能质量 公用电网谐波》、三相电压不平衡度满足 GB/T 15543《电能质量 三相电压不平衡》及电压间谐波满足 GB/T 24337《电能质量 公用电网间谐波》的要求时，储能系统应能正常运行。

3.4.3 测试项目及方法

1. 电网适应性测试

（1）频率适应性测试

测试储能系统的频率适应性，接线如图 3-3 所示。本测试项目应使用模拟电网装置模拟电网频率的变化。测试步骤如下：

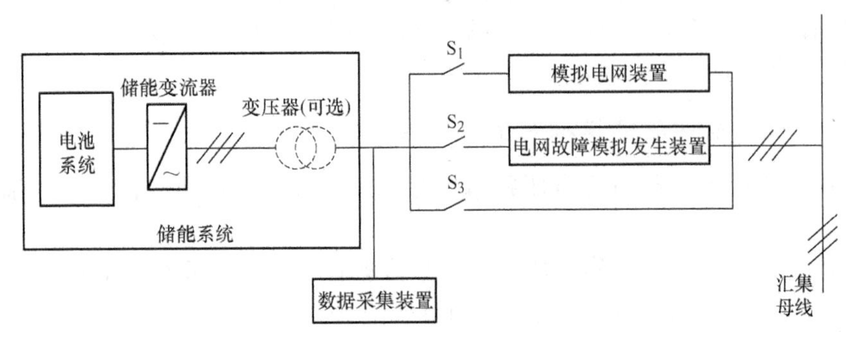

图 3-3　储能系统测试接线示意图

1）将储能系统与模拟电网装置相连。

2）设置储能系统运行在充电状态。

3）调节模拟电网装置频率至 49.52 ～ 50.18Hz 范围内，在该范围内合理选择若干个点（至少 3 个点且临界点必测），每个点连续运行至少 1min，应无跳闸现象，否则停止测试。

4）设置储能系统运行在放电状态，重复步骤 3）。

5）通过 380V 电压等级接入电网的储能系统：①设置储能系统运行在充电状态，调节模拟电网装置频率分别至 49.32 ～ 49.48Hz、50.22 ～ 50.48Hz 范围内，在该范围内合理选择若干个点（至少 3 个点且临界点必测），每个点连续运行至少 4s，分别记录储能系统运行状态及相应的动作频率、动作时间；②设置储能系统在放电状态，重复①。

6）通过 10（6）kV 及以上电压等级接入电网的储能系统：①设置储能系统运行在充电状态，调节模拟电网频率至 48.02 ～ 49.48Hz、50.22 ～ 50.48Hz 范围内，在该范围内合理选择若干个点（至少 3 个点且临界点必测），每个点连续运行至少 4s，分别记录储能系统运行状态及相应的动作频率、动作时间；②设置储能系统运行在放电状态，重复步骤①；③设置储能系统运行在充电状态，调节模拟电网频率至 50.52Hz，连续运行至少 4s，记录储能系统运行状态及相应的动作频率、动作时间；④设置储能系统运行在放电状态，重复步骤③；⑤设置储能系统运行在充电状态，调节模拟电网频率至 47.98Hz，连续运行至少 4s，记录储能系统运行状态及相应的动作频率、动作时间；⑥设置储能系统运行在放电状态，重复步骤⑤。

（2）电压适应性测试

测试储能系统的电压适应性，接线同上。本测试项目应使用模拟电网装置模拟电网电压的变化，测试步骤如下：

1）将储能系统与模拟电网装置相连。

2）设置储能系统运行在充电状态。

3）调节模拟电网装置输出电压至拟接入电网标称电压的 86% ～ 109% 范围内，在该范围内合理选择若干个点（至少 3 个点且临界点必测），每个点连续运行至少 1min，应无跳闸现象，否则停止测试。

4）调节模拟电网装置输出电压至拟接入电网标称电压的 85% 以下，连续运行至少 1min，记录储能系统运行状态及相应动作电压、动作时间。

5）调节模拟电网装置输出电压至拟接入电网标称电压的 110% 以上，连续运行至少 1min，记录储能系统运行状态及相应动作电压、动作时间。

6）设置储能运行在放电状态，重复步骤 3）～ 5）。

（3）电能质量适应性

测试电能系统的电能质量适应性，测试接线同上。本测试项目应使用模拟电网装置模拟电网电能质量的变化。测试步骤如下：

1）将储能系统与模拟电网装置相连。

2）设置储能系统运行在充电状态。

3）调节模拟电网装置交流侧的谐波值、三相电压不平衡度和间谐波值分别至 GB/T 14549《电能质量 公用电网谐波》、GB/T 15543《电能质量 三相电压不平衡》和 GB/T 24337《电能质量 公用电网间谐波》中要求的最大限值，连续运行至少 1min，记录储能系统运行状态及相应动作时间。

4）设置储能系统运行在放电状态，重复步骤 3）。

2. 功率控制

（1）有功功率调节能力测试

将储能系统与模拟电网装置（公共电网）相连，所有参数调至正常工作条件，进行有功功率调节能力升功率测试。测试步骤如下：

1）设置储能系统有功功率为 0。

2）如图 3-4 所示，逐级调节有功功率设定值至 $-0.25P_N$、$0.25P_N$、$-0.5P_N$、$0.5P_N$、$-0.75P_N$、$0.75P_N$、$-P_N$ 和 P_N，各个功率点保持至少 30s，在储能系统并网点测量时序功率，以每 0.2s 有功功率平均值为一点，记录实测曲线。

3）以每次有功功率变化后的第二个 15s 计算 15s 有功功率平均值。

4）计算 2）各点有功功率的控制精度、响应时间和调节时间。

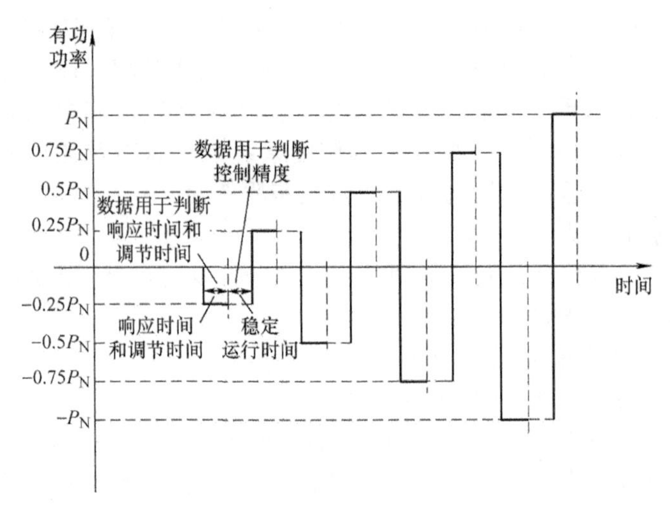

图 3-4　升功率测试曲线示意图

降功率测试步骤如下：

1）设置储能系统有功功率为 P_N。

2）如图 3-5 所示，逐级调节有功功率设定值至 $-P_N$、$0.75P_N$、$-0.75P_N$、$0.5P_N$、$-0.5P_N$、$0.25P_N$、$-0.25P_N$ 和 0，各个功率点保持至少 30s，在储能系统并网点测量时序功率，以每 0.2s 有功功率平均值为一点，记录实测曲线。

3）以每次有功功率变化后的第二个 15s 计算 15s 有功功率平均值。

4）计算 2）各点有功功率的控制精度、响应时间和调节时间。

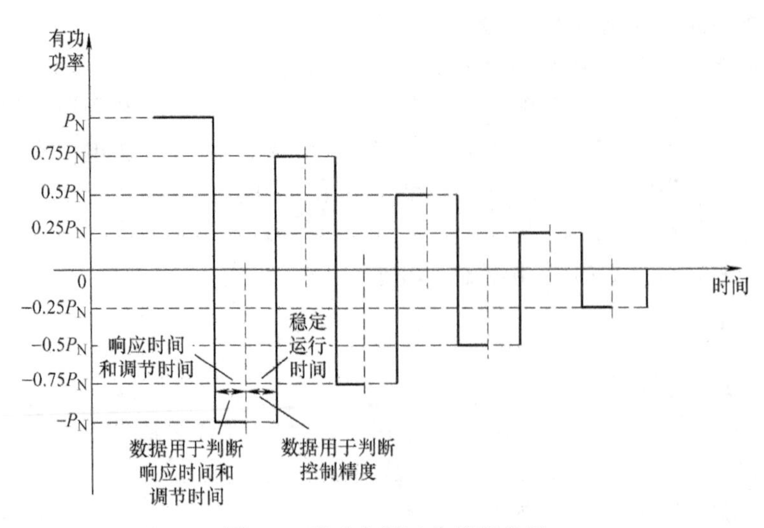

图 3-5　降功率测试曲线示意图

（2）无功功率调节能力测试

将储能系统与模拟电网装置相连，所有参数调至正常工作条件，进行无功功率调节能力充电模式测试。测试步骤如下：

1）设置储能系统充电有功功率为 P_N。

2）调节储能系统运行在输出最大感性无功功率工作模式。

3）在储能系统并网点测量时序功率，至少记录 30s 有功功率和无功功率，以每 0.2s 功率平均值为一点，计算第二个 15s 内有功功率和无功功率的平均值。

4）分别调节储能系统充电有功功率为 $0.9P_N$、$0.8P_N$、$0.7P_N$、$0.6P_N$、$0.5P_N$、$0.4P_N$、$0.3P_N$、$0.2P_N$、$0.1P_N$ 和 0，重复步骤 2）～ 3）。

5）调节储能系统运行在输出最大容性无功功率工作模式，重复步骤 3）～ 4）。

6）以有功功率为横坐标，无功功率为纵坐标，绘制储能系统功率包络图。

将储能系统与模拟电网装置相连，所有参数调至正常工作条件，进行无功功率调节能力放电模式测试。测试步骤如下：

1）设置储能系统充电有功功率为 P_N。

2）调节储能系统运行在输出最大感性无功功率工作模式。

3）在储能系统并网点测量时序功率，至少记录 30s 有功功率和无功功率，以每 0.2s 功率平均值为一点，计算第二个 15s 内有功功率和无功功率的平均值。

4）分别调节储能系统放电有功功率为 $0.9P_N$、$0.8P_N$、$0.7P_N$、$0.6P_N$、$0.5P_N$、$0.4P_N$、$0.3P_N$、$0.2P_N$、$0.1P_N$ 和 0，重复步骤 2）～ 3）。

5）调节储能系统运行在输出最大容性无功功率工作模式，重复步骤 3）～ 4）。

6）以有功功率为横坐标，无功功率为纵坐标，绘制储能系统功率包络图。

将储能系统与模拟电网装置相连，所有参数调至正常工作条件，进行功率因数调节测试。测试步骤如下：

1）将储能系统放电有功功率分别调至 $0.25P_N$、$0.5P_N$、$0.75P_N$ 和 P_N 四个点。

2）调节储能系统功率因数从 0.95 开始，连续调节至滞后 0.95，调节幅度不大于 0.01，测量并记录储能系统实际输出的功率因数。

3）将储能系统充电有功功率分别调至 $0.25P_N$、$0.5P_N$、$0.75P_N$ 和 P_N 四个点。

4）调节储能系统功率因数从 0.95 开始，连续调节至滞后 0.95，调节幅度不大于 0.01，测量并记录储能系统实际输出的功率因数。

3. 过载能力测试

储能系统过载能力测试步骤如下：

1）将储能系统调整至热备用状态，设置储能系统充电有功功率设定值至 $1.1P_N$，连续运行 10min，在储能系统并网点测量时序功率，以每 0.2s 有功功率平均值设为一点，记录实测曲线。

2）将储能系统调整至热备用状态，设置储能系统充电有功功率设定值至 $1.2P_N$，连续运行 1min，在储能系统并网点测量时序功率，以每 0.2s 有功功率平均值设为一点，记录实测曲线。

3）将储能系统调整至热备用状态，设置储能系统放电有功功率设定值至 $1.1P_N$，连续运行 10min，在储能系统并网点测量时序功率，以每 0.2s 有功功率平均值设为一点，记录实测曲线。

4）将储能系统调整至热备用状态，设置储能系统放电有功功率设定值至 $1.2P_N$，连续运行 1min，在储能系统并网点测量时序功率，以每 0.2s 有功功率平均值设为一点，记录实测曲线。

4. 低电压穿越测试

（1）测试准备

通过 10（6）kV 及以上电压等级接入电网的储能系统进行低电压穿越测试前，应做以下准备：

1）进行低电压穿越测试前，储能系统应工作在实际投入时一致的控制模式下。连接储能系统和电网故障模拟发生装置、数据采集装置以及其他相关设备。

2）测试应至少选取 5 个跌落点，并在 $0\%U_N \leqslant U \leqslant 5\%U_N$、$20\%U_N \leqslant U \leqslant 25\%U_N$、$25\%U_N \leqslant U \leqslant 50\%U_N$、$50\%U_N \leqslant U \leqslant 75\%U_N$ 和 $75\%U_N \leqslant U \leqslant 90\%U_N$ 五个区间均有分布，按照如图 3-6 所示选取跌落时间。

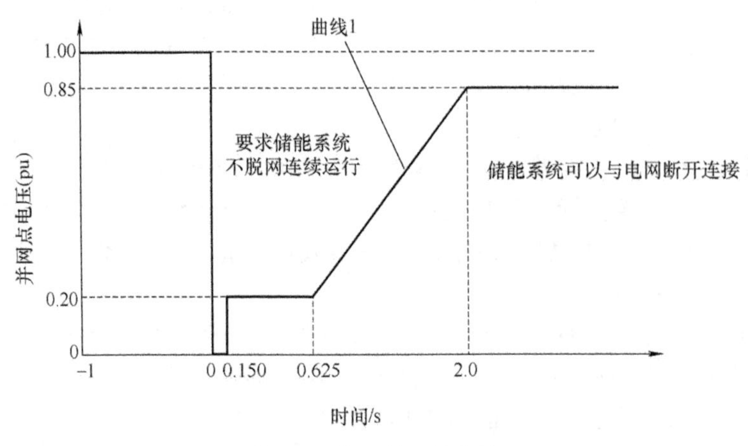

图 3-6 低电压穿越曲线

（2）空载测试

低电压穿越测试前应先进行空载测试，被测试储能系统储能变流器应处于断开状态。测试步骤如下：

1）调节电网故障模拟发生装置，模拟线路三相对称故障，电压跌落点按照上文要求选取。

2）调节电网故障模拟发生装置，模拟表 3-6 中的 AB、BC、CA 相间短路或者接地故障，电压跌落点按照上文要求选取。

3）记录储能系统并网点的电压曲线。

表 3-6 线路不对称故障类型

故障类型	故障相		
单相接地短路	A 相接地短路	B 相接地短路	C 相接地短路
两相相间短路	AB 相间短路	BC 相间短路	CA 相间短路
两相接地短路	AB 接地短路	BC 接地短路	CA 接地短路

（3）负载测试

在空载测试结果满足要求的情况下，进行低电压穿越负载测试，负载测试时电网故障模拟发生装置的配置应与空载测试保持一致。测试步骤如下：

1）将空载测试中断开的储能系统接入电网运行。

2）调节储能系统输出功率在 $0.1P_N \sim 0.3P_N$ 之间。

3）控制电网故障模拟发生装置进行三相对称电压跌落。

4）记录储能系统并网点电压和电流的波形，应至少记录电压跌落前 10s 到电压恢复正常后 6s 之间数据。

5）控制电网故障模拟发生装置进行不对称电压跌落。

6）记录储能系统并网点电压和电流的波形，应至少记录电压跌落前 10s 到电压恢复正常后 6s 之间数据。

7）调节储能系统输出功率值额定功率 P_N。

8）重复步骤 3）～ 6）。

5. 高电压穿越测试

（1）测试准备

测试通过 10（6）kV 及以上电压等级接入电网的储能系统进行高电压穿越测试前，应做以下准备：

1）进行高电压穿越测试前，储能系统应工作在实际通入运行时一致的控制模式下。连接储能系统和电网故障模拟发生装置、数据采集装置以及其他相关设备。

2）高电压穿越测试应至少选取两个点，并在 $110\%U_N<U<120\%U_N$、$120\%U_N<U<130\%U_N$ 两个区间均有分布，并按照如图 3-7 所示高电压穿越曲线要求选取抬升时间。

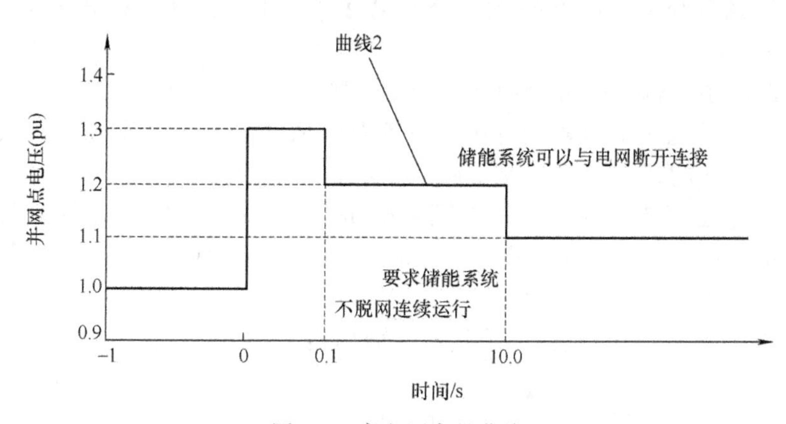

图 3-7　高电压穿越曲线

（2）空载测试

高电压穿越测试前应先进行空载测试，被测试储能系统变流器应处于断开状态。测试步骤如下：

1）调节电网故障模拟发生装置，模拟线路三相电压抬升，电压抬升点按照上文要求选取。

2）记录储能系统并网点电压曲线。

（3）负载测试

在空载测试结果满足要求的情况下，可进行高电压穿越负载测试。负载测试时电网故障模拟发生装置的配置应与空载状态一致。步骤如下：

1）将空载测试中断开的储能系统接入电网运行。

2）调节储能系统输入功率分别在 $0.1P_N \sim 0.3P_N$ 之间。

3）控制电网故障模拟发生装置进行三相对称电压抬升。

4）记录储能系统并网点电压和电流波形，至少记录电压跌落前 10s 到电压恢复后 6s 之间数据。

5）调节储能系统输入功率至额定功率 P_N。

6）重复步骤 3）、4）。

6. 电能质量测试

（1）三相电压不平衡测试

储能系统在充电和放电状态下分别进行测试，并按照 GB/T 15543《电能质量 三相电压不平衡》的相关规定进行系统的三相电压不平衡测试。

（2）谐波测试

储能系统在充电和放电状态下分别测试，按照 GB/T 14549《电能质量 公用电网谐波》相关规定进行系统的谐波测试，按照 GB/T 24337《电能质量 公用电网间谐波》的相关规定进行系统的间谐波测试。

（3）直流分量测试

储能系统在放电状态下的直流分量测试步骤如下：

1）将储能系统与模拟电网装置（公共电网）相连，所有参数调至正常工作条件，且功率因数调为 1。

2）调节储能系统输出电流至额定电流的 33%，保持 1min。

3）测量储能系统输出端各相电压、电流有效值和电流的直流分量（频率小于 1Hz 即为直流），在同样的速率和时间窗下测试 5min。

4）当各相电压有效值的平均值与额定电压的误差小于 5%，且各相电流有效值的平均值与测试电流的设定值偏差小于 5% 时，采用各测量点的绝对值计算各相电流直流分量幅值的平均值。

5）调节储能系统输出电流分别至额定输出电流的 66% 和 100%，保持 1min，重复步骤 3）～ 4）。

储能系统在充电状态下的直流分量测试步骤如下：

1）将储能系统与模拟电网装置（公共电网）相连，所有参数调至正常工作条件，且功率因数调为 1。

2）调节储能系统输入电流至额定电流的 33%，保持 1min。

3）测量储能系统输入端各相电压、电流有效值和电流的直流分量（频率小于 1Hz 即为直流），在同样的速率和时间窗下测试 5min。

4）当各相电压有效值的平均值与额定电压的误差小于5%，且各相电流有效值的平均值与测试电流的设定值偏差小于5%时，采用各测量点的绝对值计算各相电流直流分量幅值的平均值。

5）调节储能系统输出电流分别至额定输出电流的66%和100%，保持1min，重复步骤3）～4）。

7. 保护功能测试

（1）涉网保护功能测试

储能系统的涉网保护功能测试应符合DL/T 584《3kV～110kV电网继电保护装置运行整定规程》的规定。

（2）非计划孤岛保护功能测试

测试储能系统的非计划孤岛保护特性，测试回路如图3-8所示，步骤如下：

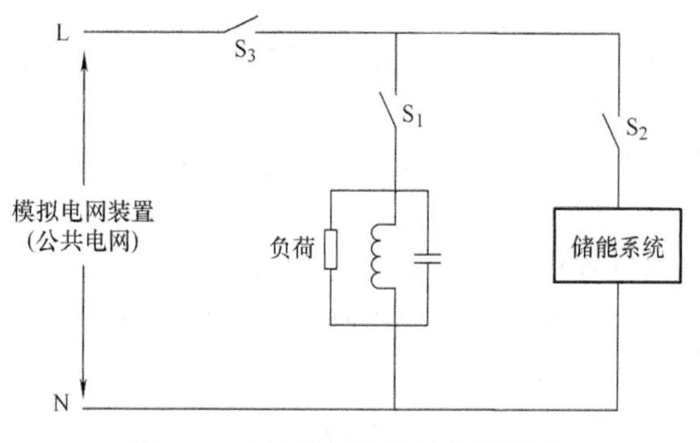

图3-8　非计划孤岛保护功能测试

1）对于三相四线制储能系统，图3-8为相线对中性点接线；对于三相三线制储能系统，图3-8为相间接线。

2）设置储能系统防孤岛保护定值，调节储能系统放电功率至额定功率。

3）设定模拟电网装置（公共电网）电压为储能系统的标称电压，频率为储能系统额定频率；调节负荷品质因数Q为1.0±0.05。

4）闭合开关S_1、S_2和S_3，直至储能系统达到步骤2）的规定值。

5）调节负荷至通过开关S_3的各相基波电流小于储能系统各相稳态额定电流的2%。

6）断开S_3，记录从断开至储能系统停止向负荷供电的时间间隔，即断开时间。

7）在初始平衡负荷的95%～105%范围内，调节无功负荷按1%递增（或调节储能系统无功功率按1%递增），若储能系统断开时间增加，则需额外增加1%无功负荷（或无功功率），直至断开时间不再增加。

8）在初始平衡负荷的95%或105%时，断开时间仍增加，则需额外减少或增加1%无功负荷（或无功功率），直至断开时间不再增加。

9）测试结果中，3个最长断开时间的测试点应做两次附加测试；3个最长断开时间出现在不连续的1%负荷增加值上时，则3个最长断开时间之间的所有测试点都应做两次附加重复测试。

10）调节储能系统输出功率分别至额定功率的66%、33%，分别重复步骤3）～9）。

8. 充放电响应时间测试

（1）充电响应时间测试

在额定功率充放电条件下，将储能系统调整至热备用状态，测试充电响应时间。测试步骤如下：

1）记录储能系统收到控制信号的时刻，记为 t_{C1}。

2）记录储能系统充电功率首次达到90%额定功率的时刻，记为 t_{C2}。

3）按照下式计算响应时间 RT_C

$$RT_C=t_{C2}-t_{C1} \tag{3-9}$$

4）重复步骤1）～3）两次，放电响应时间取3次测试结果的最大值。

（2）放电响应时间测试

在额定功率充放电条件下，将储能系统调整至热备用状态，测试充电响应时间。测试步骤如下：

1）记录储能系统收到控制信号的时刻，记为 t_{D1}。

2）记录储能系统充电功率首次达到90%额定功率的时刻，记为 t_{D2}。

3）按照下式计算响应时间 RT_D。

$$RT_D=t_{D2}-t_{D1} \tag{3-10}$$

4）重复步骤1）～3）两次，放电响应时间取3次测试结果的最大值。

9. 充放电调节时间测试

（1）充电调节时间测试

在额定功率充放电条件下，将储能系统调整至热备用状态，测试充电调节时间。测试步骤如下：

1）记录储能系统收到控制信号的时刻，记为 t_{C3}。

2）记录储能系统充电功率的偏差维持在额定功率 ±2% 以内的起始时刻，记为 t_{C4}。

3）按照下式计算响应时间 AT_C

$$AT_C=t_{C4}-t_{C3} \tag{3-11}$$

4）重复步骤1）～3）两次，放电响应时间取3次测试结果的最大值。

（2）放电调节时间测试

在额定功率充放电条件下，将储能系统调整至热备用状态，测试充电调节时间。测试步骤如下：

1）记录储能系统收到控制信号的时刻，记为 t_{D3}。

2）记录储能系统充电功率的偏差维持在额定功率 ±2% 以内的起始时刻，记为 t_{D4}。

3）按照下式计算响应时间 AT_D

$$AT_D=t_{D4}-t_{D3} \tag{3-12}$$

4）重复步骤 1）～ 3）两次，放电响应时间取 3 次测试结果的最大值。

10. 充放电转换时间测试

（1）充电到放电转换时间测试

在额定功率充放电条件下，将储能系统调整至热备用状态，测试充电到放电的转换时间。测试步骤如下：

1）设置储能系统以额定功率充电，向储能系统发送以额定功率放电指令，记录从 90% 额定功率充电到 90% 额定功率放电的时间 t_1。

2）重复步骤 1）两次，充电到放电转换时间取 3 次测试结果的最大值。

（2）放电到充电转换时间测试

在额定功率充放电条件下，将储能系统调整至热备用状态，测试放电到充电转换时间。测试步骤如下：

1）设置储能系统以额定功率放电，向储能系统发送以额定功率充电指令，记录从 90% 额定功率放电到 90% 额定功率充电的时间 t_1。

2）重复步骤 1）两次，放电到充电转换时间取 3 次测试结果的最大值。

11. 额定能量测试

在稳定运行状态下，储能系统在额定功率充放电条件下，测试储能系统的充电能量和放电能量。测试步骤如下：

1）以额定功率放电至放电终止条件时停止放电。

2）以额定功率充电至充电终止条件时停止充电。记录本次充电过程中储能系统充电的能量 E_C 和辅助能耗 W_C。

3）以额定功率放电至放电终止条件时停止放电。记录本次放电过程中储能系统放电的能量 E_D 和辅助能耗 W_D。

4）重复步骤 2）、3）两次，记录每次充放电能量 E_{Cn}、E_{Dn} 和辅助能耗 W_{Cn}、W_{Dn}。

5）按照下式计算其平均值，记 E_C 和 E_D 为储能系统的额定充电能量和放电能量，即

$$E_C=\frac{E_{C1}+W_{C1}+E_{C2}+W_{C2}+E_{C3}+W_{C3}}{3} \tag{3-13}$$

$$E_D=\frac{E_{D1}-W_{D1}+E_{D2}-W_{D2}+E_{D3}-W_{D3}}{3} \tag{3-14}$$

式中 E_{Cn} ——第 n 次循环的充电能量，单位为 W·h；

E_{Dn} ——第 n 次循环的放电能量，单位为 W·h；
W_{Cn} ——第 n 次循环充电过程的辅助能耗，单位为 W·h；
W_{Dn} ——第 n 次循环放电过程的辅助能耗，单位为 W·h。

12. 额定功率能量转换效率测试

在稳定运行状态下，储能系统在额定功率充放电条件下，测试储能系统的额定功率能量转换效率。测试步骤如下：

1）以额定功率放电至放电终止条件时停止放电。

2）以额定功率充电至充电终止条件时停止充电。记录本次充电过程中储能系统充电的能量 E_C 和辅助能耗 W_C。

3）以额定功率放电至放电终止条件时停止放电。记录本次放电过程中储能系统放电的能量 E_D 和辅助能耗 W_D。

4）重复步骤 2）、3）步骤两次，记录每次充放电能量 E_{Cn}、E_{Dn} 和辅助耗能 E_{Cn}、E_{Dn}。

5）按照下式计算能量转换效率

$$\eta=\frac{1}{3}\left(\frac{E_{D1}-W_{D1}}{E_{C1}+W_{C1}}+\frac{E_{D2}-W_{D2}}{E_{C2}+W_{C2}}+\frac{E_{D3}-W_{D3}}{E_{C3}+W_{C3}}\right)\times 100\% \tag{3-15}$$

式中 η ——能量转换效率
E_{Cn} ——第 n 次循环的充电能量，单位为 W·h；
E_{Dn} ——第 n 次循环的放电能量，单位为 W·h；
W_{Cn} ——第 n 次循环充电过程的辅助能耗，单位为 W·h；
W_{Dn} ——第 n 次循环放电过程的辅助能耗，单位为 W·h。

13. 通信测试

（1）通信基本测试

通过 10（6）kV 及以上电压等级接入电网的储能系统，在并网状态下，按照 GB/T 13729《远动终端设备》的相关规定执行。

（2）状态与参数测试

储能系统和电网调度机构或用户测试的状态与参数至少应该包括：

1）电气模拟量，即并网点的频率、电压、注入电网电流、注入有功功率和无功功率、功率因数和电能质量数据等。

2）电能量及荷电状态，即可充 / 放电量、充电电量、放电电量和荷电状态等。

3）状态量，即并网点断开设备状态、充放电状态、故障信息、远动终端状态、通信状态和 AGC 状态等。

4）其他信息，即并网调度协议要求的其他信息。

3.4.4 相关计算公式

（1）储能系统的放电容量

储能系统的放电容量按下式计算

$$C_D = \int_0^t I_D dt \tag{3-16}$$

式中　C_D——储能系统的放电容量，单位为 A·h；
I_D——储能系统的放电电流，单位为 A；
t——储能系统的放电时间，单位为 h。

（2）储能系统的充电能量

储能系统的充电能量按下式计算

$$W_C = \int_0^t P_C dt \tag{3-17}$$

式中　W_C——储能系统的充电能量，单位为 kW·h；
P_C——储能系统的充电功率，单位为 kW；
t——储能系统的充电时间，单位为 h。

（3）储能系统的放电能量

储能系统的放电能量按下式计算

$$W_D = \int_0^t P_D dt \tag{3-18}$$

式中　W_D——储能系统的放电能量，单位为 kW·h；
P_D——储能系统的放电功率，单位为 kW；
t——储能系统的放电时间，单位为 h。

（4）储能系统的自放电率

储能系统的自放电率按下式计算

$$\eta_{SD} = (1 - W_D / W_C) / t \tag{3-19}$$

式中　η_{SD}——储能系统的自放电率，%；
W_D——储能系统的剩余能量，单位为 kW·h；
W_C——储能系统的充电能量，单位为 kW·h；
t——储能系统的放电时间，单位为 h。

（5）储能系统的能量效率

储能系统的能量效率按下式计算

$$\eta_S = W_D / W_C \times 100\% \tag{3-20}$$

式中　η_S——储能系统的效率，%；
W_D——储能系统的放电能量，单位为 kW·h；
W_C——储能系统的充电能量，单位为 kW·h。

（6）储能系统的充电容量

储能系统的充电容量按下式计算

$$C_C = \int_0^t I_C \mathrm{d}t \tag{3-21}$$

式中 C_C——储能系统的充电容量，单位为 A·h；
I_C——储能系统的充电电流，单位为 A；
t——储能系统的充电时间，单位为 h。

（7）SOC 准确度

储能系统的 SOC 准确度按下式计算

$$\eta_{SOC} = \left[1 - \sqrt{\frac{1}{N}\sum_{k=1}^{N}\left(\frac{C_k}{C_N} - \frac{SOC_k}{100}\right)^2}\right] \times 100\% \tag{3-22}$$

式中 η_{SOC}——储能系统的 SOC 准确度，%；
N——储能系统 SOC 准确度的测量点数；
C_k——储能系统的 k 测试点的实际测量充放容量，单位为 A·h；
C_N——储能系统的 N 测试点的实际测量充放容量，单位为 A·h；
SOC_k——储能系统的 k 测试点显示 SOC 值，%。

第 4 章　客户侧储能系统与电网互动模式

4.1　客户侧分布式储能优化配置与配电网互动特性

4.1.1　客户侧分布式储能装置城市配电网互动特性

1. 储能系统建模

储能系统作为一种实现能量存储及功率双向流动的装置，给配电网的运行管理模式提供了新的发展思路。对配电网自身而言，大容量、高能效储能装置的接入能够实现电能的规模化存储，给发电与负荷之间实时平衡的原则带来颠覆性改变，可以有效缓解高峰负荷的用电需求，同时减轻了因保持发电能力而耗费大量能源的负担，提高了系统运行的经济性。面向可再生能源，一方面储能系统依托可充放电运行特性，能够有效抑制可再生能源发电系统的波动性，使得风电、光伏等分布式能源发电系统得以有效利用和高度容纳，从而保障配电系统运行的安全性和可靠性；另一方面储能系统凭借电荷储蓄特性，可对过于丰富的分布式能源发电进行存储，以降低因一次能源燃烧所产生的 CO_2、SO_2 等污染物的排放量，从而改善城市环境现状。

储能系统主要由储能单元和逆变器构成，通常与控制器一起并网运行，如图 4-1 所示。其中，控制器主要负责监测电网运行状况、发出信号等工作，不直接参与电网的潮流优化。逆变器作为储能单元与电网相连的电气接口，是储能系统与配电网进行能量交换的枢纽，能够实现有功功率的充放电。并且，储能逆变器具有一定的无功辅助功能，在执行充电和放电功能的同时，通过无功控制能够为电网提供电压支持。

综合储能逆变器的有功和无功特性，其在静态断面下的快速充放电过程可以描述为四象限运行状态，如图 4-2 所示。

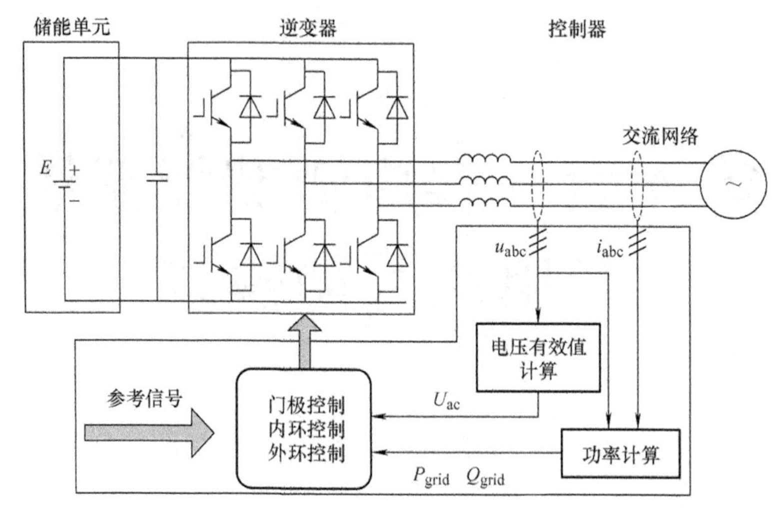

图 4-1 储能系统并网运行结构图

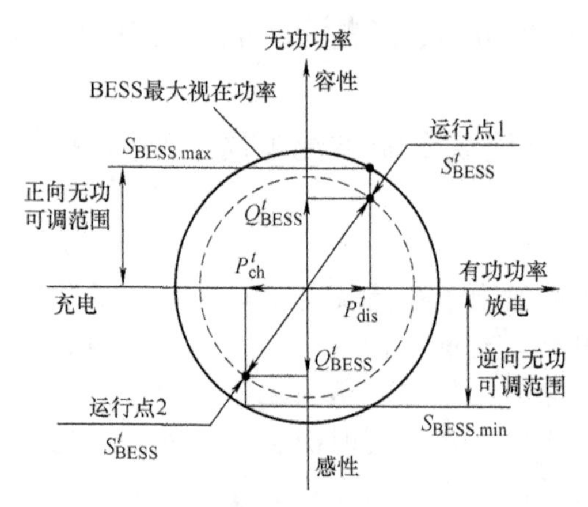

图 4-2 储能系统四象限运行状态

需要满足的运行约束条件为

$$\sqrt{\left(P_{t,i}^{\mathrm{ESS}}\right)^2+\left(Q_{t,i}^{\mathrm{ESS}}\right)^2}\leqslant S_i^{\mathrm{ESS}}$$

$$-P_i^{\mathrm{ESS,max}}\leqslant P_{t,i}^{\mathrm{ESS}}\leqslant P_i^{\mathrm{ESS,max}}$$

$$-Q_i^{\mathrm{ESS,max}}\leqslant Q_{t,i}^{\mathrm{ESS}}\leqslant Q_i^{\mathrm{ESS,max}}$$

式中 $P_{t,i}^{\mathrm{ESS}}$ ——t 时刻在节点 i 接入储能系统的充放电功率，其中放电功率为正，充电功率为负；

$Q_{t,i}^{\mathrm{ESS}}$ ——t 时刻在节点 i 接入储能系统的无功功率；

S_i^{ESS} ——节点 i 上储能系统的容量；

$P_i^{\mathrm{ESS,max}}$、$Q_i^{\mathrm{ESS,max}}$——节点 i 上储能系统的有功功率和无功功率上限。

考虑储能系统的损耗

$$P_{t,i}^{\mathrm{ESS,L}} = A_{t,i}^{\mathrm{ESS}}\sqrt{\left(P_{t,i}^{\mathrm{ESS}}\right)^2+\left(Q_{t,i}^{\mathrm{ESS}}\right)^2}$$

储能单元的电荷量（State of Charge，SOC）在时序上具有绝对的连续性，严格按照时间顺序根据充放电功率大小进行累积计算，即

$$E_{t+\Delta t,i}^{\mathrm{ESS}} = E_{t,i}^{\mathrm{ESS}} - \left(P_{t,i}^{\mathrm{ESS}} + P_{t,i}^{\mathrm{ESS,L}}\right)\Delta t$$

每个时间点的储能量应满足能量上下限的要求，即

$$E_i^{\mathrm{ESS,min}} \leqslant E_{t,i}^{\mathrm{ESS}} \leqslant E_i^{\mathrm{ESS,max}}$$

在实际运行中，储能充放电功率通常有爬坡率的限制，即

$$P_{t-1,i}^{\mathrm{ESS}} - RD_i^{\mathrm{ESS}} \leqslant P_{t,i}^{\mathrm{ESS}} \leqslant P_{t-1,i}^{\mathrm{ESS}} + RU_i^{\mathrm{ESS}}$$

储能系统的工作通常基于一个固定的循环周期，单个周期内的初始储能量和最终储能量应保持一致，即

$$E_{i,t=T} = z_i\mathrm{SOC}_{i,t=0}$$

式中　Δt——仿真步长；

$P_{t,i}^{\mathrm{ESS,L}}$——t 时段节点 i 上储能的损耗功率；

$A_{t,i}^{\mathrm{ESS}}$——节点 i 上储能的损耗系数；

$E_i^{\mathrm{ESS,max}}$、$E_i^{\mathrm{ESS,min}}$——储能荷电状态的上、下限；

RU_i^{ESS}、RD_i^{ESS}——储能充放电功率增加和减少时的爬坡率。

对于混合储能系统模型，蓄电池具有体积小、容量大、电压稳定和可以循环使用的优点，但是其响应速度慢，不能较快响应光伏波动。而超级电容可以实现真正意义上的快速充放电，因此将蓄电池和超级电容相结合，通过优势互补，发挥蓄电池和超级电容各自的优点。

（1）蓄电池建模

蓄电池模型采用通用蓄电池等效模型，由受控电压源和恒值电阻组成，受控电压源用来表示蓄电池的内电动势，如图 4-3 所示，图中，E_b 是蓄电池的内电动势；R_b 为蓄电池的等效阻抗；I_b 是流经等效阻抗的电流；U_{dc} 是电池并网直流节点电压。

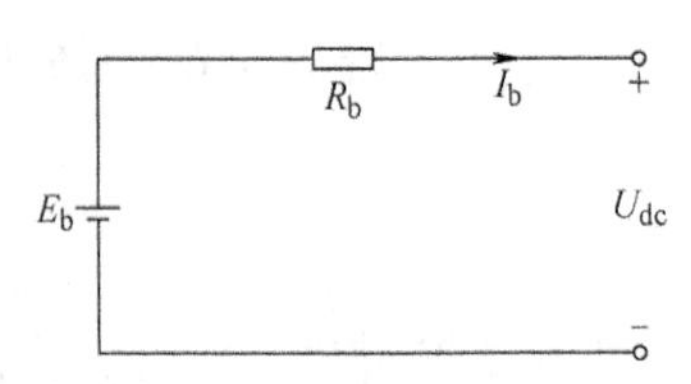

图 4-3 蓄电池等效电路模型

放电时受控电压源的表达式为

$$E_b = E_{b0} - K\frac{Q}{Q-\int_0^t I_b \mathrm{d}t}\left(I_b + \int_0^t I_b \mathrm{d}t\right) + A\exp\left(-B\int_0^t I_b \mathrm{d}t\right)$$

式中 E_b ——蓄电池的内电动势；

E_{b0} ——蓄电池的内电动势初始值；

I_b ——流经等效阻抗的电流；

K ——极化常数；

Q ——蓄电池的总容量；

A ——指数区域的幅值；

B ——指数区域容量的倒数。

充电时，受控电压源的表达式为

$$E_b = E_{b0} - K\frac{Q}{0.1Q+\int_0^t I_b \mathrm{d}t}I_b - K\frac{Q}{Q-\int_0^t I_b \mathrm{d}t}\int_0^t I_b \mathrm{d}t + A\exp\left(-B\int_0^t I_b \mathrm{d}t\right)$$

考虑蓄电池单元的剩余容量及充放电管理。蓄电池剩余容量 Q 指的是在当前的工作状态下，还能输出的电量。用 SOC 来表征蓄电池剩余容量的多少。蓄电池荷电状态值 Q_{SOC} 为 0 ～ 1，当蓄电池放电完全时，$Q_{SOC}=0$；当蓄电池完全充满电时，$Q_{SOC}=1$。

（2）超级电容建模

超级电容模型以双电层超级电容为例，其等效电路模型为结构简单的超级电容经典串并联模型，如图 4-4 所示。

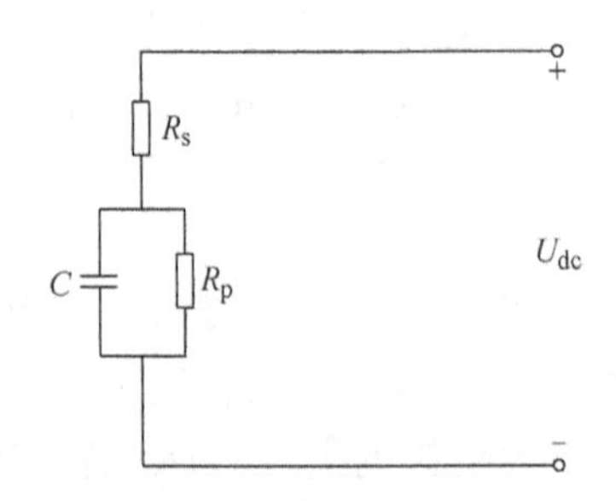

图 4-4 超级电容经典等效电路模型

在经典等效模型中，R_s 表示超级电容的总串联电阻，表征在充放电过程中的能量损耗；C 为理想电容量；R_p 表征漏电流效应，建模过程中，考虑 $R_p \gg R_s$。将经典等效模型进一步简化得到图 4-5 所示模型。

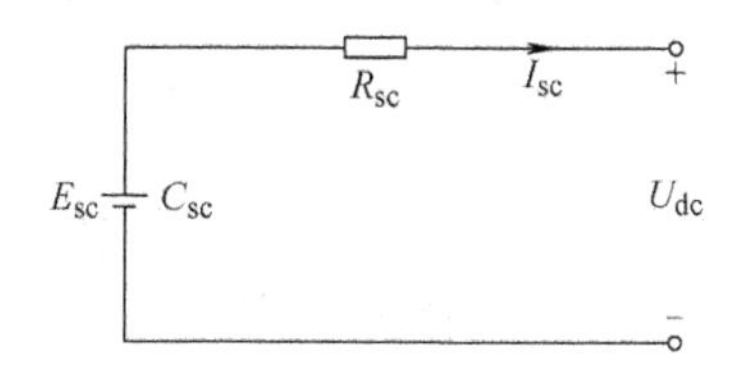

图 4-5　超级电容简化等效电路模型

在充放电过程中，超级电容端电压为

$$U_{dc} = E_{sc} - I_{sc}R_{sc} = E_{sc0} + \frac{1}{C_{sc}}\int_0^t I_{sc}\mathrm{d}t - I_{sc}R_{sc}$$

式中　E_{sc} ——超级电容内电压；

I_{sc} ——流经等效阻抗的电流；

R_{sc} ——超级电容的等效阻抗；

E_{sc0} ——超级电容内电压初始值；

C_{sc} ——超级电容的电容值。

2. 储能配电网互动优化模型

提出一种混合储能自适应功率优化分配策略，优化调节蓄电池和超级电容的充放电功率，在平抑光伏波动的同时，实现混合储能的最优化利用，如图 4-6 所示。

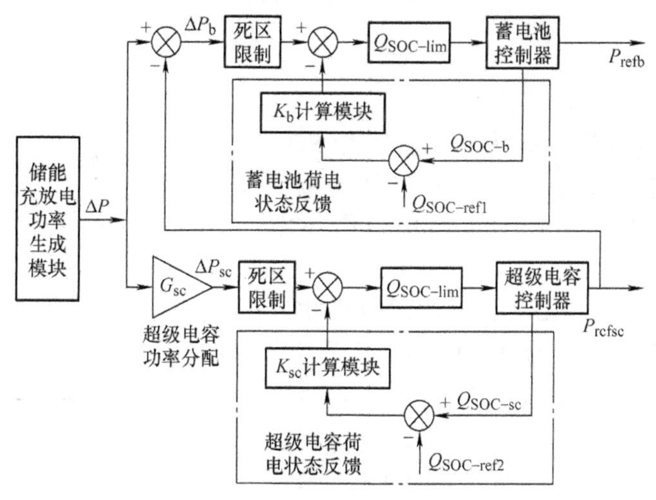

图 4-6　混合储能功率分配策略框图

该功率优化分配策略包括储能充放电功率生成模块、超级电容功率分配模块、蓄电池和超级电容SOC自适应反馈调节模块、死区控制模块、SOC保护模块以及超级电容和蓄电池控制器模块等。图4-6中，功率增益系数G_{sc}主要用于超级电容和蓄电池的充放电功率初始分配，当设置为0时，表明超级电容不工作；$Q_{SOC-ref1}$和$Q_{SOC-ref2}$为蓄电池和超级电容的SOC参考值，即SOC最佳运行状态，一般取值为SOC可运行范围的中间值。

（1）储能充放电功率生成模块

储能充放电功率生成模块主要通过滑动平均滤波器来实现，如图4-7所示。图中，B_W为滑动滤波器的窗口大小；P_{smooth}是滑动模块输出功率，主要思想是用相差时间间隔为B_W的两个时刻的光伏输出功率的差值ΔP来表征输出功率的变化率，并将其作为储能输出功率值，数学表达式为

$$\Delta P = P_{PV} - P_{smooth}$$

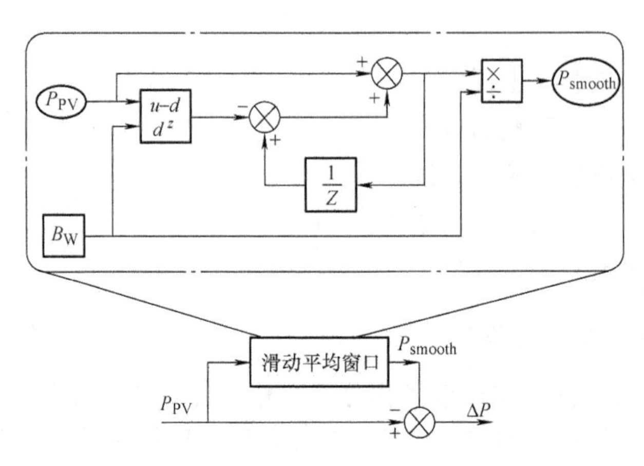

图4-7　滑动平均滤波器

（2）SOC自适应反馈调节模块

为了实现储能电池的最优利用，采用SOC自适应反馈调节模块，将储能的SOC作为输入量反馈到混合储能功率分配策略中，使SOC在一个更加合理的位置。以超级电容为例，如图4-8所示，超级电容SOC的可运行范围由超级电容所接DC/DC变换器或DC/AC逆变器直流母线电压波动范围所决定，即$Q_{SOC-min}$由直流母线电压最小值决定。一般情况下，直接连接逆变器的超级电容$Q_{SOC-min}$较大，通过DC/DC变换器再接入直流母线的超级电容$Q_{SOC-min}$可以适当降低，$Q_{SOC-min}$一般取为1。

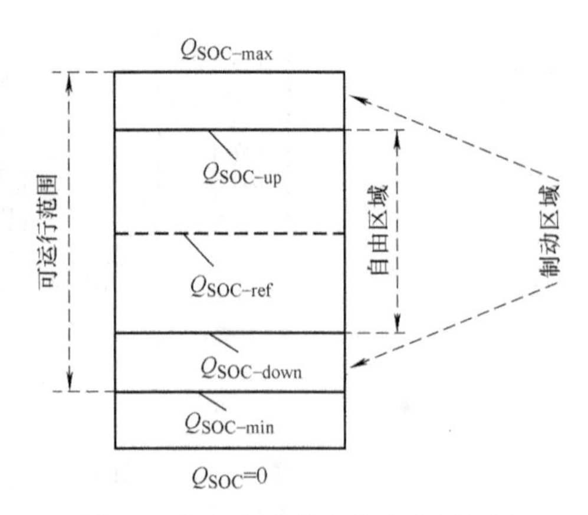

图4-8　超级电容荷电状态分层框图

将 SOC 可运行范围划分为自由区域和制动区域两部分，划分边界为 $Q_{SOC-down}$ 和 Q_{SOC-up}。在自由区域内，超级电容的 SOC 基本不受约束，通过设置 $Q_{SOC-ref}$ 使得波动平抑后超级电容的 SOC 恢复到最佳状态。制动区域为 Q_{SOC-up} ~ $Q_{SOC-max}$ 及 $Q_{SOC-down}$ ~ $Q_{SOC-min}$ 这两个区域，当超级电容 SOC 落入这两个区域后，SOC 反馈控制模块开始作用，其作用强度由反馈控制系数 K_{sc} 进行控制。SOC 距离边界越近，K_{sc} 越大，其计算流程图如图 4-9 所示。

从图 4-9 中可以看出，当进入制动区域后，若 ΔP 的方向为阻止 SOC 向最佳状态靠拢，则反馈系数为 0，即不受约束；若 ΔP 的方向促使 SOC 向边界靠拢，并且有增强的趋势，则反馈系数相应增强。其中，调节强度 G_A 反映超级电容 SOC 进入制动区域后，恢复到最佳状态 $Q_{SOC-ref}$ 的能力，G_A 越大，SOC 反馈强度越大。

（3）其他模块

在控制策略中，死区控制模块用于防止储能进行频繁的充放电，SOC 保护模块用于防止超级电容过充电或过放电，其控制逻辑如图 4-10 所示。

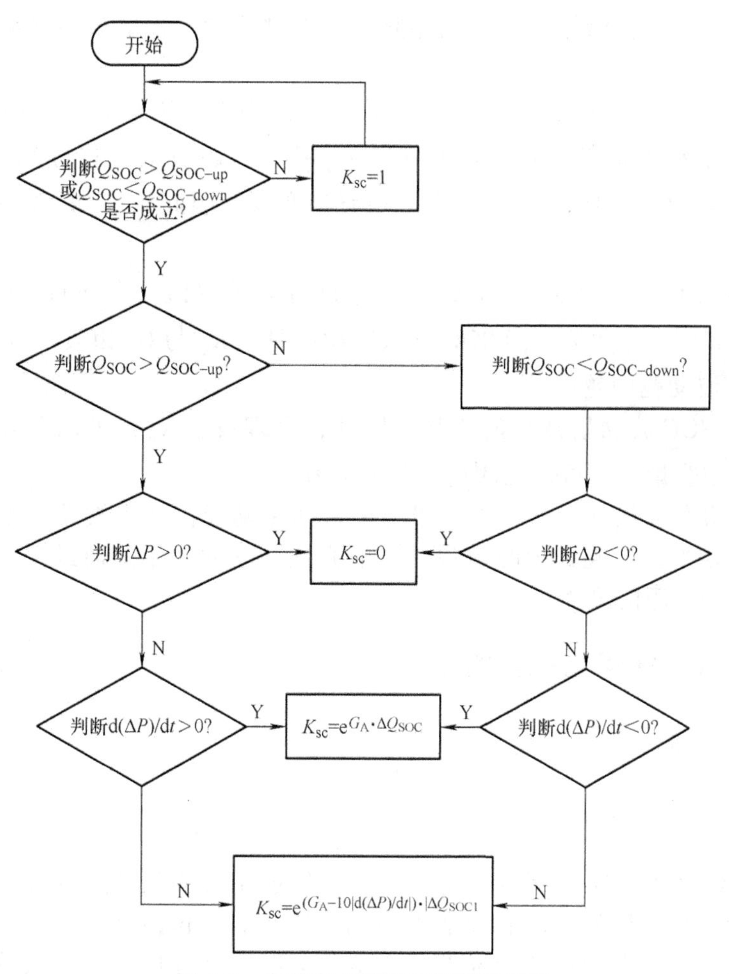

图 4-9　自适应反馈系数调节流程图

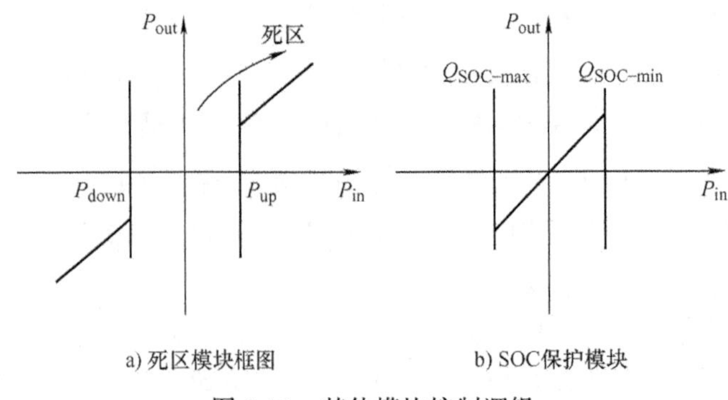

a) 死区模块框图　　b) SOC保护模块

图 4-10　其他模块控制逻辑

在平抑策略中，滑动滤波器的窗口大小 B_W、功率增益系数 G_{sc}、调节强度 G_A 和反馈控制参数 K_b 对平抑效果起到非常重要的作用。

B_W 与经过滑动滤波器的输出功率曲线的平滑程度密切相关。适当选取 B_W 的值有助于在得到较合理的平抑波形的前提下降低储能运行成本。B_W 越大，输出曲线的平滑程度越好，但是混合储能的输出功率越大，对储能蓄电池的寿命将会有较大程度的影响。

G_{sc} 是超级电容和蓄电池间的分配系数，其大小直接影响着超级电容和蓄电池的充放电功率大小和平抑光伏功率的贡献。G_{sc} 越大，超级电容将分配到更多的功率，SOC 变化范围将更广，同时蓄电池输出功率将变少。因此，G_{sc} 的合理取值将直接影响平抑效果。

SOC 自由区域设置为 0.2 ～ 0.9，对 G_A 进行多种取值。在该自由区域范围内时，反馈控制系数 K_{sc} 与 G_A 无关；当 SOC 进入制动区时，K_{sc} 与 G_A 相关，G_A 越大，反馈作用越强，SOC 波动范围越小。

K_b 越大，SOC 波动呈减小的趋势。因此，合理设置 K_b，可以有效减少混合储能中蓄电池的使用容量，还可以延缓电池循环寿命。

综上，此功率优化分配策略由超级电容快速跟随光伏功率波动，由蓄电池作为长时间尺度的电量平抑，起到削峰填谷、平滑光伏功率的作用。通过混合储能的相互配合，实现了储能资源的最优利用。

4.1.2 分布式储能优化配置模型

4.1.2.1 目标函数

1. 储能系统经济效益

储能系统经济效益包括储能系统的费用和储能系统的收益两部分，其中储能系统的费用包括储能变流器的费用和储能电池的费用，收益包括削峰填谷直接收益和延缓电网升级收益。当配电网运营商为储能投资主体时，削峰填谷直接收益应从配电网整体角度考虑，即为减少配电网从上级电网购电收益；当配电网中用户为投资主体时，削峰填谷直接收益即为储能充放电收益。延缓电网升级收益主要考虑当负荷增长时，延缓变电站扩容的收益。

（1）分布式储能系统的费用最小

分布式储能系统的费用包括储能变流器的费用和储能电池的费用，储能变流器的费用与额定功率相关，储能电池的费用与额定容量相关。分布式储能系统费用的数学表达式为

$$\min C^{\mathrm{ESS}}=\frac{d(1+d)^{y^{\mathrm{ESS}}}}{(1+d)^{y^{\mathrm{ESS}}}-1}\sum_{i\in N}\left(C_{\mathrm{p}}y_i+C_{\mathrm{e}}z_i\right)$$

式中　C^{ESS}——分布式储能系统的费用；

y^{ESS}——分布式储能使用年限；

d——贴现率；

C_{p}、C_{e}——单位功率投资成本和单位容量投资成本；

y_i、z_i——节点 i 配置分布式储能系统的额定功率和额定容量。

（2）从上级电网购电费用最小

从上级电网购电费用为在变压器节点处从上级电网购买电量的费用，数学表达式为

$$\min C^{\mathrm{EXT}}=\sum_{t=1}^{T}\lambda_t P_t^{\mathrm{S}}\Delta t$$

式中　C^{EXT}——配电网从上级电网购电费用；

T——一天总时段数；

Δt——时段长度（h）；

λ_t——分时电价 [元 /（MW・h）]；

当 $P_t^{\mathrm{S}}>0$ 时，P_t^{S}——t 时段主网向配电网输送的有功功率；

当 $P_t^{\mathrm{S}}<0$ 时，P_t^{S}——t 时段配电网向主网输送的有功功率。

（3）储能充放电收益最大

储能充放电收益为在高电价时放电、在低电价时充电所获的收益，数学表达式为

$$\max C^{\mathrm{DIR}}=\sum_{t=1}^{T}\lambda_t P_t^{\mathrm{ESS}}\Delta t$$

式中　C^{DIR}——储能充放电收益；

T——一天总时段数；

Δt——时段长度（h）；

λ_t——分时电价 [元 /（MW・h）]；

P_t^{ESS}——储能释放的有功功率。

（4）变电站扩容费用最小

当原有变压器不能满足负荷的需求时，须将原有变压器进行扩容，变电站扩容费用表达式为

$$\min C^{\mathrm{SUB}} = \frac{d(1+d)^{y^{\mathrm{SUB}}}}{(1+d)^{y^{\mathrm{SUB}}}-1} C_{\mathrm{s}} Z S_{\mathrm{g}}$$

式中 C^{SUB} ——变电站扩容费用；

S_{g} ——原有变压器的容量；

Z ——自然数，表示扩容容量与原有主变压器容量的比值；

ZS_{g} ——扩容容量；

C_{s} ——变电站单位容量扩容费用。

2. 分布式电源消纳率最大

分布式电源消纳率为可消纳的分布式电源功率占分布式电源总功率的百分比，数学表达式为

$$\max \eta^{\mathrm{DG}} = \frac{\sum\limits_{i\in N} \lambda_i P_i^{\mathrm{DG}}}{\sum\limits_{i\in N} P_i^{\mathrm{DG}}} \times 100\%$$

式中 η^{DG} ——分布式电源消纳率；

λ_i ——节点 i 分布式电源消纳比例；

P_i^{DG} ——节点 i 分布式电源的额定功率。

3. 电压偏差最小

电压偏差的数学表达式为

$$\min U^{\mathrm{BIA}} = \sum_{t=1}^{T} \left| (U_t)^2 - 1 \right|, \left(U_t \geqslant U^{\mathrm{thr-max}} \| U_t \leqslant U^{\mathrm{thr-min}} \right)$$

式中 T ——一天总时段数；

U_t —— t 时刻负荷节点的电压幅值；

$U^{\mathrm{thr-max}}$、$U^{\mathrm{thr-min}}$ ——节点电压幅值的优化区间上下限，当节点电压不在优化区间 $\left[U^{\mathrm{thr-min}}, U^{\mathrm{thr-max}}\right]$ 时，储能系统会通过电压无功控制使电压偏离优化区间的程度减小。

4.1.2.2 约束条件

1. 配电网潮流约束

$$\sum_{ik\in\Omega_{\mathrm{b}}} P_{t,ik} = \sum_{ij\in\Omega_{\mathrm{b}}} \left(P_{t,ij} - r_{ij} I_{t,ij}^2 \right) + P_{t,i}$$

$$\sum_{ik\in\Omega_b} Q_{t,ik} = \sum_{ij\in\Omega_b}\left(Q_{t,ij} - x_{ij}I_{t,ij}^2\right) + Q_{t,i}$$

$$P_{t,i} = P_{t,i}^{\mathrm{DG}} + P_{t,i}^{\mathrm{ESS}} - P_{t,i}^{\mathrm{LOAD}}$$

$$Q_{t,i} = Q_{t,i}^{\mathrm{DG}} + Q_{t,i}^{\mathrm{ESS}} - Q_{t,i}^{\mathrm{LOAD}}$$

$$I_{t,ij}^2 = \frac{P_{t,ij}^2 + Q_{t,ij}^2}{U_{t,i}^2}$$

$$U_{t,i}^2 - U_{t,j}^2 - 2\left(r_{ij}P_{t,ij} + x_{ij}Q_{t,ij}\right) + \left(r_{ij}^2 + x_{ij}^2\right)I_{t,ij}^2 = 0$$

$$\sqrt{\left(P_t^{\mathrm{S}}\right)^2 + \left(Q_t^{\mathrm{S}}\right)^2} \leqslant \gamma\left(S_{\mathrm{g}} + ZS_{\mathrm{g}}\right)$$

式中　r_{ij}——支路ij的电阻；

x_{ij}——支路ij的电抗；

$P_{t,ij}$、$Q_{t,ij}$——t时刻支路ij上的有功功率和无功功率；

$P_{t,i}$、$Q_{t,i}$——t时刻节点i上注入的有功功率和无功功率之和；

$P_{t,i}^{\mathrm{DG}}$、$Q_{t,i}^{\mathrm{DG}}$——t时刻节点i上分布式电源注入的有功功率和无功功率；

$P_{t,i}^{\mathrm{ESS}}$、$Q_{t,i}^{\mathrm{ESS}}$——t时刻节点i上换流器输出的有功功率和无功功率；

$P_{t,i}^{\mathrm{LOAD}}$、$Q_{t,i}^{\mathrm{LOAD}}$——节点i上负荷消耗的有功功率和无功功率；

Q_t^{S}——t时段从主变压器高压侧流向配电网的无功功率；

P_t^{S}——t时段实际从主变压器高压侧流向配电网的的有功功率；

γ——变电站的负载率；

S_{g}——原有主变压器容量。

2. 配电系统安全约束

电压水平约束和支路电流约束为

$$\left(U_i^{\min}\right)^2 \leqslant U_{t,i}^2 \leqslant \left(U_i^{\max}\right)^2$$

$$I_{t,ij}^2 \leqslant \left(I_{ij}^{\max}\right)^2$$

式中　$U_i^{\max}$、$U_i^{\min}$——节点i的电压上、下限；

$I_{ij}^{\max}$——支路ij的电流上限。

3. 储能系统运行约束

$$\sqrt{\left(P_{t,i}^{\text{ESS}}\right)^2+\left(Q_{t,i}^{\text{ESS}}\right)^2}\leqslant y_i$$

$$P_{t,i}^{\text{ESS,L}}=A_i^{\text{ESS}}\sqrt{\left(P_{t,i}^{\text{ESS}}\right)^2+\left(Q_{t,i}^{\text{ESS}}\right)^2}$$

$$E_{t+\Delta t,i}^{\text{ESS}}=E_{t,i}^{\text{ESS}}-\left(P_{t,i}^{\text{ESS}}+P_{t,i}^{\text{ESS,L}}\right)\Delta t$$

$$z_i\text{SOC}^{\min}\leqslant E_{t,i}^{\text{ESS}}\leqslant z_i\text{SOC}^{\max}$$

$$P_{t-1,i}^{\text{ESS}}-RD_i^{\text{ESS}}\leqslant P_{t,i}^{\text{ESS}}\leqslant P_{t-1,i}^{\text{ESS}}+RU_i^{\text{ESS}}$$

$$E_{i,t=T}=z_i\text{SOC}_{i,t=0}$$

式中 $P_{t,i}^{\text{ESS,L}}$ ——t时段节点i上储能的损耗功率；

A_i^{ESS} ——节点i上储能的损耗系数；

RU_i^{ESS}、RD_i^{ESS} ——储能充放电功率增加和减少时的爬坡率；

$\text{SOC}_{i,t=0}$ ——一个调度周期初始时刻储能的电荷状态。

4. 储能系统规划约束

$$\sum_{i\in\Omega_{\text{N}}}y_i\leqslant S^{\text{BGT}}$$

$$\sum_{i\in\Omega_{\text{N}}}z_i\leqslant E^{\text{BGT}}$$

$$\frac{y_i}{S^{\text{BGT}}}\leqslant\delta_i$$

$$\sum_{i\in\Omega_{\text{N}}}\delta_i\leqslant n^{\text{ESS}}$$

式中 S^{BGT}、E^{BGT} ——储能系统规划总功率与总储能容量；

δ_i —— $\delta_i\in\{0,1\}$，当 $\delta_i=1$ 时表示节点i安装储能系统，当 $\delta_i=0$ 时表示节点i不安装储能系统；

n^{ESS} ——允许装有储能系统节点的最大个数。

4.1.2.3 求解方法研究

储能系统的规划需要考虑储能的位置、容量等整数规划问题，而配电系统潮流优化问题本身具有很高的维数与很强的非线性，随着场景个数的增多，规划问题求解维数急剧增大，成为复杂的大规模混合整数非线性规划问题，导致问题的求解变得十分困难，甚至不可行。

对于求解这类复杂的大规模混合整数非线性规划问题，目前还很难找到一种快速、有效的求解方法。对于该问题的求解，目前已经提出和发展了多种优化方法，主要包括：①传统数学优化方法，其中包括解析法、连续消去法等；②启发式优化算法，其中包括灵敏度分析法、专家系统等；③随机优化方法，其中包括遗传算法、粒子群算法等。

（1）数学优化方法

对储能系统规划进行求解的研究最早始于 E. Masud 发现得到配电网规划两种不同阶段的模型，运用线性整数规划形式对变电站的容量与位置进行优化设计，使得储能系统规模的问题得到了改善。

数学方法解决非线性规划问题方法有以下几种：①将目标函数定位最小的负荷矩，利用运输问题作为根本求解手段；②利用线性规划模型，具体求解方法即为配电系统规划，还运用了网络中的相关特征，增加了循环迭代的速度；③在确定选址定容问题上主要使用分支界定优化技术，经过固定费用模型选取站址，该方法考虑了主干线网络和负荷分布不均匀等因素；④运用固定分支定界的算法对选址定容问题进行分析与计算。

实际上，平面定位问题早已被证明为 NP-hard 问题，因此，启发式优化算法是求解这类问题的有效途径。

（2）启发式优化算法

启发式优化算法与之前所说的纯数学优化方法之间存在着一定差异，是根据已经获得的某个问题或模式的知识，尽快地解决问题或得出结论，其特点是利用已有经验，选择与求解问题有关的有用信息来指导问题的求解。启发式优化算法是在有限的搜索空间内，能迅速地解决问题的方法。该方法避免了花费大量的时间和精力求取答案，但是不能保证问题的求解答案为最优。尽管如此，启发式优化算法在大规模非线性复杂问题的优化求解方面依然备受关注。目前，在配电网规划中引入启发式优化算法主要分成以下几种：

1）综合线性规划模型和支路交换模型的特点，采用混合整数规划（MIP）与支路交换相结合的近似优化求解方法，对单阶段配电网络规划问题进行了研究，将原来所使用的单阶段规划改为多阶段的形式。

2）运用支路交换法，让配电网的综合规划速度加快。

3）以设备投资、网络损耗和供电质量的费用为目标函数，考虑多阶段严重故障情况下的多年配电系统扩展规划问题。

4）采用梯度法和扰动法结合的启发式优化算法，求解无容量约束的 $\boldsymbol{p}$ 个设备定位。

5）利用专家系统来解决配电扩展网络规划所存在的问题。

当前所说的启发式优化算法是以直观的分析作为整个方法的基础，该方法拥有方便、灵活与直观等特征。但是若用数学的视角来看，这种方法缺少最优性，所以在使用该方法时，要将其与别的相关方法进行融合，优劣互补。

（3）随机优化方法

随机优化方法是从20世纪80年代才逐渐进入研究者的视野，主要是一种能够解决组合优化问题的相关智能技术，其中具体有混沌优化方法（Chaos Optimization Algorithm，COA）、蚁群优化算法（Ant Colony Optimization，ACO）、粒子群算法（Particle Swarm Optimization，PSO）、禁忌搜索（Tabul Search，TS）和模拟退火法（Simulated Annealing，SA）。

模拟退火法的主要思想是由N. Metropolis等在1953年提出的，后由S.Kirkpatrick和C.D.Gelatt等人于1983年提出了现代模拟退火法，并将这一算法应用于求解组合优化问题，利用模拟退火法求解以平面直线距离表示的多Weber问题，并和分支定界法做了比较。模拟退火算法是基于蒙特卡罗迭代求解策略的一种启发式随机搜索方法。模拟退火法由某一较高的初温开始，利用具有概率突跳特性的Metropolis抽样准则在解空间中随机搜索，伴随着温度的不断下降，重复抽样过程，最终得到问题的最优解或近似最优解。将模拟退火法应用于解决储能系统选址定容问题，求解思路是：将储能系统一组安装位置与容量的组合看作粒子所处的状态，将该组合下的目标函数值即年综合费用看作粒子所处状态的能量，随着温度的不断降低，在多次改变储能的位置与容量后，仍然无法再使得目标函数值降低时，即认为已经获得问题的最优解。

粒子群算法具有计算简单、收敛速度快的优点。但是在一个种群内，由于粒子群的快速收敛性易导致种群趋向于局部收敛。使用改进粒子群优化（Advanced Particle Swarm Optimization，APSO）算法进行求解。

第1阶段：首先将粒子分成M组大小相等的子群，每个子群里面包含N个粒子，分两个阶段进行粒子群寻优。在第1阶段，根据$M\times N$个粒子中的全局最优粒子、组内最优粒子以及自身最优粒子，组内每个粒子按粒子群算法进化。

第2阶段：多组粒子群经过第1阶段一定代数进化后进入第2阶段，将各组的最好粒子组成新的群体，含M个粒子，进行第2阶段的进化，即在M个粒子中用标准粒子群算法进行搜索，找出最好粒子。改进粒子群算法加入了组内寻优，有效地引导粒子群算法避免陷入局部最优。此时，与在$M\times N$个粒子群中寻优相比，种群规模变为M，大大减小了寻优规模，有效地加快了粒子群的收敛速度。

遗传算法可以很好地解决带约束的非线性问题，基于遗传算法对储能系统选址定容进行优化求解。具体步骤如下：

1）确定配电网需要安装储能节点的个数。

2）对储能安装节点及容量进行二进制编码，产生第1代种群。

3）进行下层优化，即嵌套在上层遗传优化内的优化。下层优化利用最优潮流确定储能充放电功率，并对储能的容量进行优化。

4）计算经济指标，进行遗传迭代。由储能容量及充放电功率得到储能成本、网损和削峰填谷收益，从而得到电网总成本。

5）根据适应度函数计算得到种群内所有个体的适应度，并对遗传代数进行判断，如果达到最大代数则停止，否则继续遗传优化。

（4）二阶锥规划原理

虽然上述方法或技术都有一定的应用，但也都存在着明显的不足，如传统数学优化方法虽然理论上可进行全局寻优，但在实际应用时不可避免地存在“维数灾”问题，计算时间往往呈现爆炸式激增；启发式算法在时间复杂度方面要求有一个多项式时间界，计算速度快，但得到的最优解或者缺乏数学意义上的最优性或者只是局部最优解；虽然随机优化方法所搜寻的最终解与初始解无关，但对于不同规模的配电网需要重新设置其控制参数、种群数量和迭代次数等，从而保证以较大的概率找到全局最优解。启发式和随机方法多适用于求解整数规划问题，但对于考虑分布式电源随机性的有源配电网智能软开关规划方法，数学本质上是大规模混合整数非线性规划问题，所以传统数学优化方法、启发式算法对于求解这类问题上，速度或精度多不能同时满足要求。

二阶锥规划算法可以有效求解大规模混合整数非线性规划问题。二阶锥规划可以描述为在有限个非空尖凸锥的笛卡尔乘积与仿射子空间的交集上求一个线性目标函数最小的问题，即在非空尖凸锥导入偏序下，线性等式、线性不等式约束条件下的线性目标函数最小的问题，其原问题和对偶问题的标准形式为

$$\min\left\{\boldsymbol{c}^{\mathrm{T}}\boldsymbol{x}\middle|\boldsymbol{A}\boldsymbol{x}=\boldsymbol{b},\boldsymbol{x}\in\boldsymbol{K}\right\}$$

$$\min\left\{\boldsymbol{b}^{\mathrm{T}}\boldsymbol{y}\middle|\boldsymbol{A}^{\mathrm{T}}\boldsymbol{y}+\boldsymbol{s}=\boldsymbol{c},\boldsymbol{s}\in\boldsymbol{K}\right\}$$

式中　$\boldsymbol{x}$，$\boldsymbol{y}\in\mathbf{R}^m$——原问题和对偶问题的决策变量；

$\boldsymbol{c}$、$\boldsymbol{A}$ 和 $\boldsymbol{b}$——常量；

$\boldsymbol{s}\in\mathbf{R}^m$——松弛变量；

$\boldsymbol{K}$——有限个非空尖凸锥的笛卡尔乘积。

$\boldsymbol{K}=\boldsymbol{L}^{m_1}\times\boldsymbol{L}^{m_2}\times\cdots\times\boldsymbol{L}^{m_r}$，其具体含义因锥的形式而不同，其中二阶锥和旋转二阶锥的形式分别为

$$\boldsymbol{L}^m=\left\{\boldsymbol{x}=(x_1,x_1;\bar{\boldsymbol{x}})\in\mathbf{R}^m\middle|2x_1^2\geqslant\|\bar{\boldsymbol{x}}\|_2^2,x_1\geqslant0\right\}$$

$$\boldsymbol{L}^m=\left\{\boldsymbol{x}=(x_1,x_2;\bar{\boldsymbol{x}})\in\mathbf{R}^m\middle|2x_1x_2\geqslant\|\bar{\boldsymbol{x}}\|_2^2,x_1,x_2\geqslant0\right\}$$

二阶锥规划本质上是一种凸规划，解的最优性和计算高效性都有优良特性。利用现有的二阶锥规划算法包可以轻易求取最优结果，求解过程可以在多项式时间内完成。与数学优化方法、启发式算法和人工智能算法相比，二阶锥规划算法在求解储能系统优化配置问题时，能够同时满足快速收敛和最优求解的要求。

（5）二阶锥模型的转化

锥优化方法对优化问题的数学模型有着严格的要求，它的目标函数必须是决策变量 x 的线性函数，并且其可行域由线性等式 / 不等式约束和非线性锥约束构成，其中，第一项 $\boldsymbol{Ax}=\boldsymbol{b}$ 表示线性约束，第二项 $\boldsymbol{x}\in\boldsymbol{K}$ 表示非线性锥约束。而上述 ESS 参与配电

网运行调节问题属于非凸非线性优化问题，因此需要预先对模型进行相应的锥转化处理，使之满足对于线性目标函数和凸锥搜索空间的要求。首先，通过变量替换的方式，将 $U_{t,i}^2$ 、 $I_{t,ij}^2$ 用 $u_{t,i}$ 、 $i_{t,ij}$ 替换，实现线性化。含 $U_{t,i}^2$ 、 $I_{t,ij}^2$ 的约束经转换后为

$$\sum_{ik\in\Omega_b} P_{t,ik} = \sum_{ij\in\Omega_b}\left(P_{t,ij} - r_{ij}i_{t,ij}\right) + P_{t,i}$$

$$\sum_{ik\in\Omega_b} Q_{t,ik} = \sum_{ij\in\Omega_b}\left(Q_{t,ij} - x_{ij}i_{t,ij}\right) + Q_{t,i}$$

$$i_{t,ij} = \frac{P_{t,ij}^2 + Q_{t,ij}^2}{u_{t,i}}$$

$$u_{t,i} - u_{t,j} - 2\left(r_{ij}P_{t,ij} + x_{ij}Q_{t,ij}\right) + \left(r_{ij}^2 + x_{ij}^2\right)i_{t,ij} = 0$$

$$\left(U_i^{\min}\right)^2 \leqslant u_{t,i} \leqslant \left(U_i^{\max}\right)^2$$

$$i_{t,ij} \leqslant \left(I_{ij}^{\max}\right)^2$$

由二阶锥规划的原理，这一松弛处理虽扩大了解的搜索空间，但并不改变解的最优性。

$$i_{t,ij} \geqslant \frac{P_{t,ij}^2 + Q_{t,ij}^2}{u_{t,i}}$$

再进一步等价变形，转化为标准的二阶锥形式为

$$\left\| 2P_{t,ij} \quad 2Q_{t,ij} I_{t,ij} - U_{t,i} \right\| \leqslant I_{t,ij} + U_{t,i}$$

基本约束条件的锥转化仅对配电系统约束中的电压变量 $U_{t,i}^2$ 和电流变量 $I_{t,ij}^2$ 的线性变换进行阐述说明，而未涉及储能系统自身运行约束的转换。因此，还须对只含有决策变量 $P_{t,i}^{\mathrm{ESS}}$ 、 $Q_{t,i}^{\mathrm{ESS}}$ 的储能系统运行约束条件进行锥转化。

根据二阶凸松弛技术的基本原理，将约束条件式进行旋转锥转化得到

$$\left(P_{t,i}^{\mathrm{ESS}}\right)^2 + \left(Q_{t,i}^{\mathrm{ESS}}\right)^2 \leqslant 2\frac{y_i}{\sqrt{2}}\frac{y_i}{\sqrt{2}}$$

$$\left(P_{t,i}^{\mathrm{ESS}}\right)^2 + \left(Q_{t,i}^{\mathrm{ESS}}\right)^2 \leqslant 2\frac{P_{t,i}^{\mathrm{ESS,L}}}{\sqrt{2}A_i^{\mathrm{ESS}}}\frac{P_{t,i}^{\mathrm{ESS,L}}}{\sqrt{2}A_i^{\mathrm{ESS}}}$$

除了进行锥转化的约束条件外，其他约束条件均为线性等式 / 不等式约束，满足锥优化算法中对线性约束条件的要求，无须进行锥转化。

经过上述锥转化过程，将难以求解的大规模混合整数非线性模型转化为可以高效求解的储能优化配置的混合整数二阶锥优化模型。

为验证松弛在最优解处的准确性，定义二阶锥松弛偏差的无穷范数

$$\text{gap}=\left\|i_{t,ij}-\frac{P_{t,ij}^2+Q_{t,ij}^2}{u_{t,i}}\right\|_\infty$$

算法的流程图如图 4-11 所示，具体步骤如下：

1）根据选定的配电系统，输入线路参数、负荷水平和网络拓扑连接关系，分布式电源接入位置与容量，储能系统参数，系统节点电压和支路电流限制，系统基准电压和基准功率初值。

2）建立储能系统优化配置的混合整数非线性模型，选定目标函数，综合考虑配电系统潮流约束、配电系统安全约束、储能系统运行约束和储能系统规划约束。

3）将步骤 2）所得模型转化为可以高效求解的混合整数二阶锥规划模型，其中包括目标函数线性化、等式约束线性化和不等式约束线性化，并根据网络结构和规模引入旋转锥约束，得到混合整数二阶锥规划模型。

4）将步骤 3）得到的混合整数二阶锥规划模型使用成熟的数学优化工具 CPLEX 进行求解。

5）输出储能规划结果，即配置储能的位置和容量方案。

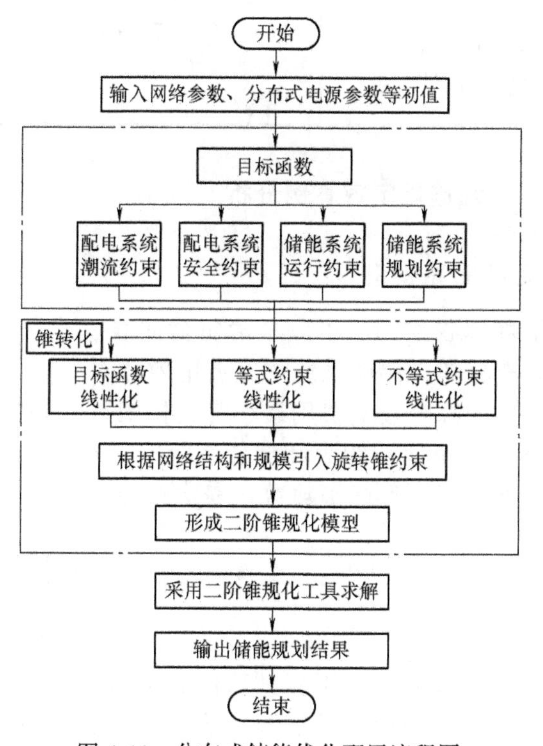

图 4-11　分布式储能优化配置流程图

4.1.3　面向柔性源网荷协调运行的分布式储能系统容量优化配置

4.1.3.1　储能系统多场景建模

储能技术作为智能配电网的重要组成部分和关键支撑技术，可广泛地应用于配电系统的不同环节，承担不同的角色和作用。同一个储能系统，也可通过合理的功率和能量分配，发挥多种用途。

接于配电网中的源－网－荷三类分布式储能，应用需求、适用的储能系统类型、储能系统的作用和建模环节的目标函数都需要分类考虑。表4-1对储能系统多场景建模问题进行具体说明。

表4-1　储能系统多场景建模

应用场景	应用需求	适用类型	储能系统的作用	目标函数
配电网侧	提升设备利用率，延缓配电设备升级，降低网损，获取经济效益	电池储能	通过时间上对负荷转移，减缓配电网的升级，同时可以有效提升配电线路和变压器的负荷水平，提高现有设备的利用率	综合经济效益最大
分布式电源侧	消纳分布式电源出力，改善电源特性，获取经济效益	电池储能、超级电容和飞轮储能	通过跟踪新能源发电机组或场站的出力变化，平滑出力，满足并网要求，提高新能源发电的并网友好性	分布式电源消纳水平最大，电源接入点电压偏差最小，经济效益最大
负荷侧	改善负荷特性，提升供电质量，获取经济效益	电池储能、飞轮储能	通过快速响应系统的功率扰动，有效地维持负荷点电压幅值，提高用户电能质量	负荷接入点电压偏差最小，经济效益最大

4.1.3.2　配电网侧储能系统选址定容算例分析

1. 配电网侧储能优化配置模型

利用储能系统的削峰填谷作用，可以平滑负荷曲线，推迟电网升级扩建，促进可再生能源的充分利用。充分考虑储能系统的充放电效益对变电站扩容建设的推迟作用，以储能系统和变电站扩建的综合投资费用最小为目标函数，并考虑配电系统潮流约束、配电系统安全约束、储能系统运行约束和储能系统安全约束，建立变电站扩容和储能系统容量配置的协调规划模型。目标函数数学表达式为

$$\min\left(C^{\mathrm{ESS}}+C^{\mathrm{SUB}}\right)=\frac{d(1+d)^{y^{\mathrm{ESS}}}}{(1+d)^{y^{\mathrm{ESS}}}-1}\sum_{i\in N}\left(C_{\mathrm{p}}y_i+C_{\mathrm{e}}z_i\right)+\frac{d(1+d)^{y^{\mathrm{SUB}}}}{(1+d)^{y^{\mathrm{SUB}}}-1}C_{\mathrm{s}}ZS_{\mathrm{g}}$$

为了更有效地进行算例分析，采用测试算例和实际算例进行计算，并考虑变压器可以满足负荷需求，即不需要对变压器进行扩容的情况；同时考虑变压器不能满足负荷增长后的需求，需要对变压器进行扩容的情况。

2. 测试算例分析

（1）变压器不需扩容

以改进的 IEEE 33 节点配电系统进行算例验证，算例结构如图 4-12 所示。接入 5 组风电机组和 3 组光伏系统，位置和容量见表 4-2。计算时间选取一天 24h，以 1h 为时间间隔，采用负荷预测方法来模拟负荷以及风电、光伏的日运行曲线，如图 4-13 所示。待规划的储能可安装于任意节点，规划总容量和总能量分别为 1MV·A 和 4MW·h。考虑 3 种类型的储能系统，分别为铅酸电池储能、锂离子电池储能和钠硫电池储能，具体参数见表 4-3，储能系统的使用年限为 10 年。所有费用均折算到 1 年。分时电价情况见表 4-4。

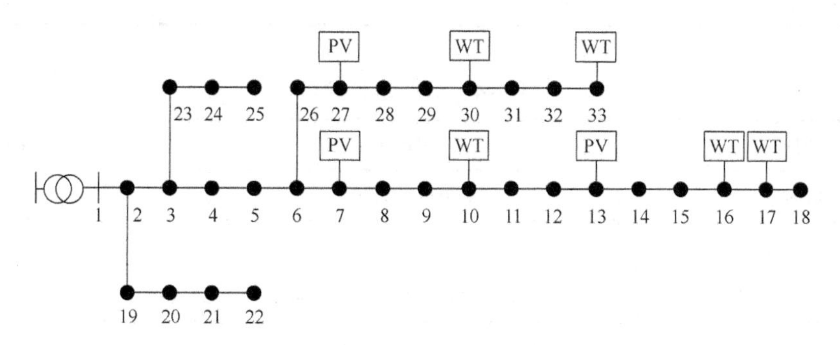

图 4-12　改进的 IEEE 33 节点配电系统结构图

表 4-2　分布式电源配置参数

项目	风电机组					光伏系统		
接入位置	10	16	17	30	33	7	13	27
容量 / (kV·A)	500	300	200	200	300	500	300	400

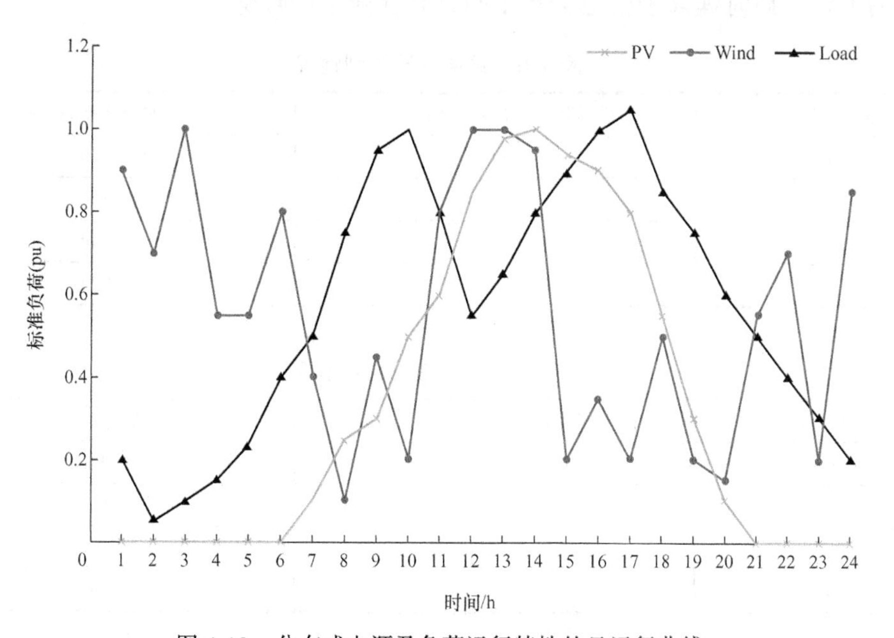

图 4-13　分布式电源及负荷运行特性的日运行曲线

表 4-3 三类储能系统参数

项目	铅酸电池	锂离子电池	钠硫电池
单位功率投资成本 / [元 / (kV·A)]	1000	1000	1000
单位能量投资成本 / [元 / (kW·h)]	386	1931	772
循环效率 (%)	81	98	88
循环寿命 / 次	3000	4000	3500
最大放电深度 (%)	65	75	100

表 4-4 分时电价参数

时段	时段跨度	电价 /[元 / (kW·h)]
峰时段	15:00 ～ 22:00	1.19
平时段	8:00 ～ 15:00	0.87
谷时段	0:00 ～ 8:00，22:00 ～ 24:00	0.57

利用 CPLEX 数学求解器对上述模型进行求解，3 种类型储能的优化配置结果见表 4-5 ～表 4-7，其中锂离子电池未被选择配置。由结果可以看出，铅酸电池和钠硫电池被选择配置于配电系统中，其中铅酸电池的经济效益最好，使配电网年综合费用降低了 67.38 万元，降幅达 7.51%。而锂离子电池尽管性能上较另两种电池有优势，但由于其价格过于昂贵而未被选择接入于配电网中，可预见将来锂离子电池的费用会有大幅度的下降，届时锂离子电池会逐步凸显其性能上的优势。

表 4-5 铅酸电池规划情况

接入位置	安装换流器容量 / (kV·A)	安装储能容量 / (kW·h)
16	60	750
18	70	860
31	60	840
32	160	1550

表 4-6 钠硫电池规划情况

接入位置	安装换流器容量 / (kV·A)	安装储能容量 / (kW·h)
16	80	710
18	60	550
30	150	1240
33	170	1500

表 4-7 规划前后成本比较 （单位：万元）

项目	配电网年运行费用	折算到每年的储能系统投资费用	年综合费用
规划前	896.94	—	896.94
铅酸电池	801.51	28.05	829.56
钠硫电池	786.73	52.66	839.39

图 4-14、图 4-15 分别为铅酸电池储能接入前后节点 7、节点 10 的电压水平。可以看出，储能的优化使得系统节点电压变化范围明显缩小，有效改善了整个系统的供电质量，利用储能系统有功功率的调节能力和一定的无功电压支撑能力，可以有效缓解负荷较重时电压偏低问题和分布式电源接入后的节点电压升高问题，从而进一步提高配电网对分布式电源的消纳能力。

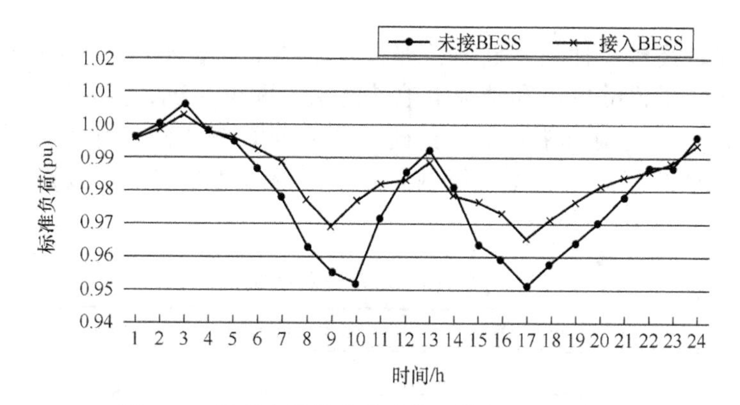

图 4-14 铅酸电池储能接入前后节点 7 电压水平

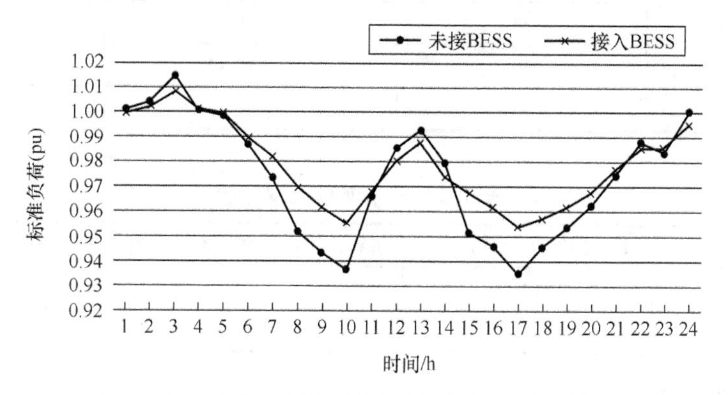

图 4-15 铅酸电池储能接入前后节点 10 电压水平

图 4-16 为配电网变压器节点的净负荷，同时也是从整个配电系统角度来讲的有功负荷。可以看出，由于分时电价的存在，储能系统在峰电价时放电，在谷电价时充电，将负荷高峰时的负荷转移到了负荷低谷时，实现了负荷削峰填谷的同时也提高了配电系统整体的经济性。

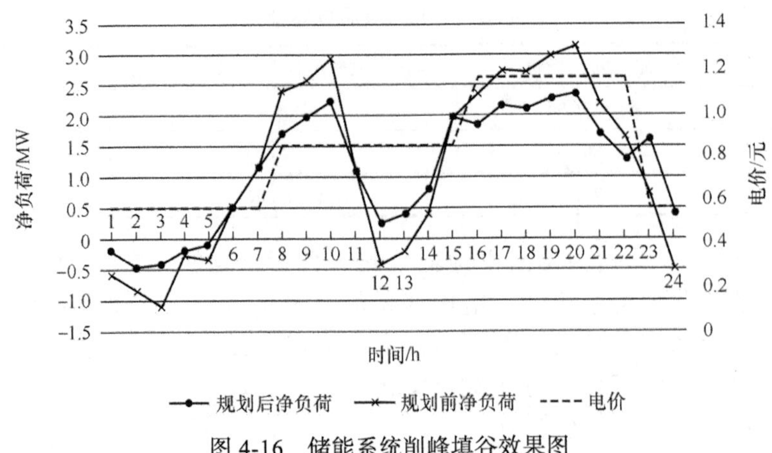

图 4-16 储能系统削峰填谷效果图

若考虑可同时接入多种类型储能，那么规划结果见表 4-8、表 4-9。由结果可以看出，规划方案选择了铅酸电池和钠硫电池储能接入配电系统，其中第 30、33 节点同时配置两种储能，铅酸电池价格较低，钠硫电池循环效率和循环寿命较高，两种储能性能上存在优势互补，与单一类型储能规划相比，综合规划进一步提高了配电系统的经济效益。

表 4-8 综合规划情况

储能类型	接入位置	安装换流器容量 / (kV·A)	安装储能容量 / (kW·h)
铅酸电池	13	70	550
	18	80	810
	30	30	260
	33	60	690
钠硫电池	30	130	1040
	33	80	650

表 4-9 规划前后成本比较 （单位：万元）

项目	配电网年运行费用	折算到每年的储能系统投资费用	年综合费用
规划前	896.94	—	896.94
综合规划	792.12	37.10	829.22

（2）变压器需要扩容

配电系统中负荷有较大幅度增长，当原有变压器容量不再满足需求时，变压器就需要扩容。同时储能系统的削峰填谷作用可以平滑负荷曲线，有效降低最大负荷，降低变压器所需扩容容量。分别为变压器扩容方案和变压器扩容与配置储能协调规划方案。

以改进的 IEEE 33 节点配电系统进行算例验证，接入 5 组风电机组和 3 组光伏系统。待规划的储能可安装于任意节点，规划总容量和总能量分别为 1MV·A 和

4MW·h，储能系统的使用年限为 10 年，所有费用均折算到一天。原有变压器容量为 3.15MV·A，变电站负荷率为 0.75。

利用 CPLEX 数学求解器进行求解计算，得到的优化结果见表 4-10 ～表 4-13。由结果可以看出，储能系统与变电站扩容协调规划方案减少了变电站的扩容容量和配电网购电费用，使得方案的综合费用更少，优于只考虑主变压器扩容的建设方案。

表 4-10 两种方案费用对比

方案	变电站扩容容量 /（MV·A）	储能系统投资费用 /（元 / 天）	变电站投资费用 /（元 / 天）	净购电费用 /（元 / 天）	综合费用 /（元 / 天）
主变压器扩容方案	1.583	0	981.4	20104.8	21086.2
协调规划方案	0.360	1428.8	241.5	17746.3	19416.6

表 4-11 协调规划方案中储能配置结果

位置	配置功率 /kW	配置容量 /（kW·h）
10	50	600
17	730	2680
18	90	390
31	130	330

表 4-12 IEEE 33 节点算例负荷接入位置及功率

节点编号	有功功率 /kW	无功功率 /kvar	节点编号	有功功率 /kW	无功功率 /kvar
2	100	60	18	90	40
3	90	40	19	90	40
4	120	80	20	90	40
5	60	30	21	90	40
6	60	20	22	90	40
7	200	100	23	90	50
8	200	100	24	420	200
9	60	20	25	420	200
10	60	20	26	60	25
11	45	30	27	60	25
12	60	35	28	60	20
13	60	35	29	120	70
14	120	80	30	200	600
15	60	10	31	150	70
16	60	20	32	210	100
17	60	20	33	60	40

表 4-13 IEEE 33 节点算例线路参数

线路编号	首端	末端	电阻 /Ω	电抗 /Ω	线路编号	首端	末端	电阻 /Ω	电抗 /Ω
1	1	2	0.0922	0.047	20	20	21	0.4095	0.4784
2	2	3	0.493	0.2511	21	21	22	0.7089	0.9373
3	3	4	0.366	0.1864	22	3	23	0.4512	0.3083
4	4	5	0.3811	0.1941	23	23	24	0.898	0.7091
5	5	6	0.819	0.707	24	24	25	0.896	0.7011
6	6	7	0.1872	0.6188	25	6	26	0.203	0.1034
7	7	8	0.7114	0.2351	26	26	27	0.2842	0.1447
8	8	9	1.03	0.74	27	27	28	1.059	0.9337
9	9	10	1.044	0.74	28	28	29	0.8042	0.7006
10	10	11	0.1966	0.065	29	29	30	0.5075	0.2585
11	11	12	0.3744	0.1238	30	30	31	0.9744	0.963
12	12	13	1.468	1.155	31	31	32	0.315	0.3619
13	13	14	0.5416	0.7129	32	32	33	0.341	0.5302
14	14	15	0.591	0.526	5 条联络线				
15	15	16	0.7463	0.545	33	8	21	2	2
16	16	17	1.289	1.721	34	9	15	2	2
17	17	18	0.732	0.574	35	12	22	2	2
18	2	19	0.164	0.1565	36	18	33	0.5	0.5
19	19	20	1.5042	1.3554	37	25	29	0.5	0.5

4.1.3.3 配电网中分布式储能、分布式发电及可控负荷联合控制策略

考虑储能和柔性负荷的时空联系与网络潮流的影响，构建了以可再生能源利用率最大、网损最小以及用户满意度最高为目标的主动配电网优化运行模型。同时通过设定可控分布式发电单元、储能系统及柔性负荷的调度优先级量化主动配电网各单元间的协调作用。最后进行了算例分析，仿真结果表明储能和柔性负荷的协调优化会增加可再生分布式发电的利用率，调度优先级有效减小了网络有功损耗，提高了用户满意度，从而验证了这种优化方案的合理性。

1. 协调优化的作用分析及调度优先级设定

通过协调可控分布式发电单元、储能系统及柔性负荷，能够提高网络对间歇性能源的消纳能力，同时，也会对网络损耗及用户用电习惯产生一定的影响。因此，本项目对储能系统及柔性负荷设定了一种调度优先级准则，从而达到以下三方面的目标。网络协调优化方案如图 4-17 所示。

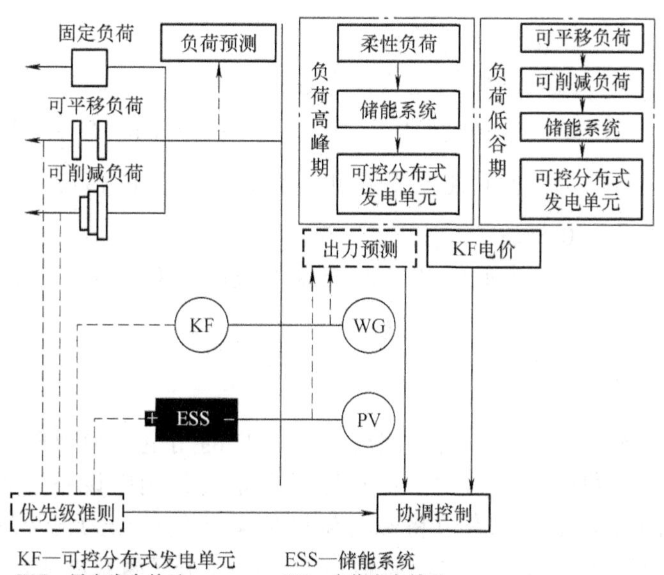

图 4-17　网络协调优化方案

1）提高可再生能源利用率风力发电与光伏发电是根据最大功率原则设定的，某一时间段的出力取决于这一时间段的风能和太阳能大小，根据这一特性，合理调度储能与柔性负荷来平移负荷曲线，提高负荷曲线与可再生发电单元出力的紧密度，实现可再生能源的最大消纳。本项目将风电出力与光伏出力作为离散控制变量，规定一天作为一个完整的调度周期，分为 96 个时间段，用一个调度周期内可再生能源的发电比例衡量可再生能源的利用率，二者之间呈正相关。可再生能源的发电比例为

$$A_{\mathrm{R}}=\frac{\sum_{k=1}^{96}\left(P_{\mathrm{ft}_k}+P_{\mathrm{gt}_k}\right)}{\sum_{k=1}^{96}\left(P_{\mathrm{ft}_k}+P_{\mathrm{gt}_k}+P_{\mathrm{KFt}_k}\right)}$$

式中，P_{ft_k}、P_{gt_k} 和 P_{KFt_k} 分别为风力发电、光伏发电和可控分布式发电在第 k 个时间段的出力。从环境与能源方面考虑，可再生分布式能源发电经济性优于可控分布式发电（如燃料电池），负荷高峰期，设定可控分布式发电优先级最低。对于负荷一定的情况，可再生能源发电比例越高，其发电成本越低。

2）减小网络损耗储能系统与柔性负荷主动参与需求与电价的实时响应，考虑储能装置状态转换时存在的能量损耗及其充放电效率，为减小电能损耗，设定整个调度周期，柔性负荷调度优先级高于储能系统。在网络运行过程中，总损耗的表达式为

$$P_{\mathrm{Loss}}=\sum_{k=1}^{96}\left[P_{\mathrm{LgLog}t_k}+\sum_{i=1}^{E_{\mathrm{N}}}\left(S_{\mathrm{Esg}t_k gi}\mathrm{g}\Delta P_{\mathrm{EgLog}i}+\left(1-\xi_{\mathrm{ing}i}\right)P_{\mathrm{Esg}t_k gi}^{\mathrm{c}}+\left(1-\xi_{\mathrm{outg}i}\right)P_{\mathrm{Esg}t_k gi}^{\mathrm{disc}}\right)\right]$$

式中 P_{Loss}——输电线路损耗；

E_{N}——配电网中储能装置个数；

$S_{\mathrm{Esg}t_k gi}$——储能某一时间段与上一时间段相比的状态变化量纲，为 0 或者 1；

$\Delta P_{\mathrm{EgLog}i}$——第 i 个储能装置在状态切换时产生的损耗，一般为额定容量的 0.5%；

$\xi_{\mathrm{ing}i}$、$\xi_{\mathrm{outg}i}$——第 i 个储能装置的充放电效率，对于每一个时间段来说，二者至少有一个是 0。

2. 提高用户满意度

随着越来越多的负荷主动参与网络优化，用户的用电习惯要随着电网运行状态的改变而改变。从用户角度考虑，用户满意度可以定义为用电设备达到正常工况的时间与其总用电时间的百分比。本章节将参与调度的柔性负荷分为可平移负荷和可削减负荷，仅考虑这两种负荷对用户满意度的影响，可以将用户满意度表示为

$$S = 1 - \left(\mu_1 \sum_{n=1}^{N} \frac{T_{\mathrm{d}n}}{T_{1\mathrm{a}n}} + \mu_2 \sum_{m=1}^{M} \frac{T_{\mathrm{c}m}}{T_{2\mathrm{a}m}} \right)$$

式中 μ_1、μ_2——可平移负荷与可削减负荷的影响因子，$\mu_1 < \mu_2$；

N、M——可平移、可削减负荷种类数；

$T_{\mathrm{d}n}$——第 n 种可平移负荷的平移时间；

$T_{1\mathrm{a}n}$——第 n 种可平移负荷总的用电时间；

$T_{\mathrm{c}m}$——第 m 种可削减负荷的削减时间；

$T_{2\mathrm{a}m}$——第 m 种可削减负荷总的用电时间。

式中可以看出，S 越大，用户满意度越高。可削减负荷削减时间过长及可转移负荷转移时间跨度过大会降低用户满意度，考虑这两种情况对用户满意度影响程度的不同，设定在用电低谷期，可转移负荷调度优先级高于可削减优先级。

4.2 广域布局分布式储能配电网源网荷协同控制架构与装置

4.2.1 技术概述

1. 即插即用分布式储能信息交互方法及广域布局架构

基于广域布局的客户侧分布式储能系统，针对以移动性、随机性和分散性为主要特征的客户侧分布式储能设施，研究即插即用装置与储能云平台、户用储能装置和双向充电桩等子系统的数据交互方案、业务流程、子系统架构及控制策略等；依据调度任务和分布式储能管理需求，按照共享互利的原则，以客户为中心，以市场为导向，构建去中心化的客户侧分布式储能信息交互方法及广域布局架构。

2. 海量分布式储能源网荷自适应协同控制架构

研究海量分布式储能源网荷自适应协同控制架构，设计搭建系统技术架构、物理架构、通信架构及安全架构；依据客户侧储能应用场景的定制化服务特点，研究储能云平台智能控制策略的实现方法；基于分布式储能系统的控制策略、监控系统网络结构，研究分布式储能云平台架构方案。研究分布式储能系统之间的功率协调控制方法及分布式储能系统的自适应能量管理方法。

3. 客户侧分布式储能即插即用接入装置与系统架构

研究客户侧分布式储能即插即用接入装置与系统架构，提出即插即用装置的电气设计和设备接口等硬件设计方案，研究装置的软件功能、控制策略、界面设计和就地能量管理系统等软件核心技术，提出装置的硬件加密、通信协议和即插即用接口等技术设计方案；依据调度任务和储能电站管理需求，构建广域布局的分布式储能系统的多代理协调控制拓扑结构，提出与分布式储能系统及上级调度系统进行快速通信的分布式协调控制设备通信方案。

4.2.2　实施方案

首先，从电网侧出发，提出分布式储能信息交互方法，搭建针对能源互联网应用场景的客户侧分布式储能广域布局架构；其次，从去中心化控制思路出发，研究储能云平台源网荷控制体系，提出综合考虑电网和用户需求的多目标自适应协同控制架构；最后，针对接入的海量分布式储能用户，搭建客户侧分布式储能系统就地协调控制架构，研究分布式储能即插即用装置软硬件方案。实施方案技术路线图如图4-18所示。

1. 分布式储能信息交互方法及广域布局架构

提出包括客户侧储能云平台、即插即用装置、用户手机客户端应用（App）和客户侧储能全景展示系统等主要组成部分的客户侧分布式储能广域布局架构，用于实现分布式储能用户需求感知和能源服务；提出分布式储能信息交互方案，其中即插即用装置与储能云平台信息交互内容包括用户认证信息、账户信息、密匙信息、实时电价、云平台控制命令和储能装置运行数据等；利用储能云平台自适应协调控制技术，实现客户侧储能设施与电网信息实时交换、能量实时双向互济和优化电网负荷特性的功能；针对客户侧储能设施，实现海量储能装置的自动认证和即插即用需求，同时实现分布式储能装置的认证、鉴权、注册和注销功能。

2. 储能云平台源网荷控制体系

面向广域布局的客户侧分布式储能系统，提出储能云平台源网荷控制体系结构，研究协调控制设备的通信方案，搭建数据库平台，为分布式储能系统优化协调控制提供数据支撑；完成广域布局储能系统的能量管理、集群运行方式控制的软硬件通信研发，实现分布式储能系统在配电网客户侧的多功能应用；根据电动汽车移动储能和工业/商业/居民用户固定式储能运管实际需求，构建储能云和车联网源网荷协同控制体系，实现广域分布式储能装置的聚合。

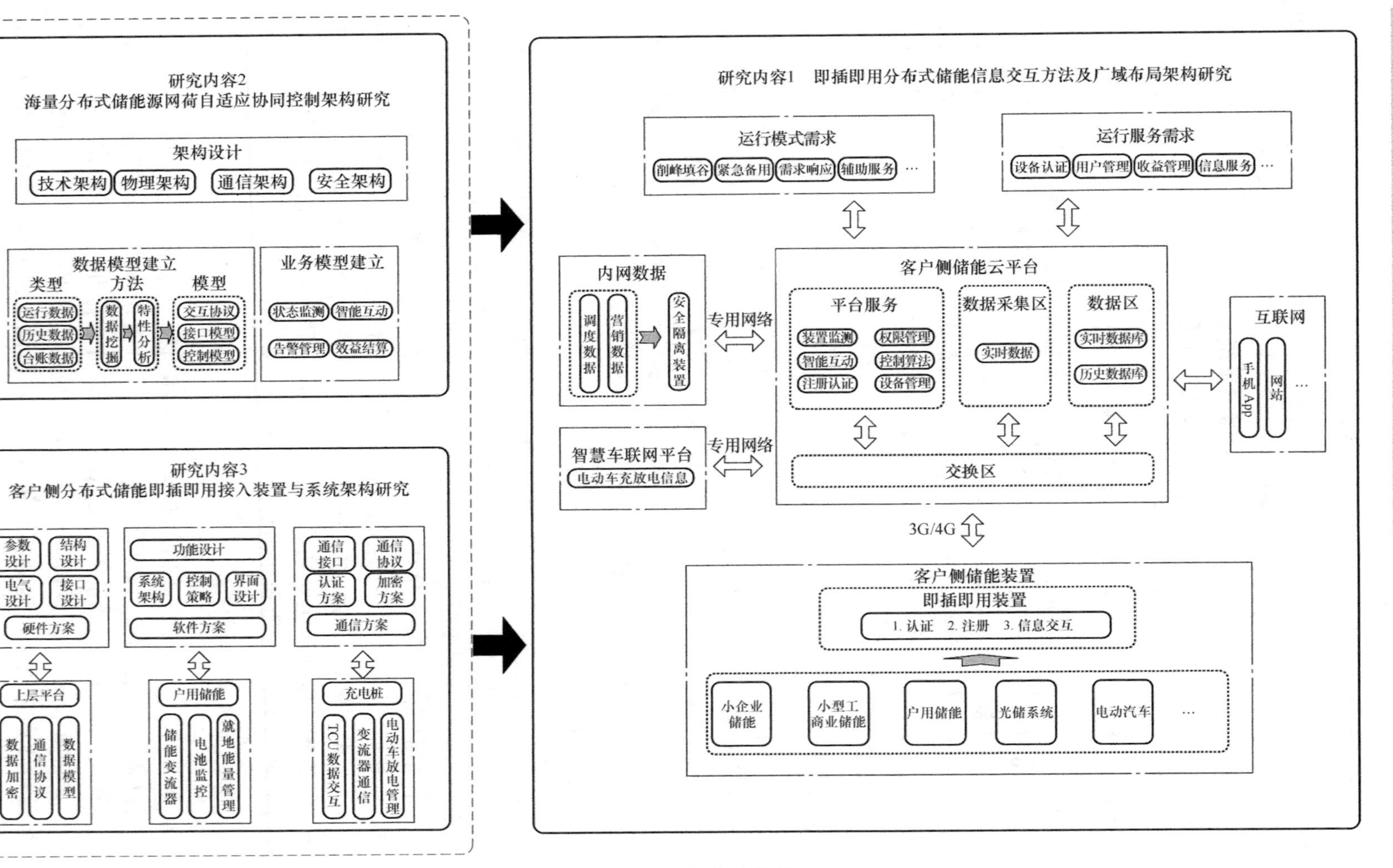

图 4-18 实施方案技术路线图

3. 分布式储能即插即用接入装置和架构

研究分布式储能就地系统架构、通信方式等内容，完成分布式储能装置运行监测架构设计，与中央管理单元通信并受其统一调度和管控，实现主站信息转发并分解下达相关指令信息；研究去中心化的就地能量管理软件，对工业、商业、居民分布式储能装置和电动汽车充电桩进行网络化管控，将新加入的分布式储能系统与传统的配电系统等进行整合；研发分布式储能即插即用式设备，提出即插即用装置软硬件方案；实现储能云平台与即插即用装置信息交互，上传客户侧分布式储能装置的运行信息，监测其运行状态。

4.2.3　方案简介

开展基于大云物移和去中心化理念的客户侧分布式储能云技术研究，开发智慧能源系统——储能云平台、用户移动应用终端、储能台区控制器以及能源路由器等下一代电能表核心技术，通过工商业储能、户用储能和通信基站梯次利用储能进行试点应用并开展验证工作。方案重点对储能台区控制器以及能源路由器的设计加以说明。客户侧储能即插即用设备应用场景如图 4-19 所示。

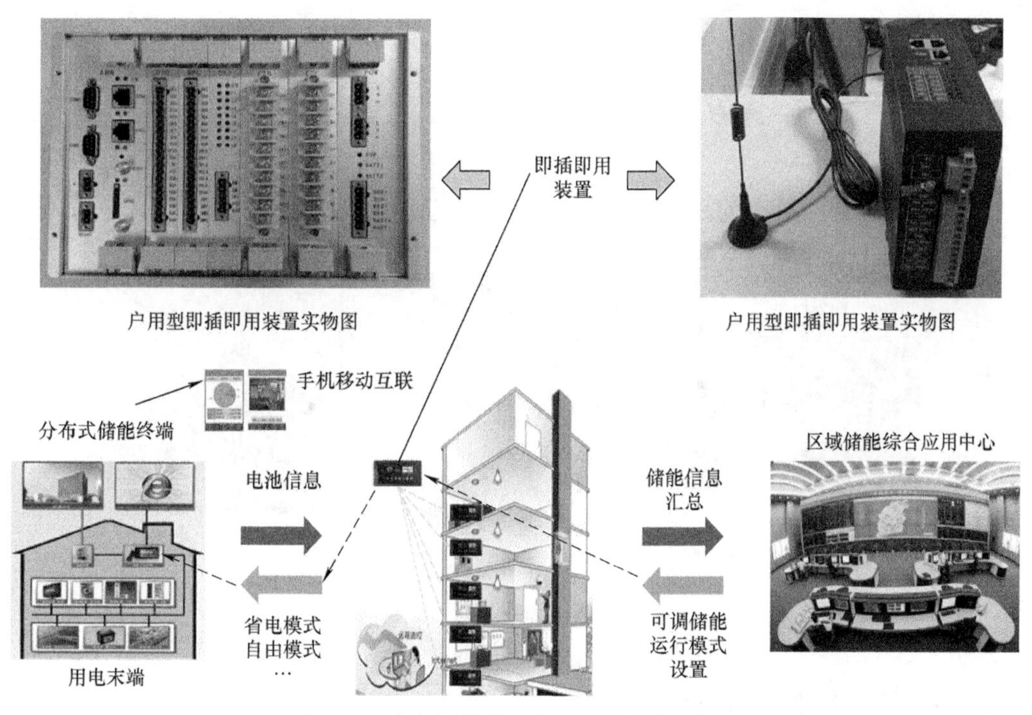

图 4-19　客户侧储能即插即用设备应用场景

4.2.4　系统方案

储能台区控制器以及能源路由器是分布式储能装置与电网进行能量交互的信息桥梁，对分布式储能装置进行接入认证，获取电网用采平台的信息，并实现对分布式储能装置的管控，是智慧能源服务系统——储能云平台的重要组成部分。

在现有用电信息采集系统的体系架构基础之上，充分整合采集器、集中器、手抄器和智能电能表的技术优势，结合储能应用场景的控制需求，实现对智慧能源服务系统中分布式储能设施的可靠采集、准确计量及实时控制。采用模组化设计理念，集成设备层中用采信息系统和储能信息系统的功能优势，设计一体化的储能台区控制器和能源路由器，作为智慧能源服务系统中承上启下的核心设备，对下支持客户侧储能应用的削峰填谷、需求侧响应和光储联合运行等新兴业务，对上连接智慧能源服务系统，结合储能应用场景的实际情况，可知控制层的能源路由器应具备电能计量、采集通信和能源控制等核心功能。其中电能计量除保证计量准确度外，还应满足多种能源方式的接入和单独结算；采集通信除了支持多种通信信道的灵活配置外，还应具备协议转换和状态监测；能源控制除能实现不同设备的直接或间接的通断控制外，还应具备用能策略的调控。客户侧储能通信系统架构如图 4-20 所示。

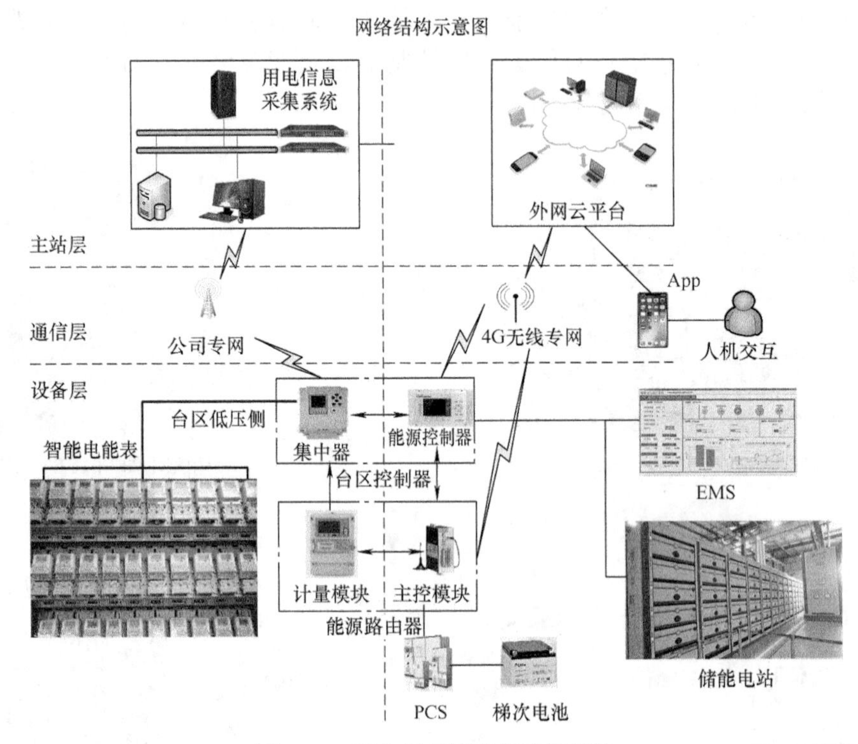

图 4-20 客户侧储能通信系统架构

4.2.5 即插即用装置硬件设计

即插即用装置是上层平台与分布式储能装置实现信息交互的节点装置，完成分布式储能装置的认证、鉴权、注册和注销；同时，负责与综合平台进行数据交互与信息加密，上传分布式储能装置的运行信息，监测运行状态，实现主站信息转发并分解下达相关指令信息。

客户侧储能即插即用装置使用了 ARM7 芯片作为主处理芯片，保证了程序的稳定运行，通过集成 COM 口电路，使得本产品可直接与设备进行通信，而不必通过相关的串口转换器实现设备间的通信，保证了通信数据的正确性和稳定性。同时两个网口使得本产品具备了更大的扩展性。

（1）主系统

CPU：工业级 Cortex-A8，800MHz 主频；RAM：512MB DDR2 SDRAM；Flash：512MB Flash，最大可为 1GB；存储：大容量 SD 存储，最大 128GB。

（2）网络接口：2 路

LAN：10/100Mbit/s 自适应工业以太网，RJ 45；保护：15kV 空气放电及 8kV 接触放电保护。

（3）串行接口：4 路

标准：RS 232（TxD、RxD、GND）/RS 485（DATA+、DATA-、GND）；光电隔离：每通道独立光电隔离；串口保护：所有信号线均提供 15kV ESD；流向控制：RS 485 自动数据流向控制；通信协议：Modbus RTU/ASCII 协议支持。

（4）3G/4G（可选 WCDMA）

技术体制：WCDMA/HSDPA/GSM/GPRS/EDGE；射频波段：2100/1900/850MHz；峰值速率：3.6Mbit/s（下行）/384kbit/s（上行）；峰值速率：100Mbit/s（下行）/50Mbit/s（上行）。

（5）机械特性

外壳：Polycarbonate plastic；重量：320g；尺寸：138mm × 55mm × 118mm；安装：导轨，壁挂。

（6）电源需求

电源输入：DC 9 ～ 48V，推荐使用 DC 12V/DC 24V；系统功耗：250mA，DC 12V，3W。

（7）可靠性

报警工具：内建蜂鸣器；温度监控：内建温度传感器，可用于温度监控；看门狗：硬件看门狗（WDT）监控；MTBF：大于 10 万 h。

（8）安全性

硬件加密：内建独立硬件加密电路，保护用户 IP；客户侧储能即插即用装置外形结构实物图如图 4-21 所示。运行软件环境见表 4-14，运行硬件环境见表 4-15，开发机器软件环境见表 4-16。

图 4-21　客户侧储能即插即用装置外形结构实物图

表 4-14　运行软件环境

分类	名称	版本	语种
操作系统	Linux	3.6.0	—
客户端软件	Conduits Pocket Player	3.0	中文

表 4-15 运行硬件环境

配置	最低配置	推荐配置
应用平台	ARM7	ARM9
	RAM 32M	RAM 64M
	Flash 64M	Flash 64M

表 4-16 开发机器软件环境

分类	名称	版本	语种
操作系统	Microsoft windows XP 以上版本	Professional	中文
开发平台	VMware Workstation	2014	中文
开发 SDK	Qt Creator	5.1	
版本控制	Tortoise SVN	2.5.3	
其他开发工具	OneNote	2012	

4.2.6 软件功能

产品使用的后台监控系统是基于 Linux 平台开发的组态软件系统，结合市场上大部分组态软件的优点之后，加入 Web 页面监控功能，使产品更具扩展性，操作方便。

软件架构如图 4-22 所示，实现信息发布、浏览、设定和分析等功能，发布信息包括实时告警信息、历史告警信息、报表、画面及报表等；可浏览权限范围内的报表、画面和图形。客户侧储能即插即用装置软件功能示例如图 4-23 所示。

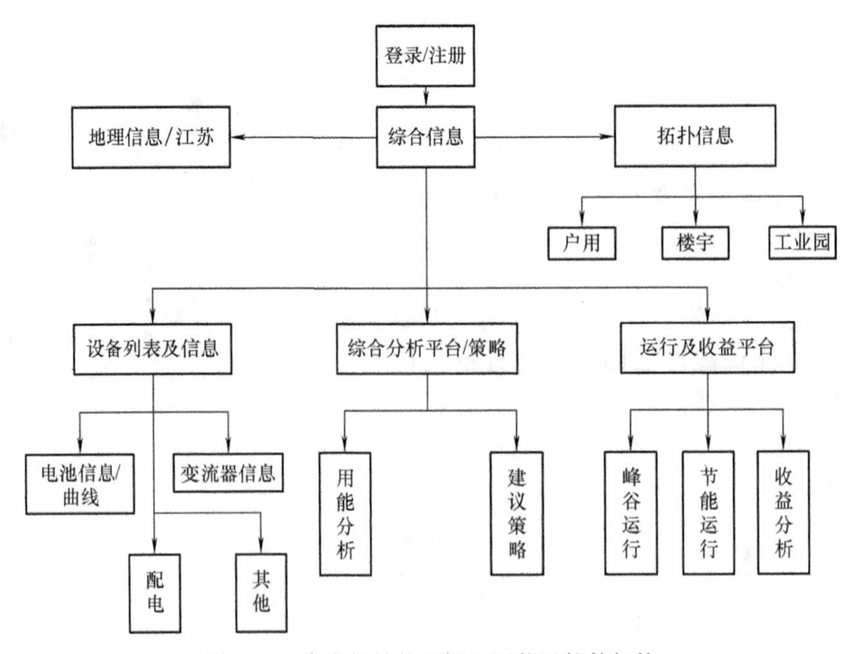

图 4-22 客户侧储能即插即用装置软件架构

图 4-23　客户侧储能即插即用装置软件功能示例

1. 储能装置就地能量管理功能

实现储能电池以及储能运行数据采集，云端共享，完成模式控制和能量管理调度等功能，实现储能控制系统产品及分布式储能装置远程运维服务，开发即插即用装置的虚拟电厂调峰、需求侧管理和调频应用等分布式控制算法，为分布式储能系统用户提供 PC 端和移动终端 App 信息显示。

即插即用装置以就地能量优化控制和综合平台自动控制等方式实现各场景下的运行策略；通过即插即用装置的使用，利用分布式储能系统的充放电优化策略，使分布式储能装置不再局限于单个用户，进一步拓展分布式储能装置功能，实现电网和海量广域用户的互动与需求侧管理功能。

2. 数据采集与认证加密功能

基于物联网技术与分布式储能系统设备各类信息接口实现即插即用，基于 VPN 信道加密技术实现与主站的远程通信，通过以太网口、CAN、485 串行通信接口或 GPRS 模块，完成上层指令、报警和遥控数据的转发，实现分布式储能系统运行维护，包括变流器正常运行状态监测及评估、数据信息加密、设备身份识别和电池系统远程运维等。在用户注册方面，体现家庭用户、智能楼宇用户和工业用户三类用户的区别；支持登录用户利用手机或计算机 Web 浏览器对储能节点控制器数据访问和操作，可实现多个客户端同时访问。

3. 计费与商业模式设定功能

根据苏州当地峰谷电价、电力市场监管体系的分布式发电电价和节能奖励政策，结合具体应用场景，通过充放电优化策略实现分布式储能系统的用能优化，对储能系统电池循环寿命加以计量计费和资产管理，明确储能系统的资产状态，增加用户储能装置带来的收入。

4. 通信架构

分布式储能即插即用装置是上层平台与分布式储能装置实现信息交互的节点装置，用于实现分布式储能装置运行数据和电量数据的标准化建模方法、基于模型的数据传输方法；提出储能云平台与营销系统的数据交互需求与接口；实现分布式储能装置的认证、鉴权、注册、注销、运行状态监测和主站信息转发等功能；同时，负责与综合平台进行数据交互与信息加密，上传分布式储能装置的运行信息，并接收下达的相关信息。项目完成了分布式储能装置与即插即用装置之间信息流即插即用的实现方法与信息交互标准协议；提出节点控制器与综合平台之间的认证注册机制的实现方法与信息交互标准协议。相关通信协议见附录，储能源网荷自动控制系统通信网络架构如图 4-24 所示。

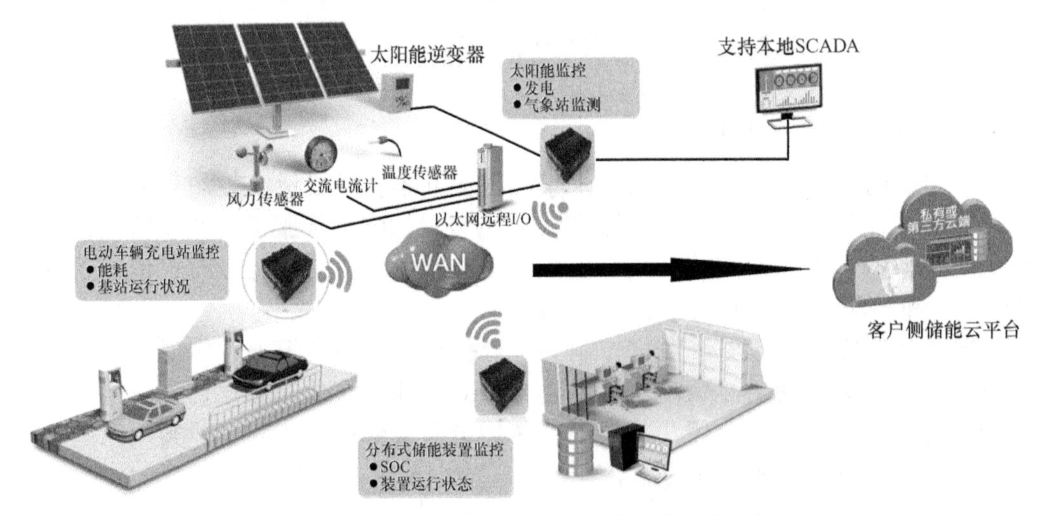

图 4-24 储能源网荷自动控制系统通信网络架构

基于客户侧储能装置的实际情况，储能云平台主动发送工作需求（或储能工作模式）至某一个就地储能即插即用装置，由储能即插即用装置协调其所属储能设备进行工作，改变等效负荷特性，实现柔性源网荷互动。

储能即插即用装置根据预先设定的时间周期，定期以“请求 / 响应”的方式将所属储能设备的运行信息，如电池功率（SOC)、充放电功率和告警信息等数据，传送至综合平台。

储能云平台定期与储能即插即用装置间保持连接，判断即插即用装置的在线情况，方便综合平台管理所属储能即插即用装置。

自动控制系统所属综合平台经必要的隔离装置从电网营销、调度系统获取储能即插即用装置所辖区域用户的并网点电量、功率和负荷等信息，用以对储能装置与电网进行柔性互动的决策支持，或分析用户的用电习惯以指导储能装置的运行。

4.2.7　系统安全防护部署

储能云服务系统现阶段主要实现有序充电、储能和绿色能源交易的客户侧能源服务业务，为用户提供智慧用能服务，并构建智慧能源服务系统能力开放平台，为用户业务创新、价值创新提供数据及服务支撑。储能云服务系统总体功能架构图如图 4-25 所示。

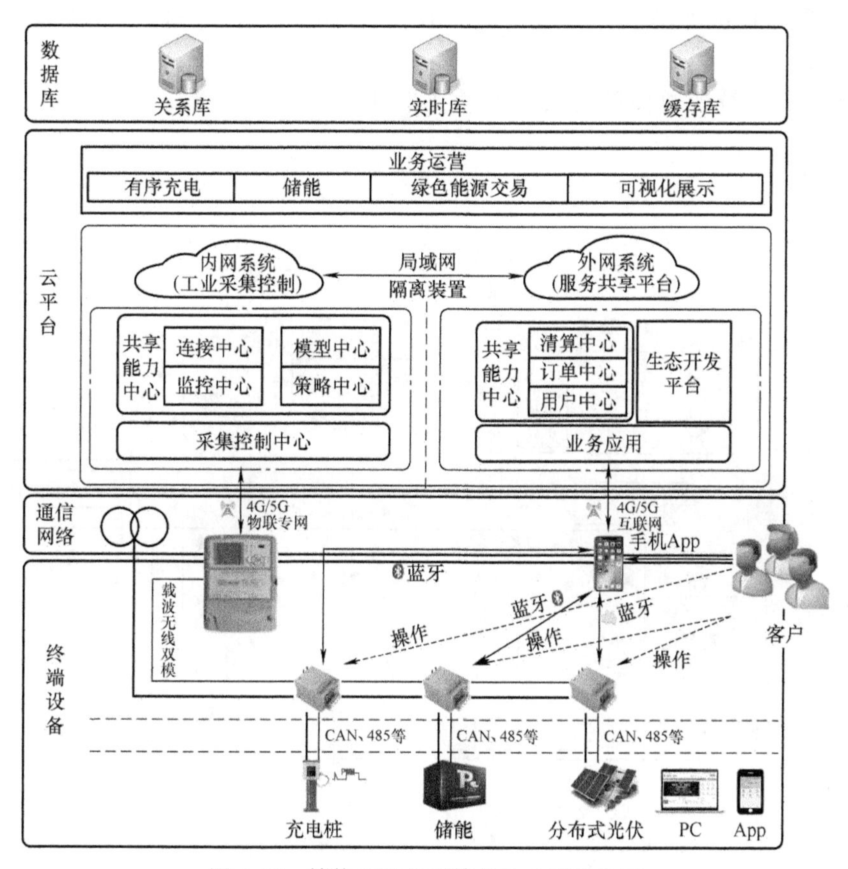

图 4-25　储能云服务系统总体功能架构图

系统采用“多租户，生态开放”的平台思维，采用“工业物联网 + 互联网”建设思路，遵循“云平台 + 微服务”互联网架构，以智慧能源采集控制系统为后台、能力开放中心为中台、多业务系统为前台的系统框架，构建“强后台、大中台、小前台”的智慧能源服务系统，实现有序充放电、分布式储能等新能源业务应用。

1. 网络安全部署

储能云服务系统采用一级部署方式，由内网工业采集控制系统和外网服务共享平台组成，同时为终端设备设置安全接入区。

1）主站部署。内网工业采集控制系统部署于公司管理信息大区内网三级域，外网服务共享平台利用车联网平台功能改造，部署于公司管理信息大区外网公众服务域。充电桩为用户资产，不属于储能云服务系统终端设备，充电桩需能与能源路由器进行互动。

2）终端部署与接入方式。能源控制器经运营商物联网通道经安全接入区接入储能云服务系统主站。

3）普通个人移动终端 App。普通个人移动终端 App（用户 App）利用互联网通道接入储能云服务系统外网服务共享平台；在信号不畅时通过手机蓝牙连接到能源路由器发起业务请求。

储能云服务系统的总体部署结构如图 4-26 所示。

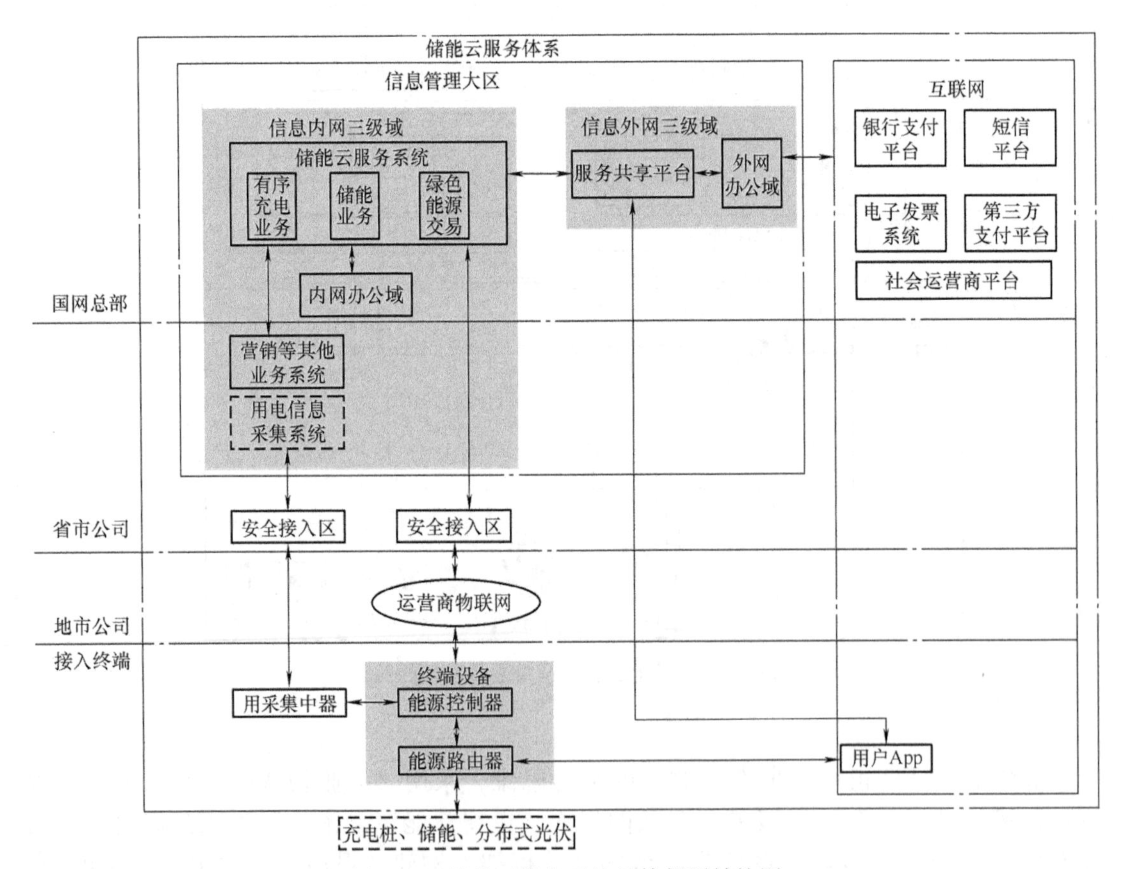

图 4-26 储能云服务系统总体部署结构图

2. 安全防护需求

（1）防护目标

依据国家和公司网络安全管理要求，本节的防护目标为确保储能云服务系统满足国家信息安全等级保护和公司管理信息系统安全防护的基本要求（S3A3G3），重点加强系统边界、网络传输及控制类业务的安全防护，防止安全威胁在系统边界的扩散与蔓延，防止关键业务数据在网络传输中被窃听与篡改，提升系统安全防护能力，确保系统稳定、安全运行。

（2）风险分析

考虑到储能云服务系统面向社会公众用户提供服务，主要面临来源于终端、网络、数据和业务应用等方面的风险。

系统面临主要安全风险如图 4-27 所示。

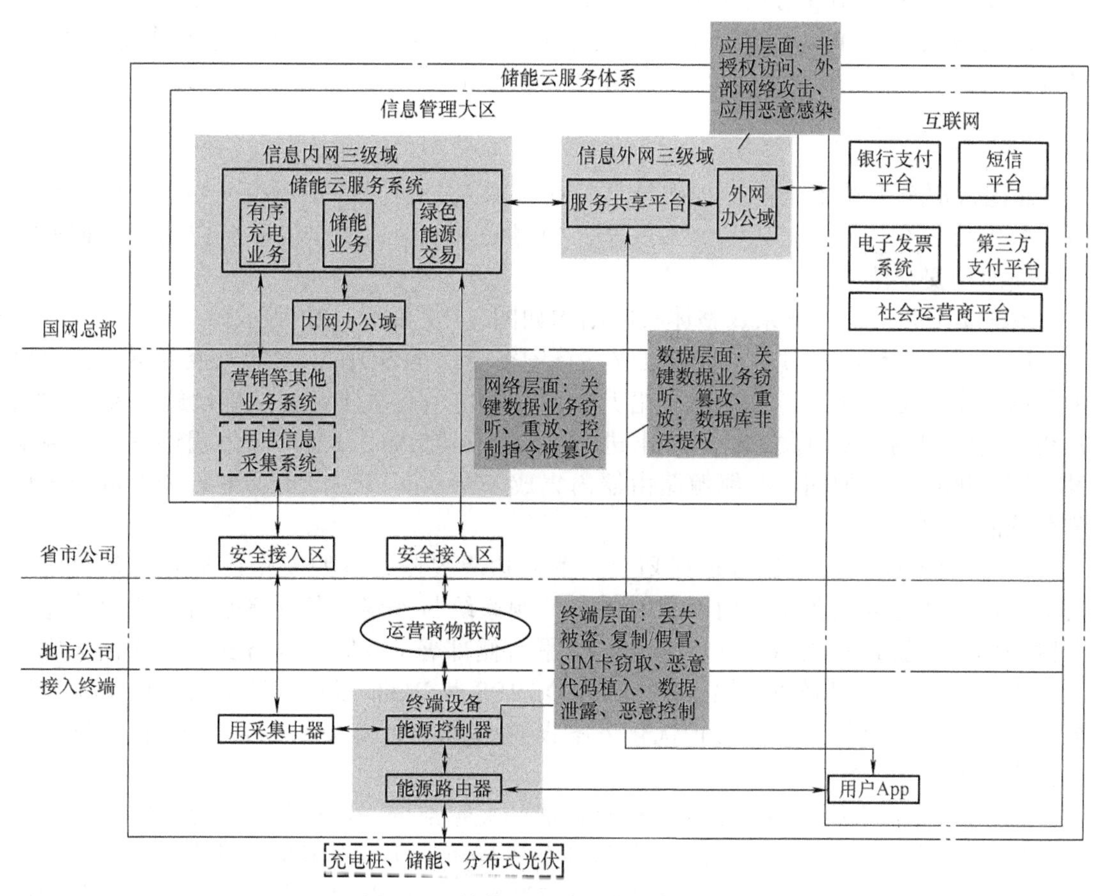

图 4-27　储能云服务系统风险识别图

1）终端层面。能源控制器、能源路由器等设备存在被窃取丢失、被破坏、硬件被克隆和软件被复制的威胁；设备自身存在弱口令及不必要的服务端口容易被攻击，配置不当，存在漏洞易遭利用的风险。用户使用的智能手机等移动终端存在感染病毒等恶意代码并导致移动 App 被篡改、移动终端存储数据泄露等风险。来自外部网络的终端身份存在被冒用的威胁。

2）网络层面。网络传输的数据遭到窃听和篡改的风险。互联网网络易被非法攻击，无线网络易被干扰，传输数据被窃听获取篡改，网络设备配置不当遭到利用，恶意端口扫描获取网络信息风险；蓝牙信道属于无线信道，传输数据被窃听获取篡改风险；蓝牙连接属于开放式服务，用户使用的智能手机等移动终端存在感染病毒等恶意代码并导致移动 App 被篡改，存在攻击者接入并控制能源路由器，并进一步控制能源路由器风险。

3）数据层面。数据传输过程中，交互接口存在被攻击，传输的设置类、控制类和交易类数据被窃取、篡改或重放风险；存储数据存在被窃取风险。

4）应用层面。信息外网部署的应用服务器易遭受来自互联网的 SQL 注入、跨站脚本等攻击；移动 App 易被攻击等风险。

5）业务层面。重要业务流程、业务逻辑设计不科学，交易类业务操作易被攻击、篡改。

3. 系统防护措施

储能云服务系统安全防护框架体系遵循国家及公司网络安全相关要求，针对系统面临的主要安全风险，重点从终端安全、边界安全、通道安全、业务应用和数据安全等方面加强安全防护。

系统安全防护框架体系、整体布防结构如图 4-28 和图 4-29 所示。

1）终端安全方面。用户 App 集成支持国密算法的 SDK；在能源控制器、能源路由器内集成支持国密算法的 ESAM 芯片，下装用电信息采集密钥基础设施下发的 SM1 密钥，安装国网 CA 颁发的数字证书进行身份鉴别与认证以及动态密钥协商。对终端设备固件进行安全加固；在能源路由器内集成安全监测模块，接受主站 S6000 安全监测系统的监测。

2）边界安全方面。进行边界划分，明确边界界限，按照安全防护要求进行边界的隔离。如储能云服务系统内网工业采集控制系统与外网服务共享平台间部署信息安全网络隔离装置进行隔离；外网服务共享平台侧部署 I 型信息网络安全接入网关实现 App 安全接入，并部署防火墙、DDoS、IDS/IPS 和 WAF 等安全设备实现网络威胁防范。参照用电信息采集安全防护优化方案设置内网安全接入区，部署 I 型信息网络安全接入网关。

3）通道安全方面。主要是保障信息畅通的关键部分，包括蓝牙通道和网关。

4）应用安全方面。在系统主站部署业务密码机，实现业务应用的安全防护，特别是对下发控制类数据的真实性、完整性进行防护；采用电动汽车公司自行开发的权限管理模块实现权限控制，采用口令 + 证书方式实现身份鉴别；加强保护采集、设置、控制和交易类业务流程设计。

5）数据安全方面。利用国密算法对数据传输、存储环节进行安全防护。

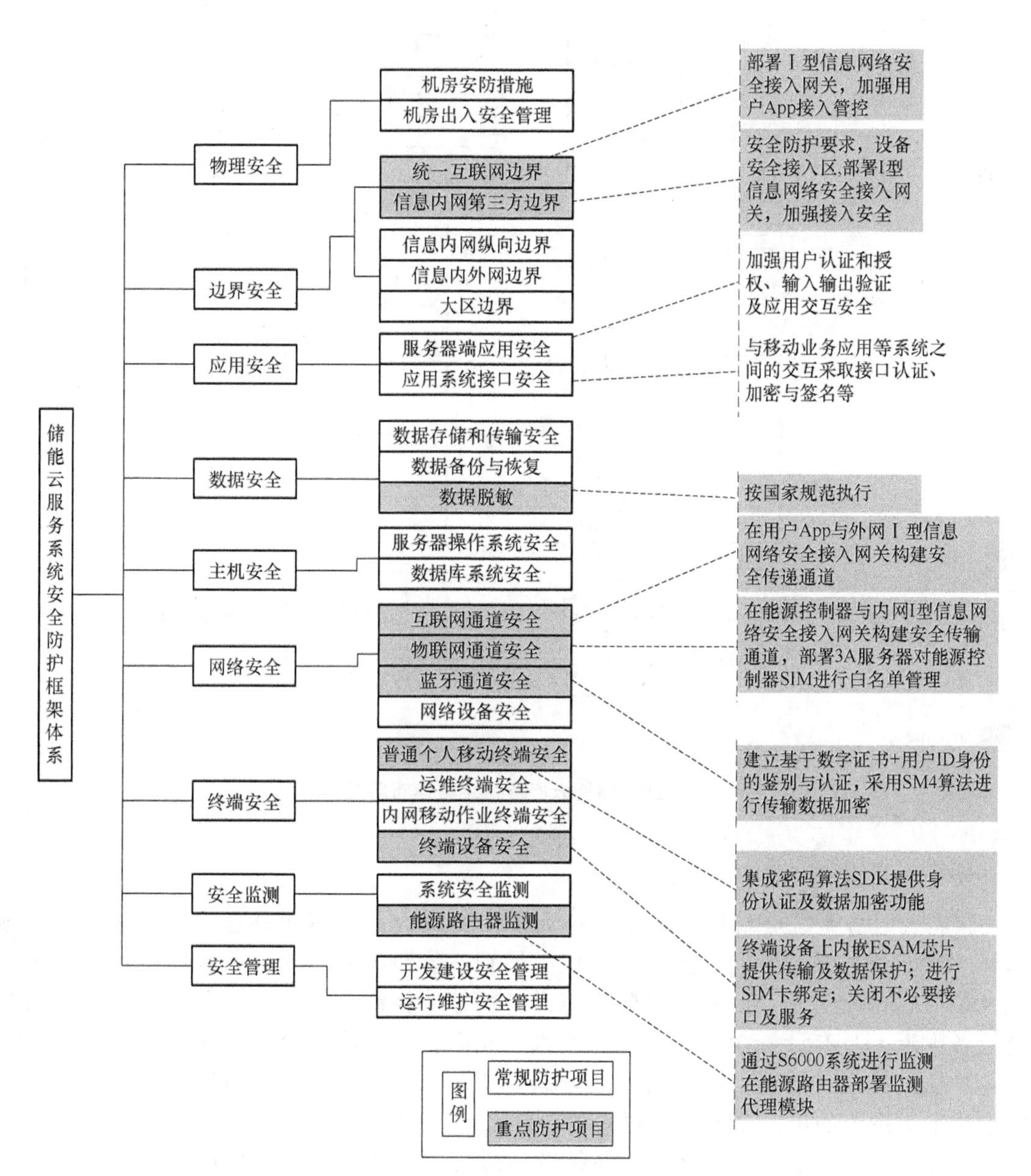

图 4-28　储能云服务系统安全防护框架体系

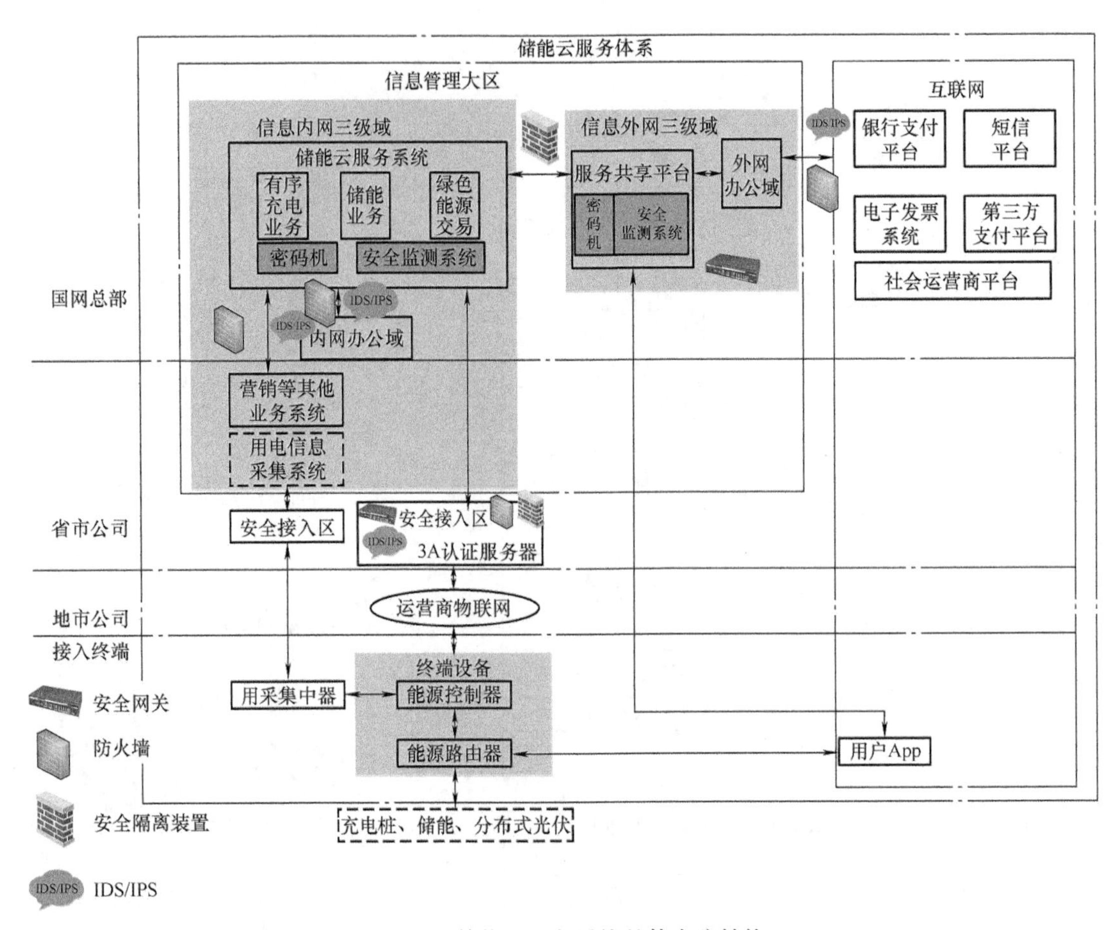

图 4-29　储能云服务系统整体布防结构

4. 终端安全

储能云服务系统终端包括系统管理人员使用的内外网桌面办公终端、普通个人移动终端和能源控制器、能源路由器采集类终端。能源控制器部署于台区低压侧，实现台区负荷数据收集和台区内客户侧用能设备的智能控制；能源路由器安装于客户侧用能设备附近，具有计量功能，实现电动汽车充电桩、储能、分布式光伏和蓄热电采暖等客户侧用能设备的灵活接入与交互控制。能源控制器、能源路由器采集类终端与用电信息采集系统的集中器关系如图 4-30 所示。

办公终端安全上，储能云服务系统的运维管理人员使用信息内网办公计算机访问内网工业采集控制系统，使用信息外网办公计算机访问外网服务共享平台。普通个人移动终端安全上，储能云服务系统涉及的移动终端为个人用户的智能手机、平板计算机等移动终端，其上安装 App。为保证移动终端上安装的应用正常运行，移动应用中增加了关于操作系统版本及应用下载渠道的提示，对发布程序采取文件加密、结构混淆等方法保证 App 软件的完整性，防止被篡改；对 App 软件进行加密保护，防止 App

反编译；采用移动安全沙箱技术实现移动终端上的移动应用数据与移动终端其他应用数据之间的可靠隔离；移动终端丢失后，管理员可通过管理模块远程销毁指定移动终端上的应用数据，防止泄露移动终端上的敏感数据。

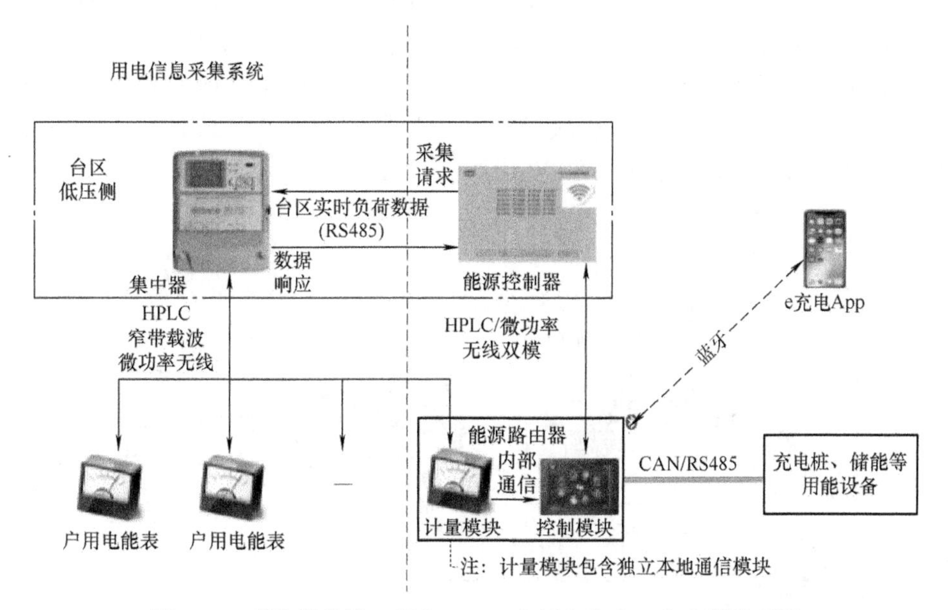

图 4-30　采集类终端、用户 App、户用电能表、集中器关系图

采集类终端包括能源控制器、能源路由器。其中能源控制器采用 4G/5G 物联网通道通过安全接入区接入储能云服务主站内网工业采集控制系统；通过 RS485 通信接口采集台区集中器中的台区实时负荷数据；采用 HPLC/ 微功率无线双模通信方式与能源路由器进行交互，获取能源路由器中上送的蓝牙 App 用户请求及计量数据。能源路由器采用蓝牙信道与互联网用户 App 交互，获取用户业务请求；采用 CAN 或 RS485 通信方式与用能设备连接，实现与用能设备的良性互动；能源路由器内部独立的计量模块通过窄带载波、HPLC 和微功率无线等通信方式与台区集中器交互，实现集中器对计量模块计量数据的采集。采集类设备应具备在线安全监测功能；能源控制器应用的 SIM 卡应与能源控制器进行绑定；能源控制器和集中器之间的数据交互应通过 ESAM 实现设备认证；能源路由器的计量模块与控制模块具备通信隔离功能；能源控制器和集中器之间的数据交互采用设备认证方式进行；能源路由器蓝牙功能主要专注于解决能源路由器与手机 App 的本地通信问题，应在本地终端侧完成业务功能，减少受攻击的风险。

5. 边界安全

储能云服务系统涉及的边界有：I1 统一互联网边界；I2 信息外网用户域边界；I3 信息内外网边界；I4 信息内网用户域边界；I5 信息内网纵向边界；I6 信息内网无线接入边界；I7 其他边界。边界如图 4-31 所示。

边界安全主要包括对统一互联网边界、部署安全接入网关实现移动终端的接入认证和安全防护；对信息内外网边界部署逻辑强隔离装置；在信息内外网用户域边界、信息内网纵向边界部署硬件防火墙、IDS/IPS 等边界安全防护设备，配置访问控制、入侵检测、日志记录和审计等安全策略，实现边界隔离和安全防护；在信息内网无线接入边界设置安全接入区，在安全接入区部署安全接入网关、硬件防火墙和 IDS/IPS 等边界安全防护设备，部署 3A 服务器实现能源控制器 SIM 卡白名单管控。在能源路由器与普通个人移动终端 App 通过蓝牙交互的边界，实现基于数字证书 + 用户 ID 身份鉴别与认证，采用数字信封方式进行会话密钥交互，采用 SM4 算法实现蓝牙传输的安全保密，并对能源路由器蓝牙模块进行基于数据库的隔离与信息交互，在能源路由器上集成安全监测模块，由主站 S6000 进行安全监测。

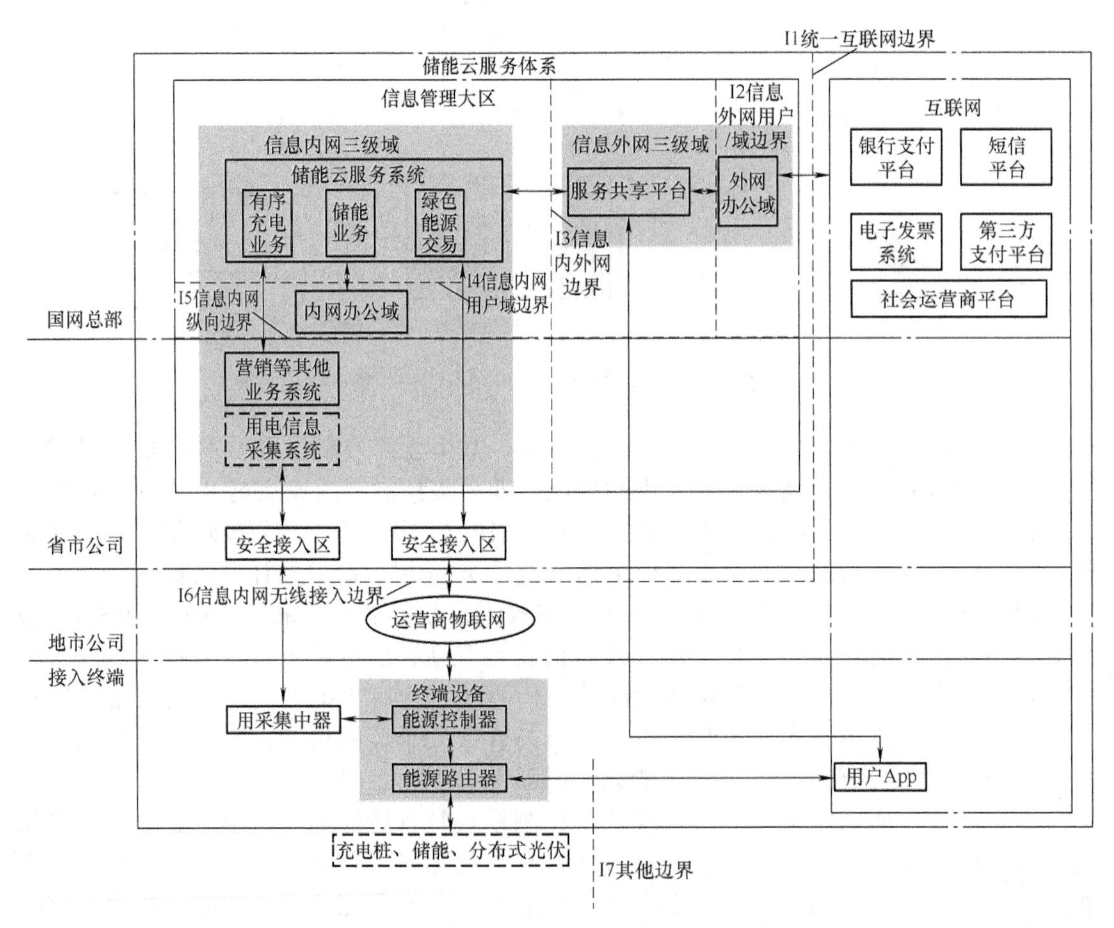

图 4-31 储能云服务系统边界划分示意图

6. 通道安全

通道安全方面，对蓝牙通道进行安全性设计，采取基于数字证书 + 用户 ID 身份鉴别与认证机制，用 SM4 算法对传输数据进行加密保护，加强蓝牙交互业务数据的格式化设计，能源路由器严格检查蓝牙交互数据格式合法性。用户 App 与外网 I 型信息网络安全接入网关，通过 SM2 算法进行密钥协商，通过 SM4 算法进行数据加密，在互联网上构建安全传输通道。能源控制器与内网Ⅰ型信息网络安全接入网关，通过SM2算法进行密钥协商，通过SM1算法进行数据加密，在物联网上构建安全传输通道。

7. 应用安全

储能云服务系统包括内外网服务端、采集终端和移动客户端业务应用，重点加强外网服务端应用、移动应用和系统间接口安全防护。

移动应用安全上，在普通个人移动终端上的App的基础上进行业务扩展，不开发新的App。App已经实现了身份认证、口令策略、会话管理、软件容错、应用管理、组件安全、API安全、权限管理、输入输出、安全加固和数据存储等安全功能。

4.3　客户侧分布式储能柔性协调控制集成示范及应用效益

4.3.1　客户侧分布式储能柔性协调控制系统

客户侧分布式储能柔性协调控制系统基于客户侧储能云平台开发，云平台从储能设备运行监测、信息展示、收益分析、统计分析、运维管理、电网互动和运行控制策略等方面，为客户侧储能柔性自动控制提供支撑。客户侧储能云平台采用"大云物移"技术，具备去中心化的特征，实现客户侧储能设施即时接入、自动认证和即插即用。基于开放式设计理念，通过用户交互终端（如手机App）实现用户需求感知和能源服务。

1. 储能云平台框架

客户侧储能云平台整体架构如图4-32所示。

云平台主要包括首页、档案管理、运行监控、电网互动、综合统计和大屏6个模块。

系统的主操作界面由五大部分组成。

1）登录信息。登录信息位于界面的右上角，显示当前登录用户的信息，提供个人设置、注销操作等服务。

2）菜单栏。选择功能菜单中某具体模块后，界面的左侧将显示系统功能导航栏，列出了当前登录用户可操作的所有业务功能，通过选择各功能模块进行各种操作。

3）地图展示区。地图展示区以百度地图为背景，实时显示各储能现场以及充放电桩现场的分布点位，方便用户直观地查找各个现场的位置信息。

4）图表分析区。图表分析区展示居民户用储能、工商业储能和电动汽车充放电设施的总体运行状态、实时充放电功率曲线以及当月的充放电量。为后续收益分析做数据支撑。

5）收益分析区。收益分析区主要统计了目前主要的三种商业模式的收益情况，包括光储一体、削峰填谷以及需求响应。

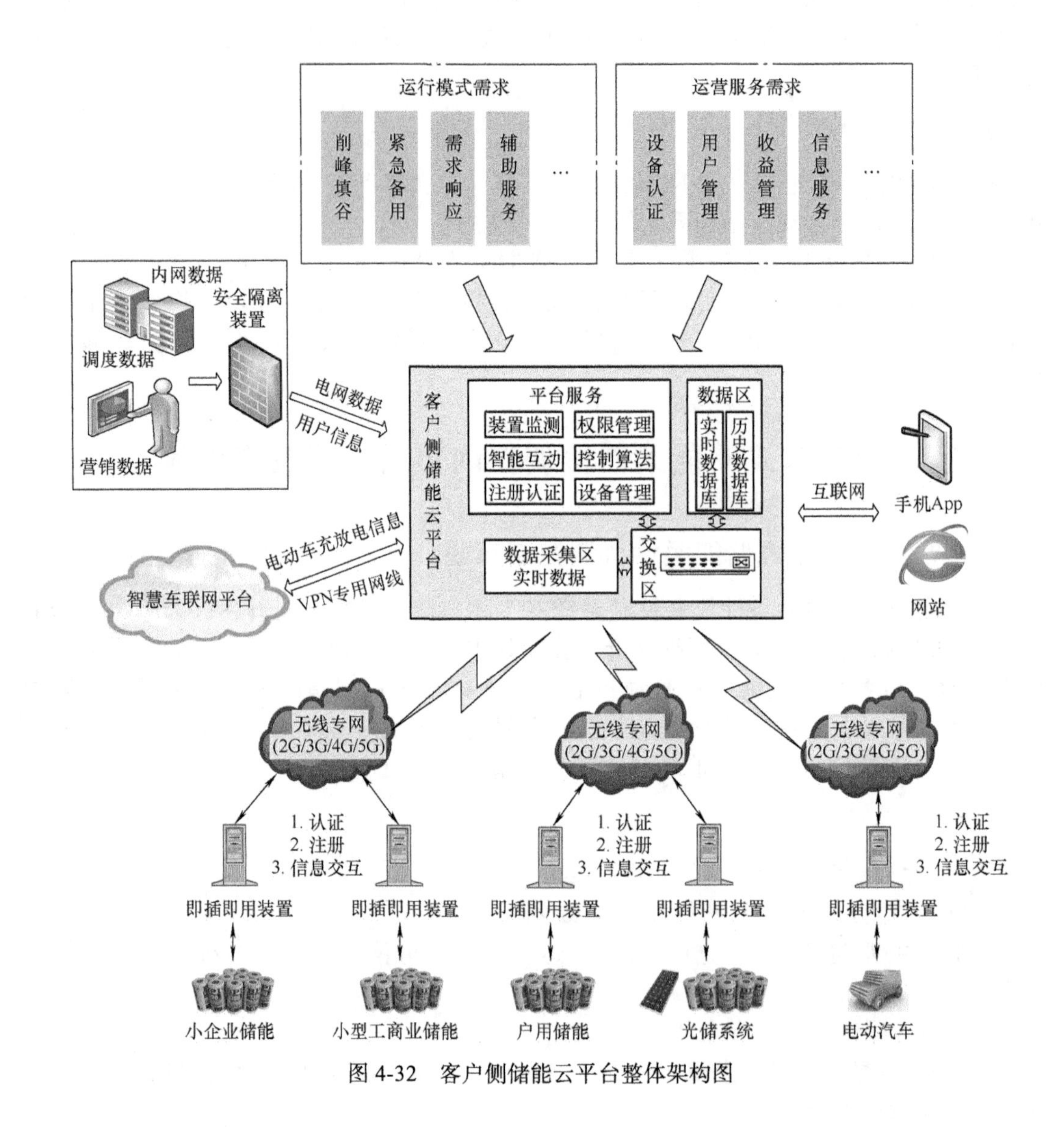

图 4-32　客户侧储能云平台整体架构图

2. 档案管理和运行监控

（1）档案管理

档案管理包括客户管理、设备管理、装置管理和户号管理四部分。

客户管理主要登记了客户的住址、联系方式和注册时间等基础信息；并且可以通过上述信息作为搜索条件来查找目标客户。客户管理如图 4-33 所示。

设备管理主要登记了用户安装的户用储能或者充放电桩设备、安装地址、即插即用装置编号和设备类型等信息。并且可以通过上述信息作为搜索条件来查找目标客户。设备管理如图 4-34 所示。

用户	联系方式	注册时间	注册地址	操作
白塘景苑星堤坊104		2017-12-24 20:31:18	白塘景苑星堤坊104	查看 修改 删除
香槟水岸15栋109		2017-12-24 20:33:14	香槟水岸15栋109	查看 修改 删除
朗琴湾花园19栋二单元304		2017-12-17 22:22:23	朗琴湾花园19栋二单元304	查看 修改 删除
朗琴湾花园19栋三单元301		2017-12-17 22:14:54	朗琴湾花园19栋三单元301	查看 修改 删除
工业园区星湖街1211号双湖湾2栋10...		2017-12-19 07:48:50	工业园区星湖街1211号双湖湾2栋10...	查看 修改 删除
荣域花园27-101		2017-12-23 19:47:35	荣域花园27-101	查看 修改 删除
丰隆城市中心2号直流桩		2017-12-24 12:16:37	丰隆城市中心2号直流桩	查看 修改 删除
丰隆城市中心4号直流桩		2017-12-24 12:17:29	丰隆城市中心4号直流桩	查看 修改 删除
丰隆城市中心5号直流桩		2017-12-24 12:17:49	丰隆城市中心5号直流桩	查看 修改 删除
白塘景苑星堤坊107		2017-12-24 20:30:49	白塘景苑星堤坊107	查看 修改 删除
白塘景苑星堤坊210		2017-12-24 20:31:52	白塘景苑星堤坊210	查看 修改 删除

图 4-33　客户管理

设备名称	安装地址	装置编号	设备父类型	设备子类型	是否启用	所属用户	申请状态	操作
荣域花园#33-101...		168	户用储能	居民	是	荣域花园#33-101		修改 删除
新能大厦1号交流...		65	充放电设施	交流充放电桩	是	新能大厦1号交流桩		修改 删除
固德威/协鑫51		51	户用储能	居民	是	新城花园29-105		修改 删除
丰隆城市中心3号...		33	充放电设施	直流充放电机	是	丰隆城市中心3号...		修改 删除
丰隆城市中心5号...		24	充放电设施	直流充放电机	是	丰隆城市中心5号...		修改 删除
东方之门1号直流...		32	充放电设施	直流充放电机	是	东方之门1号直流桩		修改 删除
苏州中心5号直流...		31	充放电设施	直流充放电机	是	苏州中心5号直流桩		修改 删除
新能大厦2号交流...		69	充放电设施	交流充放电桩	是	新能大厦2号交流桩		修改 删除
铂悦府小区15号...		14	充放电设施	交流充放电桩	是	铂悦府小区15号...		修改 删除
铂悦府小区10号...		58	充放电设施	交流充放电桩	是	铂悦府小区10号...		修改 删除
星2号交流桩53		53	充放电设施	交流充放电桩	是	星2号交流桩		修改 删除

图 4-34　设备管理

装置管理主要登记了即插即用装置的编号、出厂时间、是否启用以及在线状态等信息。并且可以通过上述信息作为搜索条件来查找目标客户。装置管理如图 4-35 所示。

图 4-35　装置管理

户号管理主要登记了用户的关口电能表户号、储能电能表户号以及对应的即插即用装置编号等信息。并且可以通过上述信息作为搜索条件来查找目标客户。户号管理如图 4-36 所示。

图 4-36　户号管理

（2）运行监控

运维人员可以通过此功能，从设备、用户和区域等维度查看接入的储能设备的实时运行信息。实时运行信息主要包括电池当前运行模式、直流电压、直流电流、电池电量、平均温度、故障状态、PCS 运行模式、交流电压、交流电流、交流功率和告警状态等。户用储能如图 4-37 所示。

客户侧储能云平台

首页　档案管理　运行监控　户用储能　充放电设施　电网互动　综合统计　大屏

首页　户用储能

搜索用户　搜索装置　请选择　2018-08-07

设备名称	所属用户	所属装置	电池模式	剩余电量(%)	直流侧电压(V)	直流侧电流(A)	交流侧电压(V)	交流侧电流(A)	当前功率(kW)	在线状态
102	万科中赣本…	102	放电	20	52.4	1	224.5	0	0	
103	万科中赣本…	103	放电	20	52.4	1	224.5	0	0	
105	万科中赣本…	105	放电	20	52.4	1	224.5	0	0	
127	工业园区星…	127	放电	100	50.2	0	222.4	0.01	0.001	
128	娄葑工程处	128	放电	95	50.6	0	225.8	0	0	
129	东沙湖蹈璞…	129	other	0	0	0.3	224.6	0	0	
130	唯亭供电所	130								
133	唯亭工程处…	133	充电	19	28.9	0	220.4	0	0	
135	绿洲别墅100号	135	放电	30	50.1	0	227.3	0.01	0.001	

图 4-37　户用储能

双击点开某一户，可以查看当天的充放电曲线以及储能设备的详细运行参数。户用储能充放电曲线如图 4-38 所示。

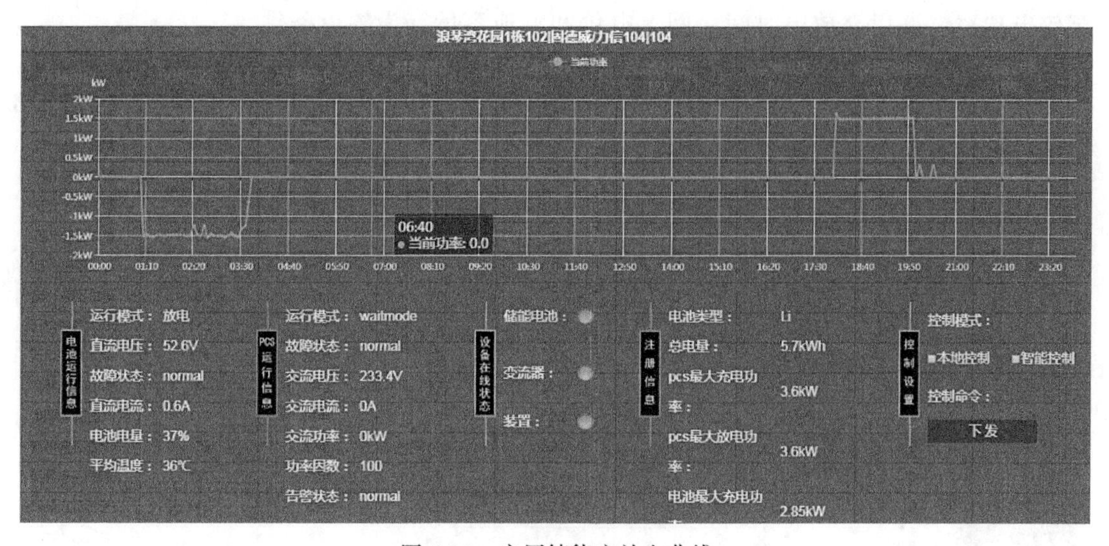

图 4-38　户用储能充放电曲线

在用户界面的右侧，可以选择储能设备的控制模式，包括本地控制和智能控制：本地控制可以选择削峰填谷、节能以及光储的工作模式；智能控制则可以下发充放电、启动、停止和待机等指令，以及查看相关的充放电功率、电流和电压大小。储能控制设置如图 4-39 所示。

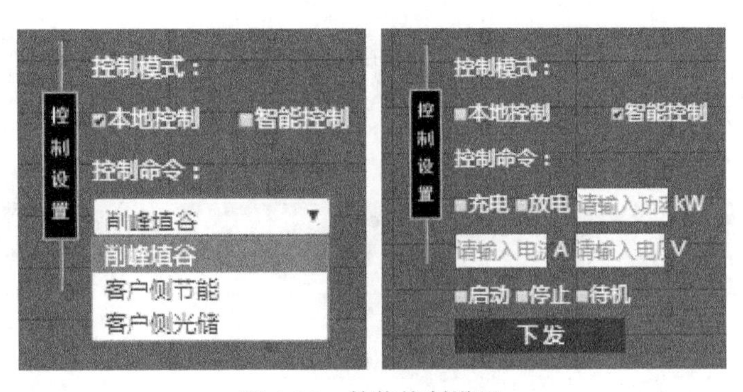

图 4-39　储能控制设置

注意切换充放电状态时，须首先下发停止或者待机指令，然后再切换储能电池的充放电状态。

用户也可经过手机 App 完成分布式储能装置运行模式设定：

1）分布式储能装置运行模式设定须在分布式储能装置注册完成后方可进行。

2）用户可选择的运行模式有人工控制、自动控制和远方实时控制等模式。

3）人工控制。用户自行设定充放电功率，分布式储能装置开始工作，用户可经手机 App 进行充放电停止或交由电池管理系统管理充放电结束。

4）自动控制。用户经手机 App 设定分布式储能装置的自动充放电策略，如设定充放电功率，并以充放电时间、网上电价和电池容量等为约束条件。

5）远方实时控制。用户经手机 App 设定分布式储能装置为远方实时控制模式，此时分布式储能装置交由综合平台进行管理，综合平台以经济最优为目标对分布式储能装置进行控制，无须用户参与。

6）各种工作模式下，用户均可通过手机 App 实时观察分布式储能装置的运行状态。充放电设施如图 4-40 所示。

图 4-40　充放电设施

运维人员可以通过此功能，从设备、用户和区域等维度查看接入的充放电设备的实时运行信息。

实时运行信息主要包括电池当前运行模式、直流电压、直流电流、平均温度、故障状态、交流电压、交流电流、当前功率和告警状态等。

电动汽车充放电监控子功能模块主要实现电动汽车充放电控制流程，支持用户进行充放电控制。

由于充放电设施存在交流充放电和直流充放电两种，因此电动汽车充放电监控子模块需支持电动汽车与充放电设施之间的关联，在完成一次充放电流程之后，取消与充放电设施之间的关联，为下一次电动汽车充放电做准备。

电动汽车充放电过程中的主要监视参数有充电桩充放电曲线、电池电量百分比、当前功率、设备状态、电池平均温度、电池电压和电池电流等信息。

充放电流程控制如图4-41所示。

具体流程为：

1）提示用户扫描电动汽车二维码。

2）判断充电桩通信是否正常？

3）满足连接电动汽车和充放电设施之间的关联条件，等待120s。

4）判断充放电设施状态是否可以连接？

5）提示用户插入电枪。

6）关联成功，禁止其他用户再关联此充放电设施。

7）用户设定充放电参数。

8）用户执行开始充放电命令。

9）充放电是否成功执行判断倒计时120s。

10）通信状态判断。

11）判断充放电是否成功开始？

12）记录电能表数据（开始）。

13）充放电进行中。

14）通信正常判断。

15）判断充放电设施是否停止？

16）判断截止条件是否满足？

17）下发充放电功率为0。

18）提示用户下发停止指令。

19）第二次记录电能表数据（截止数据）。

20）结束关联关系。

21）结束本次流程。

3. 移动平台应用介绍（手机App）

“首页”子页面、“首页”分页面、户用储能子页面、户用储能分页面、电动汽车分页面、电网互动分页面、收益分析页面、指南子页面和“我的”子页面如图4-42～图4-50所示。

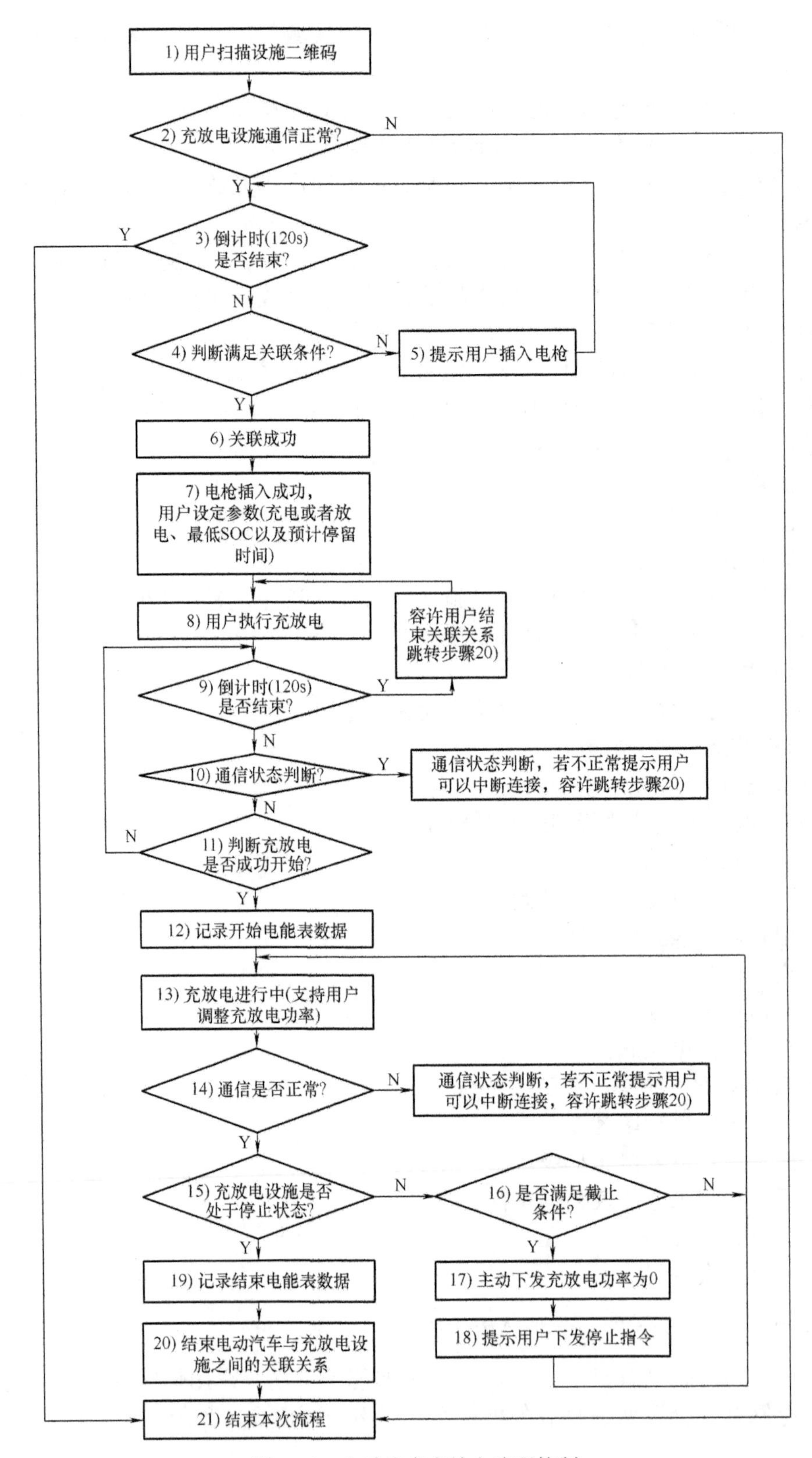

图 4-41　电动汽车充放电流程控制

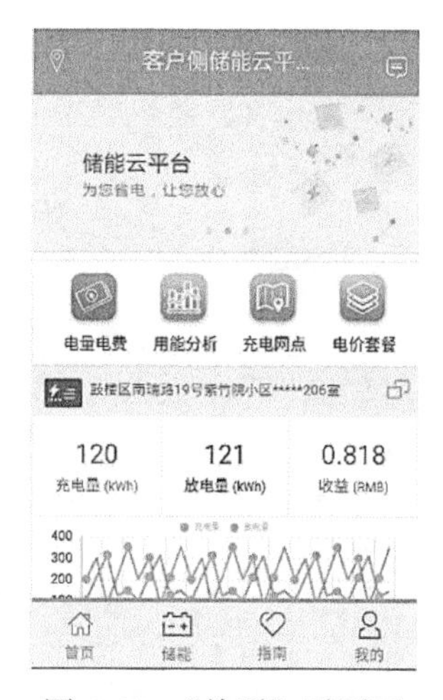

图 4-42　“首页”子页面

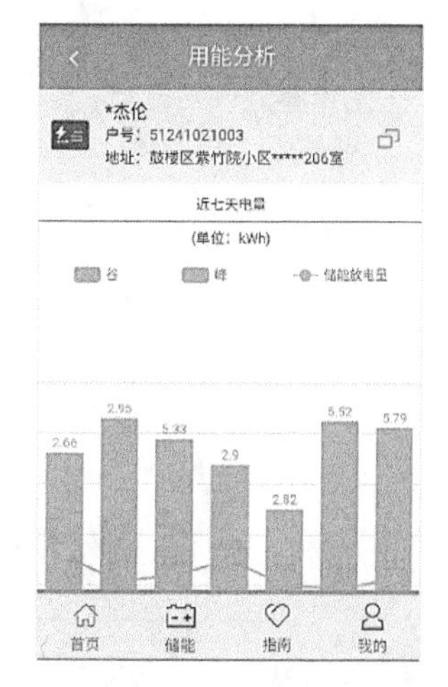

图 4-43　“首页”分页面

图 4-44　户用储能子页面

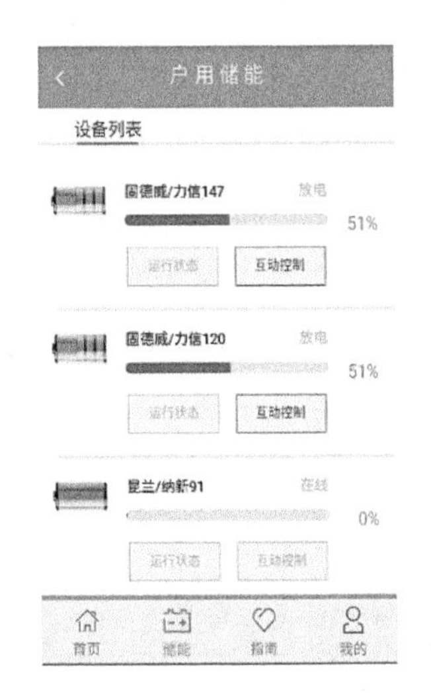

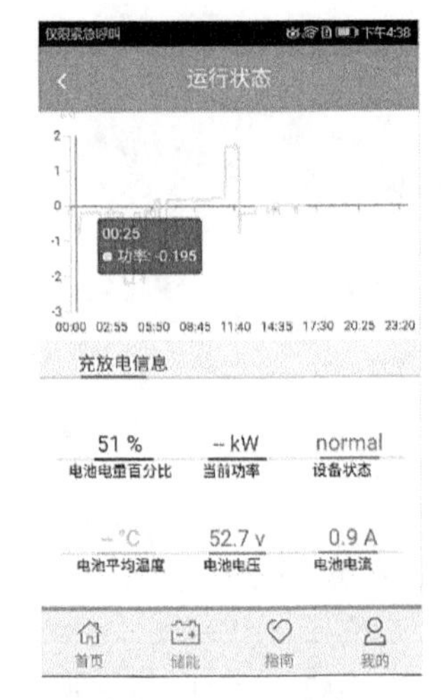

储能控制设置

自动控制　当前状态　个人控制

充电

放电

输入功率　KW　输入电压　V

输入电流　A

启动

停止

待机

立即执行

首页　储能　指南　我的

图 4-45　户用储能分页面

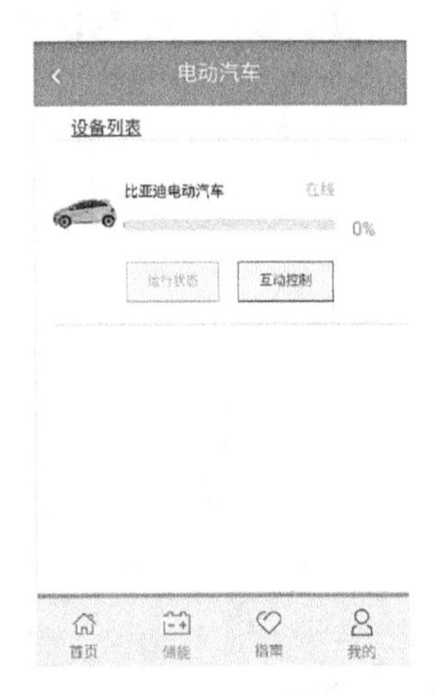

图 4-46　电动汽车分页面

图 4-47　电网互动分页面

图 4-48　收益分析页面

图 4-49　指南子页面

图 4-50　“我的”子页面

4.3.2　面向需求响应的分布式储能柔性协调控制与运行应用示范

4.3.2.1　协调控制

可以针对某一个供电台区进行协调控制，通过收集苏州示范现场高渗透率储能安装地点电网相关参数，如图 4-51 所示。研究随着渗透率的增加，电网电压、线路和变压器负载率的承受能力。选择仿真的供电台区；导入充放电曲线文件；选择参与的用户设备。

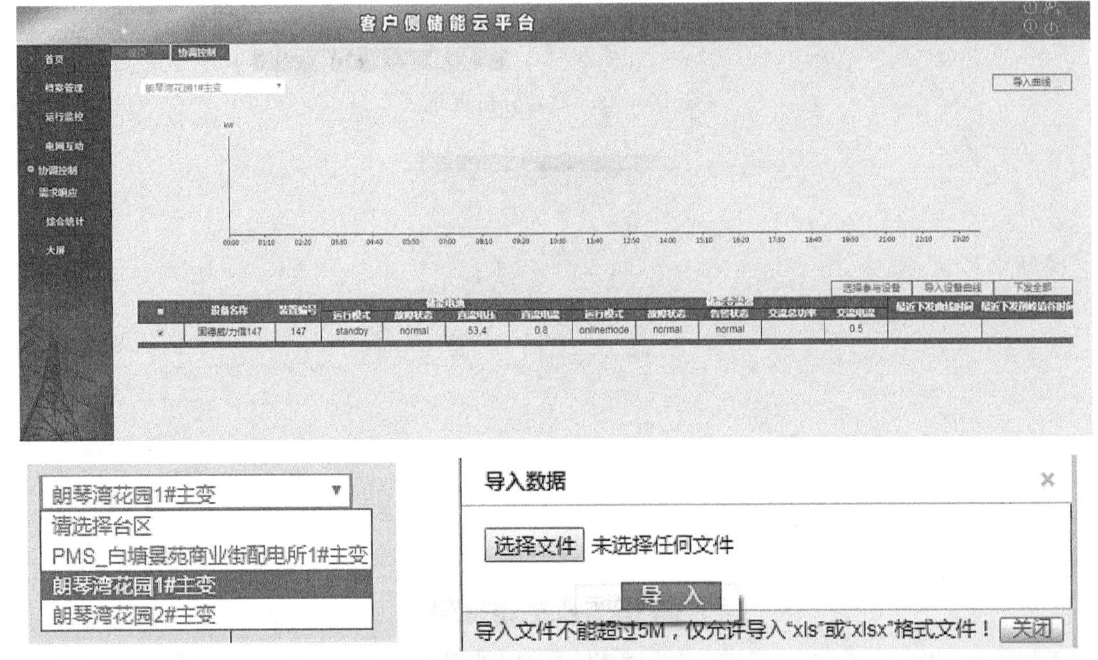

■	设备名称	装置编号	所属用户	设备子类型	安装地址	容量	在线状态
■	固德威/力信147	147	朗琴湾花园5...	居民	朗琴湾花园5...	5.7	
■	固德威/力信145	145	朗琴湾花园5...	居民	朗琴湾花园5...	5.7	
■	固德威/力信151	151	朗琴湾花园11...	居民	朗琴湾花园11...	5.7	
■	固德威/力信86	86	朗琴湾花园11...	居民	朗琴湾花园11...	5.7	
■	固德威/力信152	152	朗琴湾花园11...	居民	朗琴湾花园11...	5.7	
■	固德威/力信120	120	朗琴湾花园5...	居民	朗琴湾花园5...	5.7	
■	固德威/力信131	131	朗琴湾花园5...	居民	朗琴湾花园5...	5.7	
■	固德威/力信93	93	朗琴湾花园11...	居民	朗琴湾花园11...	5.7	

图 4-51　苏州示范现场高渗透率储能安装地点电网相关参数

4.3.2.2　需求响应

1. 概述

分布式储能装置参与电网需求响应的服务功能是分布式储能装置与电网互动的典型应用，该模式是一种邀约型的工作模式，具体流程如图 4-52 所示。

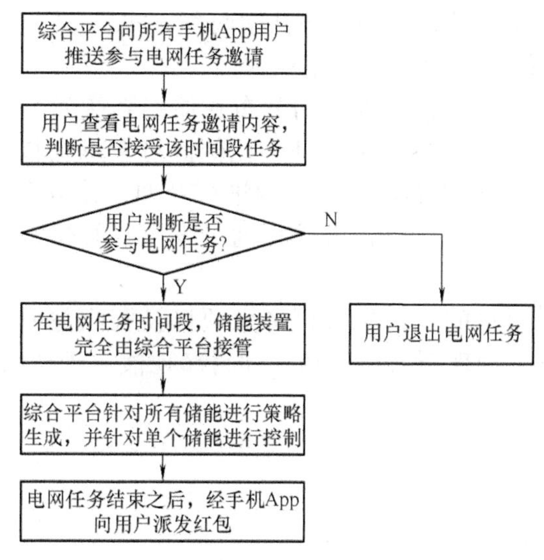

图 4-52　分布式储能需求响应模式流程

1）综合平台向注册用户发送电网辅助功能邀约，明确电网辅助功能需求的时间段，待用户确认后，其所属分布式储能便正式列入电网辅助功能计划。

2）在电网辅助功能计划的时间段，分布式储能装置自动切换为远方实时控制模式。

3）综合平台根据加入计划的分布式储能装置的各项状态与辅助功能的目标需求，综合边界条件，采用特定的算法，向各个分布式储能装置下达调节命令。

4）电网辅助功能服务完成之后，综合平台基于特定的指标统计各个分布式储能装置的贡献，并基于此向用户手机 App 派送相关费用，如采用发送红包等方式。

5）在电网辅助功能参与期间，用户可随时经手机 App 中止分布式储能装置提供的服务。

2. 分布式储能系统参与需求响应和辅助服务补偿机制设计

江苏省分布式储能系统补偿机制研究的目标旨在推动储能系统的发展，保障各利益主体的合理收益。储能系统补偿机制设计遵循客观界定、公平计量、成本加合理投资回报补偿、责任补偿、受益补偿及和谐发展等原则。在收益、成本责任明晰和受益明晰的基础上，通过公平合理的补偿机制使储能系统得到合理的补偿，促进资源得到合理有效的配置，储能系统产业得到可持续性的发展。

储能系统对社会、政府的影响主要表现在其具有明显的环境效益优势，尤其在节约资源、减少污染物排放等方面。未来相当长的一段时期内，我国将面临严重的能源尤其是电力短缺的局面，储能系统作为电力的补充还可以产生很大的经济效益。储能系统项目带来的一系列社会环境效益，最终使全社会享有该项收益，政府应协调处理好受益与责任的关系。

3. 政府对分布式储能项目的补贴方案

考虑储能系统项目带来的各种效益，根据受益补偿原则，政府可对储能系统项目给予补偿，补偿可考虑发电量补贴和设备补贴两种方式。

（1）分布式储能系统发电量补贴方案研究

政府对分布式储能系统的补偿以推动分布式储能系统发展为目的，补偿标准以分布式储能系统的投资收益率为参考确定补偿比例。可考虑在核定平均水平条件下（即年利用小时数），政府对分布式储能项目并网进行补助，使分布式储能项目的投资收益率达到预期的基准投资收益率。具体补偿可通过发电量补偿方式，即提高分布式储能度电补贴。

政府对分布式储能项目的补偿标准可考虑项目投资收益率水平而定，分别假设社会平均技术条件水平下，折现至营运期初，项目净现值大于初始投资。表达式为

$$C_{\mathrm{npv}}=\sum_{t=0}^{T}\left(V_{\mathrm{R}}-C_{\mathrm{OM}}\right)\left(1+\theta\right)^{-t}\geqslant C_{\mathrm{ES}}$$

式中　C_{npv}——项目净现值；

T——项目寿命期；

V_{R}——项目每年收益；

C_{OM}——项目每年支出；

θ——项目基准投资收益率；

C_{ES}——项目建设投资。

储能系统年收益为节储能系统的七个不同部分收益的累加和与政府对于储能发电量的补贴。

$$V_{\mathrm{total}}=V_1+V_2+V_3+V_4+V_5+V_6+V_7$$

$$V_{\mathrm{R}}=V_1+V_2+V_3+V_4+V_5+V_6+V_7+P_{\mathrm{bt}}Q_{\mathrm{pu}}$$

式中　P_{bt}——达基准投资收益率政府对分布式储能系统的发电量补贴理论值；

Q_{pu}——储能系统每年提供的电量。

分布式储能系统补偿机制中核算的电量补贴值为

$$P_{\mathrm{bt}}=\frac{C_{\mathrm{ES}}\times\mathrm{PVA}+C_{\mathrm{OM}}-V_{\mathrm{total}}}{Q_{\mathrm{pu}}}$$

$$\mathrm{PVA}=\frac{i(1+i)^{T}}{(1+i)^{T}-1}$$

式中　i——资金折现率。

（2）分布式储能系统设备补贴方案

分布式储能设备补偿机制包括对分布式储能初装设备和运行维护设备的资金补贴，分布式储能设备补偿可与发电量补偿同时进行，也可只进行发电量补偿或设备补偿。

1）分布式储能设备补偿与发电量补偿同时进行

在核定发电量度电补贴标准、政府考虑各方面因素之后，对分布式储能提供的电量度电补贴标准可能低于核定的理论补贴标准 P_{b}，在该种情况下，可考虑进一步对分布式储能系统设备进行补贴。此补贴机制将在一定程度上降低分布式储能项目的初始建设投资和运行维护费用。对分布式储能项目初装设备进行补贴情况类似于国家对金太阳工程项目初始投资补贴情况，该部分资金由政府直接补贴给分布式储能供应商。

假设政府对分布式储能发电量实际补贴标准为 P_{b}'，若 $P_{\mathrm{b}}>P_{\mathrm{b}}'$，分布式储能项目要达到规定的基准投资收益率，政府仍需要对分布式储能项目追加的补贴额为 C_{sb}

$$C_{\mathrm{sb}}=(P_{\mathrm{b}}-P_{\mathrm{b}}')\times Q_{\mathrm{pu}}\times\mathrm{APV}$$

$$\mathrm{APV}=\frac{(i+1)^{T}-1}{i(i+1)^{T}}$$

进一步得设备补贴比例为

$$i_{\mathrm{sb}}=\frac{C_{\mathrm{sb}}}{C_{\mathrm{czs}}}\times100\%$$

式中　i_{sb}——分布式储能项目设补贴比例；

C_{czs}——经核算平均水平下相应类型、容量分布式储能系统初装设备费用。

2）设备补偿与发电量补偿二者选其一

若政府未对分布式储能提供商进行度电补偿时，即 $P_{\mathrm{b}}'=0$ 时，为使分布式储能提供商达到基准投资收益率，可考虑给予其设备补偿。若政府给予分布式储能项目的实际发电量补贴值 $P_{\mathrm{b}}'>P_{\mathrm{b}}$，则该种情况下可考虑只给于分布式储能项目发电量补贴。

以上补贴标准只是使分布式储能项目达到基准投资收益率的最低补贴标准。在考虑分布式储能提供商在获得较高投资收益率的情况下，可适当提高设备补贴额。

3）分布式储能单位电量电价补偿

在该方法中，提出电价补偿因子，通过电价补偿因子使分布式储能的各项经济指标达到要求。基于峰谷分时电价的储能系统单位电价补偿因子可以分为两类：一类是单位低负荷时段充电电价补偿因子 a_{0}；另一类是单价高负荷时段放电电价补偿因

子 b_0。

单位电量电价补偿因子由储能系统最大综合效益评定，即储能系统完全投入运行时所带来的效益。具体来说，储能系统的补偿因子评定应分为两部分进行：一部分为充电时，储能系统所带来的综合效益评定出单位充电电价补偿因子；另一部分是放电时，储能系统所带来的综合效益评定出单位放电电价补偿因子。

电机补偿因子的具体评定方法可以采用年最大综合效益按年充/放电容量平均的方法。即单位电价补偿因子为

$$a_0 = \frac{M_{\text{year}}}{E_{\text{dyear}}}$$

$$b_0 = \frac{M_{\text{year}}}{E_{\text{gyear}}}$$

式中　M_{year}——年最大综合效益；

E_{dyear}——低负荷时段年充电电量总和；

E_{gyear}——高负荷时段年放电电量总和 $0 \leqslant a_0, b_0 \leqslant 1$。

因此，当储能系统在低负荷时段充电时，其最小充电电价为

$$A = p_{01} - a_0 p_{01} = (1 - a_0) p_{01}$$

当储能系统在高负荷时段放电时，最大放电电价为

$$B = p_{02} + b_0 p_{02} = (1 + b_0) p_{02}$$

式中　p_{01}——低负荷时段配电网中用户电价；

p_{02}——高负荷时段配电网中用户电价。

考虑到基于峰谷分时电价下，储能系统不仅在低负荷时段充电，还有可能在平负荷时段充电。在此时充电的目的是为了使储能系统在下个高负荷时段有足够的电能进行更好的调峰。所以，应该对平负荷时段储能系统充电电价进行一定的修正。因此，当储能系统在平负荷时段充电时，其充电电价为

$$C_p = p_{03} - c_0$$

式中　p_{03}——平负荷时段配电网中用户电价；

c_0——平负荷时段，储能系统充电电价修正系数，$0 \leqslant c_0 \leqslant p_{03} - p_{01}$。

储能系统的成本电价是指在预定的投资回报期内能够收回储能系统总供电成本的最低放电电价。假设预期投资回报期为 N 年，成本电价公式为

$$p_{\text{cost}} = \frac{C_{\text{ES}} + C_{\text{OM}}}{\sum_{i=1}^{N} W}$$

在不考虑财政补贴或其他补贴情况下，当成本电价大于峰谷差时，储能项目才能够在预期的投资回收期内收回成本。

4.3.3 客户侧分布式储能系统应用效益评估

1. 储能成本模型

储能装置的资金投入主要是指在建造过程中所需要投资的成本，即固定投资费用以及储能装置在后续运行过程中所需的维护费用和运营管理费用。

（1）固定投资费用

储能系统由储能部分（Central Store，CS）、能量转换部分（Power Transformation System，PTS）和充放电控制部分（Charge Discharge Control System，CDCS）组成。因此，储能系统固定投入费用由：CS 投资费用、PTS 投资费用和 CDCS 投资费用几个模块组成。其中，CS 投资费用与其储能容量有关，PTS 和 CDCS 的投资费用与储能系统电力传输能力（即最大传输功率）有关，也就是初始投资费用与系统的存储容量和传输功率有关，因此，储能系统固定投资费用可用下式进行计算

$$C_{\text{ES}} = C_{\text{CS}} + C_{\text{PTS}} + C_{\text{CDCS}}$$

式中 C_{ES}——储能系统固定投资成本；

C_{CS}——储能部分投资费用；

C_{PTS}——能量转换部分投资费用；

C_{CDCS}——充放电控制部分投资费用。

通常情况下用每部分单位造价成本以及各部分的容量或功率对每部分的投资成本进行计算

$$C_{\text{CS}} = C_{\text{w}}^{*} W_{\max}$$

$$C_{\text{PTS}} + C_{\text{CDCS}} = C_{\text{p}}^{*} P_{\max}$$

式中 C_{w}^{*}——储能系统的单位造价，元 /（kW・h）；

C_{p}^{*}——能量转换部分和充放电控制部分的单位造价，元 /（kW・h）；

$P_{\max}$——储能系统最大传输功率；

$W_{\max}$——储能系统最大储能容量。

因此，储能系统的固定投入费用可以表示为

$$C_{\text{ES}} = C_{\text{w}}^{*} W_{\max} + C_{\text{p}}^{*} P_{\max}$$

（2）运行维护费用

储能系统每年都会产生一定的运行费用和维护费用，二者的大小取决于最初投资储能系统的最大电力传输能力，即最大传输功率 $P_{\max}$。因此，年运行维护成本 C_{OM} 计算式为

$$C_{\mathrm{OM}} = C_{\mathrm{mf}} P_{\max}$$

式中 C_{mf}——单位功率的年运行维护成本。

根据储能系统的使用寿命年限和贴现率，将储能系统全寿命周期内的成本进行分摊，并与储能系统的年运行维护费用叠加，得到储能系统的年平均成本为

$$C_{\mathrm{pj}} = C_{\mathrm{ES}} \frac{(1+r)^T r}{(1+r)^T - 1} + C_{\mathrm{OM}}$$

式中 r——储能项目贴现率，取为 8%；

T——储能寿命年限。

2. 储能效益模型

参与需求响应和提供辅助服务的收益。储能系统在配电网中可以充当负荷运行方式（充电）和充当发电机运行方式（放电）；一般情况下，储能系统在需求侧负荷低谷时可以看成以负荷运行方式工作，在高峰时可以看成以发电机运行方式工作。所以，储能系统主要表现在削峰填谷上，且在分时段上，采用不同的电价情况下缩减用户用于购电的费用支出；同时储能系统还可以当作备用电源，在电网故障时，能及时为用户供电，提高用户供电可靠性，同时还可以改善电能质量等。综上，储能系统参与需求响应和提供辅助服务的作用具体如下。

（1）减少需求侧电量费用支出

在分时电价情况下，用户可以在用电低谷期，即电费较低时，对储能系统进行充电；而在用电高峰期，用户可以通过储能系统放电供自己使用，从而减少用电高峰时高电价的购入量。因此，可以减少用户购电费用，这部分所产生的价值，即为节省电量电费支出所产生的价值。对储能系统节省电量电费支出所产生的效益进行建模分析是基于用户典型日负荷曲线以 1h 为一个时段，将一天划分为 24h 段。因此，储能系统节省用户电量电费支出所产生的效益为

$$V_1 = n \sum_{t=1}^{24} p^{\mathrm{d}}(t) \left(P_t^+ - P_t^-\right)$$

式中 $p^{\mathrm{d}}(t)$——第 t 时段的电价；

P_t^+——第 t 时段储能系统的放电量；

P_t^-——第 t 时段储能系统的充电量；

n——储能系统每年运行的天数。

（2）减少需求侧配电站建设容量

通过储能系统调峰填谷可以减少用电高峰时期从电网吸收的功率，从而减少所需建设配电系统的容量，另储能系统参与需求响应后，需求侧需要的配变容量可以相应减少。因此，储能系统可减少需求侧配电站建设容量的投资 V_2，其表达式为

$$V_2=\begin{cases}k_\mathrm{d}C_\mathrm{d}\eta\left(2P_\mathrm{c}-P_{\max}\right) & P_{\max}>P_\mathrm{c}\\ k_\mathrm{d}C_\mathrm{d}\eta P_{\max} & P_{\max}\leqslant P_\mathrm{c}\end{cases}$$

$$P_\mathrm{c}=P_{\mathrm{d}\max}-P_\mathrm{av}$$

式中　P_c——拉平负荷曲线所需的临界功率；

k_d——需求侧配电设备的固定资产折旧率；

C_d——需求侧配电系统单位造价（万元 /MW）；

η——储能系统效率；

$P_{\max}$——储能系统最大功率（MW）；

$P_{\mathrm{d}\max}$——需求侧日负荷最大值（MW）；

P_av——需求侧负荷平均功率。

（3）提高需求侧供电可靠性

在电力系统发生突发事故和电网崩溃时，对需求侧用电会产生一定的影响，尤其是对于电信部门、医院等重要电力用户。而储能系统起停动作迅速，容易改变工作状态，调节方便，且其响应速度以秒为单位，供电持续稳定，基本上不会出现电能质量问题。而且储能系统在运行过程中是环境友好的。所以，储能系统可以有效地解决需求侧用电故障问题。

在对储能系统供电可靠性所带来的经济效益进行评价时，不能使用常用可靠性的评定方式，而是通过使用失负荷概率以及电量不足期望值两个指标进行评估。因此，失负荷概率、电量不足期望值指标是就整个电力系统而言的，储能系统提供的供电可靠性可以提高的用户不是全系统中所有的用户，而只是储能系统能够供电的、个别的用户。因此，评价储能系统提高用户供电可靠性价值采用的是替代成本方法，即其经济效益应按照储能系统不参与需求响应，而是需求侧采用备用电源所需的投资、运行费用环境影响等来考虑。因此，储能系统参与需求响应提高供电可靠性所产生的年效益 V_3 表达式为

$$V_3=C_\mathrm{DG}$$

式中　C_DG——用户投资分布式发电机组（DG）的年费用。

用户所装设的 DG 的年费用主要包括年投资成本、年运行及维护费用和年环境影响成本等模块。因此，DG 的年成本可以表示为

$$C_\mathrm{DG}\left(p\right)=C_\mathrm{cap}+C_\mathrm{OM}+C_\mathrm{EN}$$

$$C_{cap}=k_{DG}C_0P$$

$$C_{OM}=\sum_{i=1}^{8760}(C_m+C_f)P_it_i$$

$$C_{EN}=\sum_{i=1}^{8760}\sum_{j=1}^{J}P_it_iQ_jP_j\times10^{-6}$$

式中 $C_{DG}(p)$——功率 P 的 DG 年费用；

C_{cap}、C_{OM} 和 C_{EN}——分别为每年 DG 的年投资成本、年运营和维护成本及年运行产生有害气体所应承担的环境影响费用；

k_{DG}——DG 折旧费；

C_0——DG 单位容量投资成本；

P——DG 的额定功率；

C_m、C_f——DG 单位容量维护费用、单位容量运行费用；

P_i——第 i 时段 DG 的发电出力；

t_i——第 i 时段 DG 运行的时间；

Q_j——第 j 种污染物的产量；

P_j——第 j 种污染物质对环境影响的成本折算；

J——污染物的种类数。

因此，由上述的计算可知，储能系统参与需求响应提供供电可靠性水平产生年效益 V_3 表示为

$$V_3=\begin{cases}C_{DG}(P_N) & P_{max}\geqslant P_N\\ C_{DG}(P_{max}) & P_{max}\leqslant P_N\end{cases}$$

式中 P_N——用户配置 DG 的额定功率；

P_{max}——分布式储能的最大功率。

（4）提高电能质量

一般需求侧处理电能质量的问题所使用的装置包含配电系统静止补偿器、有源电力滤波、电容器以及串联电能质量控制器等设备。储能系统通过与电力电子交流技术相结合，同样也可以实现高效有功功率调节和无功功率控制，快速平衡系统中由于各种原因产生的不平衡功率、功率因数低等，从而改善电能质量。

因此，储能系统参与需求侧响应后，其减少电能质量补偿装置的投资所带来的年效益可以用下式计算

$$V_4=\sum_{k=1}^{K}C_{Qk}$$

式中 $k=1,2,\cdots,K$——储能系统可替代的电能质量补偿装置的种类；

C_{Qk}——第 k 类电能质量储能装置的年成本（万元 / 年）。

当电能质量补偿装置为无功功率补偿装置时，无功功率补偿装置的成本可以用下式计算

$$C_{\mathrm{Q}}(Q)=k_{\mathrm{q}}\left(\alpha+\beta Q_{\max}-\gamma Q_{\max}^{2}\right)$$

$$Q=P_{\max}(\tan\phi-\tan\varphi)$$

$$\cos\phi<\cos\varphi$$

$$Q\leqslant Q_{\max}$$

式中 α、β 和 γ——有电能质量补偿装置的成本参数，由供应商提供；

$Q_{\max}$——标准功率因数下，分布式储能所产生的最大无功率（Mvar）；

k_{q}——无功率补偿装置折旧率；

$P_{\max}$——分布式储能最大功率（MW）；

ϕ——负荷功率因数；

φ——电网公司要求储能系统所应达到的功率因数角；

Q——在功率因数 $\cos\varphi$ 运行下所需要补偿的无功功率（Mvar）。

（5）减少配电损耗

需求侧的配电损耗是其总损耗中的主要部分，其中受负荷大小影响的损耗是铜耗，其与负载率的二次方成正比。储能系统在负荷低谷时充电可等效为增加配电的负载率，使需求侧低谷时的配电损耗增加，而储能系统在放电时，则降低了配电的负载率，使用电高峰时的配电损耗减少。因此，变压器的损耗属于需求侧的损耗电能，且由于峰谷电价差，储能系统减少配电损耗费用的作用尤为突显。储能系统的年收益 S 可表示为

$$V_5=n\sum_{i=1}^{24}\frac{\left[P_i^2-\left(P_i-P_i^+-P_i^-\right)^2\right]P_k p_i^{\mathrm{d}}}{(S\cos\phi)^2}$$

式中 P_i——i 时的负荷功率；

P_k——配电的短路损耗；

S——配电容量（MV·A）；

$\cos\phi$——负荷侧的功率因数；

n——储能系统的运行天数；

p_i^{d}——i 时电价；

P_i^+、P_i^-——i 时储能系统放电功率和充电功率。

（6）延缓设备投资收益

由于电网必须按照满足最大用电负荷修建，然而最高用电负荷持续时间较短，为满足这短暂的高峰负荷大幅度追加输配电设备升级改造的费用，导致设备使用率降低，造成资源浪费。将分布式储能系统用于负荷侧削峰填谷，在高峰时刻出现时，由储能系统负责削峰，能延缓设备投资并带来间接收益，数学模型为

$$V_6 = R_{\text{vest}} P_{\max}$$

式中 R_{vest}——常规配电设备单位功率投资额；

$P_{\max}$——储能系统功率。

（7）降低所需的备用容量

由于常规燃料的供应困难和对环保意识的提高，我国越来越重视发展可再生能源，因此分布式发电（Distributed Generation，DG）技术得到了国家的重视。分布式发电因其分散式安装在用户周边，具有投资少、灵活性高等特点。但是分布式发电中的新能源发电技术仍然存在稳定性等安全问题。正是由于分布式发电所具有的显著随机性和不确定性，需要配备较大容量的备用容量来快速调节分布式电源发电产生的波动性。而采用具有灵活“吞吐”特性的分布式储能系统，可以根据负荷曲线低谷充电、高峰放电，在完成削峰填谷的同时起到分布式发电备用容量的作用，提高了经济性和系统运行的安全性。

诸如分布式光伏发电等形式的新能源发电有功功率分别呈现近似正态分布的特性。采用正态分布来拟合新能源发电，则可以得到储能系统用来降低所需备用容量的期望值，如下式

$$P_{\text{RC}} = \int_{P_\alpha}^{P_\alpha + P_{\max}} \frac{P}{\sqrt{2\pi} P_\delta} \exp\left(-\frac{\left(P - P_\mu\right)^2}{2P_\delta^2} \right) \mathrm{d}P$$

进而，储能系统降低备用容量获得的收益为

$$V_7 = e_r P_{\text{RC}}$$

式中 P_α——电网可消纳新能源发电而不需备用容量的限制；

P_μ——新能源发出功率值的平均值；

P_δ——新能源发电功率波动偏差；

e_r——单位功率备用容量的价格。

3. 储能系统经济性评价

（1）储能系统年净收益评价

根据上述对储能系统成本效益的分析，可得储能系统的年度净收益，表达式为

$$V_{\text{annual}} = V_1 + V_2 + V_3 + V_4 + V_5 + V_6 + V_7 - C_{pj}$$

式中　V_{annual}——储能系统年净收益。

分布式储能系统采用钠硫电池，系统的相关参数见表 4-17 所示，江苏省的峰谷电价见表 4-18。江苏省某企业典型日负荷数据见表 4-19。减少用户供电可靠性所带来的收益见表 4-20，主要分析分布式储能替代柴油发电机所带来的经济价值；减少电能质量补偿装置投资所带来的价值，主要分析分布式储能替代无功补偿装置所带来的经济价值。

表 4-17　系统相关参数

计算减少用户配电站建设容量所得收益的相关数据				
$k_d = 0.6\%$	$\eta = 85\%$			
$C_d = 100$ 万元 /MW				
计算改善电能质量所得收益的相关数据				
$\cos\varphi = 0.87$	$\cos\varphi = 0.95$			
$k_q = 6\%$	$\alpha = 194.49$			
$\beta = 11$	$\gamma = 0.004$			
分布式储能成本计算相关数据				
$r = 8\%$	$T = 15$ 年			
$c_w = 257$ 万元 /（MW・h）	$c_p = 100$ 万元 /（MW・h）			
$c_{mf} = 2$ 万元 /（MW・年）				
计算提高供电可靠性所得收益的相关数据				
$P_N = 2$MW	$C_0 = 5600$ 元 /kW			
$C_m = 0.01$ 元 /（kW・h）	$C_f = 1.89$ 元 /（kW・h）			
柴油发电机组的主要污染气体排放量及罚款数量级数据				
气体	CO_2	NO_y	SO_2	CO
排放量 Q_j /[g /(kW・h)]	232.037	4.331	0.464	2.320
罚款数量级 P_j /（元 /t）	10	1500	1500	100
计算减少配电损耗相关数据				
$P_k = 0.024$MW	$S = 2\times2.5$MV・A			
$\cos\phi = 0.9$	p_i^d 为 i 时电价			
n 为储能系统运行的天数				

（续）

计算延缓设备投资收益	
R_{vest} =96.8万元/（MW·h）	
计算降低所需备用容量的数据	
$P_{\alpha}=100$	$P_{\mu}=100$
$P_{\delta}=50$	$e_{r}=200$

表 4-18 江苏省峰谷电价表

	时刻	电价 /[元/（kW·h）]
峰时段	9:00 ~ 15:00 18:00 ~ 21:00	1.3715
平时段	7:00 ~ 9:00 15:00 ~ 18:00	0.8229
谷时段	21:00 ~ 23:00 23:00 ~ 7:00	0.3743

表 4-19 江苏省某企业典型日负荷数据 （单位：MW）

时刻	负荷	时刻	负荷
0:00	2.90	12:00	4.40
1:00	2.71	13:00	5.15
2:00	2.69	14:00	5.16
3:00	2.60	15:00	5.01
4:00	2.58	16:00	3.90
5:00	2.71	17:00	3.62
6:00	2.91	18:00	5.02
7:00	2.93	19:00	5.92
8:00	3.39	20:00	5.50
9:00	5.60	21:00	5.04
10:00	5.61	22:00	1.12
11:00	5.02	23:00	1.01

表 4-20　储能系统各部分收益和成本　（单位：万元 / 年）

V_1	441.78376
V_2	15.3
V_3	346.36
V_4	0.13
V_5	11.5
V_6	290.4
V_7	50.1
C	185.128

分布式储能经济性采用年投资利润率进行分析，储能系统的年投资利润率为

$$\eta\% = \frac{V_{\text{annual}}}{c_{\text{w}} W_{\max} + c_{\text{p}} P_{\max}}$$

设储能系统标准投资利润率为 $\Delta\eta\%$，当 $\eta\% \geqslant \Delta\eta\%$ 时，应当肯定储能系统投资；反之，应当否定。

根据计算，储能系统的年投资利润率为 88.73%，该储能投资商使用储能系统完全符合经济性要求。

要进一步掌握储能系统运行的经济效果，还要通过净现值、投资回收期和内部收益率三个主要的经济性评价指标对项目进行经济性评价研究。

1）净现值

净现值（NPV）指系统在运行年限内每年的收益减去运行成本得到的净现金流，按照一定折现率折现后的总和与投资成本的差额。体现了项目具体运行一段时间后积累的净现金流情况。具体表达式为

$$\text{NPV} = \sum_{0}^{l} \frac{I_t - C_t}{(1+\theta)^t} - C_{\text{ES}}$$

式中　NPV——项目净现值（万元）；

I_t——系统运行第 t 年的收益（万元）；

C_{ES}——系统投资成本（万元）；

C_t——系统运行第 t 年的运行成本（万元）；

θ——折现率；

l——系统运行年限。

研究的分布式储能系统的运行年限为 15 年，当折现率 r 为 7%、10% 和 15% 时，系统的 NPV 值随项目运行年份的变化情况如图 4-53 所示。

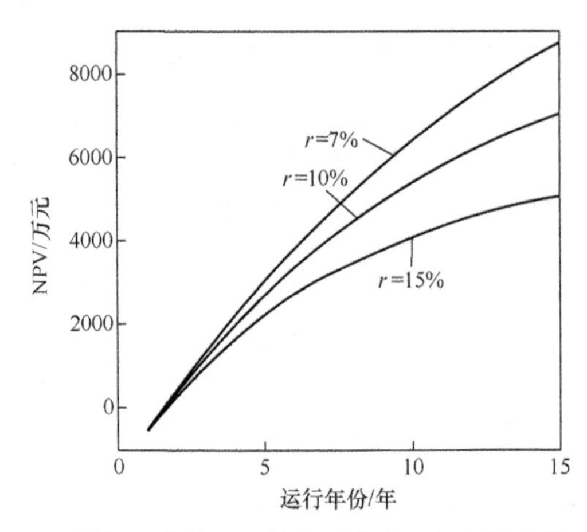

图 4-53　不同折现率情况下储能系统在运行年限内的 NPV 值

从图 4-53 中可以看到，在项目开始运行的第一年，系统的 NPV 值小于零，表示储能系统项目收益扣除投资和运行成本外无利润产生。随着项目的进行，系统的 NPV 值逐渐增大并在某一年份时变为正值，表示在项目运行年限内，三种折现率情况下的系统均可收回成本并产生一定的利润，说明从净现值上分析，储能系统是经济可行的。

另外，对比图 4-53 中不同折现率条件下系统的 NPV 值可知，随着折现率的提高，项目收益越来越低，由于一般情况下工程项目的折现率不会高于 15%，因此说明该项目在经济性上具有一定的抗风险能力。

2）投资回收期

投资回收期是对项目进行经济性评价的另外一个重要指标，是指在系统的运行年限内，回收项目全部成本所用的时间。本书选择动态投资回收期进行计算，计算公式为

$$-C_{\mathrm{ES}}+\sum_{0}^{T_{\mathrm{p}}}\frac{I_t-C_t}{(1+\theta)^t}=0$$

式中　T_{p} ——动态投资回收期（年）；

I_t ——系统运行第 t 年的收益（元）；

C_{ES} ——系统的投资成本（元）；

C_t ——系统运行第 t 年的成本（元）；

θ ——折现率。

经计算，折现率为7%、10%和15%时项目的投资回收期分别在第二年，说明在系统运行年限内可收回成本并取得一定利润，项目是经济可行的。

3）内部收益率

内部收益率（Inner Rate of Return，IRR）指在项目运行年限内，净现金流累积等于零时的折现率，反映了项目可望达到的报酬率。通过IRR值判断项目经济性的标准为：当IRR值大于实际折现率时，说明在投资年限内现金流大于零，方案可行；当IRR值小于实际折现率时，说明在投资年限内净现金流小于零，方案不可行。IRR值的计算公式为

$$\mathrm{IRR}=\frac{-C_{\mathrm{ES}}+\sum_{0}^{T_{\mathrm{p}}}\frac{I_t-C_t}{(1+\theta)^t}}{\mathrm{CES}}$$

计算IRR取70%～73%时的NPV值，计算结果见表4-21。

表4-21 IRR为70%～73%时储能系统的NPV值

θ（%）	70	71	71.5	72	73
NPV/万元	34.82	12.05	0.91	−10.09	−31.62

由表4-21可知，当r取71.5%时，对应的NPV=0.91；当r取72%时，对应的NPV=−10.09<0，因此该项目的内部收益率IRR应该介于71.5%和72%之间，对这两个值进行插值计算，求得IRR=71.6%。折现率对项目经济性的影响在前文中已经进行了分析，一般情况下r<15%。因此可知分布式储能的IRR>r，表示从内部收益率上分析该项目是经济可行的。

通过净现值、投资回收期和内部收益率三个指标对分布式储能系统进行了经济性评价分析，为项目的推广和建设提供了经济参考依据。然而，由于上述分析中的部分数据来自于预测和估算，在项目实际运行过程中存在一定程度上的变动因素，增加了项目在经济分析过程中不确定性，加大了投资风险。因此，有必要针对项目运行中的不确定性因素对经济性的影响情况作进一步分析。

通过对分布式储能效益的研究可知，峰谷差价的不同，对于储能系统总的收益较大，而且，目前还很难对其制定出统一的价格标准。由于不同类型用户的峰谷差价不同，造成了项目运行收益随着峰谷差价的变动。因此，峰谷差价是影响项目经济性的主要不确定性因素。

其次，考虑到货币的时间价值以及货币通货膨胀，分布式储能系统的运行维护成本会出现波动，进而影响分布式储能的经济效益。因此，储能系统的运行维护成本是影响储能经济效益的不确定性因素。

对于实际运行项目而言，以上两种不确定性因素不可能同时取得最大值和/或最小值，因此，当两种不确定性因素同时变化时，就需要考虑哪种因素对项目经济性的影响程度较大，从而便于根据主要因素进行项目分析和建设。

敏感性分析正是基于以上考虑，研究项目的不确定性因素变化对系统 NPV 值的影响程度。针对分布式储能系统的经济性评价研究案例，进一步分析案例中各种不确定性因素的变化范围，并计算和比较各不确定性因素的变动幅度对系统 NPV 值的影响程度。

在前文案例中，储能系统运行年限为 15 年，对于两种不确定性因素，当其中一种取案例中的数值并固定不变时，分别计算峰谷差价为 1 元 /(kW・h)、1.1 元 /(kW・h)、1.2 元 / (kW・h)、1.3 元 / (kW・h)、1.4 元 / (kW・h) 和 1.5 元 / (kW・h)，运行维护单价为 2 万元 / (MW・年)、5 万元 / (MW・年)、10 万元 / (MW・年)、15 万元 / (MW・年)、20 万元 / (MW・年) 和 25 万元 / (MW・年) 时系统 NPV 值随时间的变化情况，如图 4-54、图 4-55 所示，两种不确定性因素变化时系统 NPV 值计算结果见表 4-22。

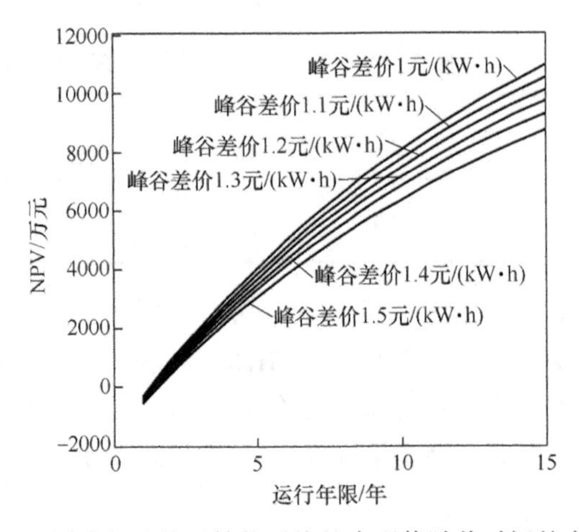

图 4-54　不同峰谷差价下储能系统的净现值随着时间的变化情况

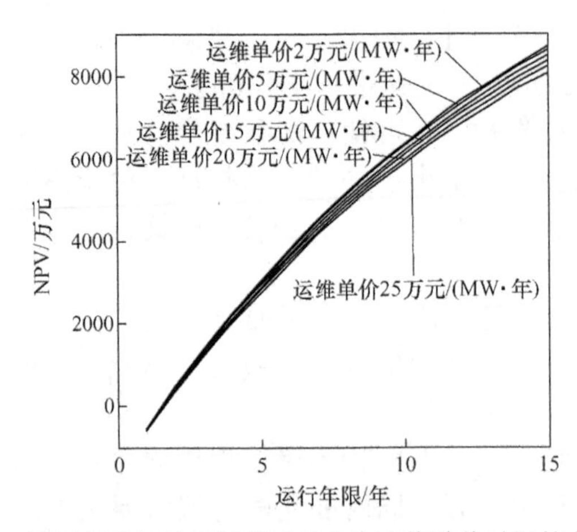

图 4-55　不同运维单价下储能系统的净现值随着时间的变化情况

表 4-22　不确定性因素变化时对应储能系统运行 15 年的 NPV 值

不确定性因素	运维单价 /[万元 / （MW・年）]				
	5	10	15	20	25
NPV/ 万元	8663.86	8527.24	8390.62	8254.01	8117.39
不确定性因素	峰谷差价 /[元 / （kW・h）]				
	1.1	1.2	1.3	1.4	1.5
NPV/ 万元	9342.21	9744.57	10146.94	10549.31	10951.68

根据表 4-22 中的数据绘制敏感性分析图如图 4-56 所示。

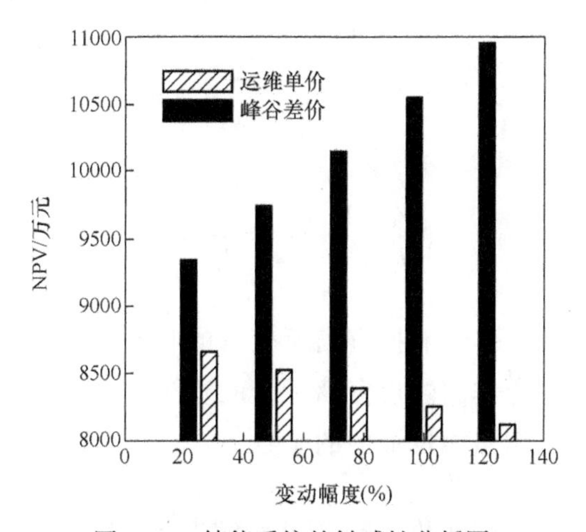

图 4-56　储能系统的敏感性分析图

从图 4-56 中可以明显地看出，峰谷差价的变化对储能系统收益的影响大于运维成本对储能系统收益的影响。因此可知峰谷差价对储能系统的年收益最为敏感。

（2）分布式储能系统参与需求响应和辅助服务绩效评估方法

1）各利益主体间分配原则

涉及的利益主体包括多个储能投资商和电网公司，利润分配分为两种情况；①多个储能投资商之间的利润分配。②储能投资商与电网公司之间的利润分配。下面给出各利益主体之间应满足的利润分配总体原则。

a）互惠互利原则。指充分保证合作各方的自主利益，否则会影响合作的积极性，甚至导致合作的失败或破裂。

b）结构利益最优原则。指充分考虑各种影响因素，合理确定利润分配中的最优比例结构，促使各方积极合作、协调发展。

c）风险与利润对称原则。指各方的利润分配应与各方承担的风险相对称。

d）与贡献一致的原则。是指在进行利润分配时，对储能投资商投入的资产（包括有形资产及人力资源、管理经验和知识产权等无形资产）进行科学的评估，并以此作为利润分配的依据。

2）多个储能投资商之间的利润分配机制

结合合作收益分配的影响因素，合作收益的公平合理分配必须满足三个依据原则。

依据 1：“多劳多得”原则。各储能投资商分配到的收益应该与其投入资源成正比，这里的“劳”是指储能投资商提供的资源，公式表示为

$$\begin{cases} \dfrac{V_1}{I_1} = z_1 \\ \dfrac{V_2}{I_2} = z_2 \\ \quad\vdots \\ \dfrac{V_n}{I_n} = z_n \end{cases}$$

$$z_1 = z_2 = \cdots = z_n$$

即

$$\frac{V_1}{I_1} = \frac{V_2}{I_2} = \cdots = \frac{V_n}{I_n} = z$$

式中　$V_1, V_2, \cdots, V_n$——各合作储能投资商所获得的收益；

$I_1, I_2, \cdots, I_n$——各合作储能投资商投入的资源；

n——合作储能投资商的个数；

z——一个常数。

在现实情况中，由于各储能投资商所处的情况不同，在合作收益分配中要求每个储能投资商的实际收益与其贡献的比值完全相等是不太现实的。因此，引入平均投资收益率 y 进行修正，修正后的公式表示为

$$\frac{z_1}{y_1} = \frac{z_2}{y_2} = \cdots = \frac{z_n}{y_n} = z$$

经处理可得

$$\frac{V_1}{y_1 I_1} = \frac{V_2}{y_2 I_2} = \cdots = \frac{V_n}{y_n I_n} = z$$

式中　$y_1, y_2, \cdots, y_n$——各储能投资商所在行业的平均投资收益率。

由式可得储能投资商 j 应获得的合作收益的比例为

$$\eta_j = \frac{y_j I_i}{\sum_{i=1}^{n} y_i I_i}$$

依据 2：风险补偿原则。即储能投资商合作获得的合作收益要与承担的风险度成

正比，公式表示为

$$\frac{V_1'}{R_1}=\frac{V_2'}{R_2}=\cdots=\frac{V_n'}{R_n}=z'$$

式中　$V_1',V_2',\cdots,V_n'$——各合作储能投资商所获得的风险收益；

$R_1,R_2,\cdots,R_n$——各合作储能投资商在电力市场中承担的风险。

风险是指不期望发生的事故，因此，风险 R 不仅是风险事件发生概率 p 的函数，同时也是风险事件造成损失 c 的函数，即

$$R=f\left(p,c\right)=pc$$

由于合作储能投资商最多以其投入的全部资源承担风险事件所造成的损失，故 $c=aI$，称 a 为风险损失率，根据式可得

$$R=paI$$

令 $pa=\mu$，可得

$$R=\mu I$$

μ 是一个与风险事件发生的概率和风险损失有关的参数，μ 的确定可以通过分析历史数据或者相关方面的专家进行评价得到，通常 μ 的取值在 0.1 ～ 0.8 之间。将 $R=\mu I$ 代入可得

$$\frac{V_1'}{\mu_1 I_1}=\frac{V_2'}{\mu_2 I_2}=\cdots=\frac{V_n'}{\mu_n I_n}=z'$$

可得合作储能投资商 j 应获得的合作收益的比例为

$$\gamma_j=\frac{\mu_j I_j}{\sum_{i=1}^{n}\mu_i I_i}$$

依据 3：与绩效挂钩原则。即储能投资商合作获得的合作收益要与其绩效表现成正比，用公式表示为

$$\frac{V_1''}{E_1}=\frac{V_2''}{E_2}=\cdots=\frac{V_n''}{E_n}=z''$$

式中　$V_1'',V_2'',\cdots V_n''$——各合作储能投资商所获得的绩效收益；

$E_1,E_2,\cdots,E_n$——各合作储能投资商在电力市场中的绩效水平。

由上式可得合作储能商 j 应获得的合作收益的比例为

$$\theta_j = \frac{E_j}{\sum_{i=1}^{n} E_i}$$

3）合作收益分配方式

确定了各合作储能投资商应获得的资源收益、风险收益和绩效收益后，需要采取一种方式将合作收益分配给合作储能投资商。从分配方式的角度可以将合作收益分为市场交易方式获得的收益和额外支付方式获得的收益。如图 4-57 所示。

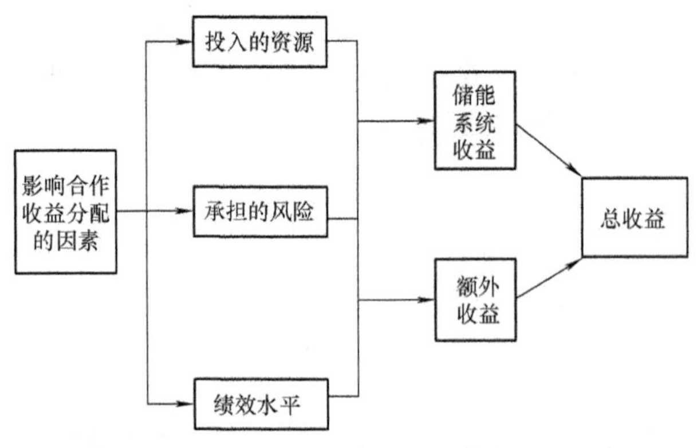

图 4-57　合作利益分配模式

储能系统收益，即市场交易方式获得的收益，是指合作储能投资商在储能系统内部通过与电网公司和电力用户之间的正常交易获得的合作收益，包括资源收益和一部分绩效收益。

额外收益，即额外支付方式获得的收益，是指除去电力市场交易收益以外的合作收益，包括风险收益和其他绩效收益。

4）储能系统收益分配影响因素的权重分析

考虑单个因素对合作收益分配的影响，由式得到基于单因素分析的合作收益分配的三个比例

$$\eta_j = \frac{y_j I_i}{\sum_{i=1}^{n} y_i I_i} \quad \gamma_j = \frac{\mu_j I_j}{\sum_{i=1}^{n} \mu_i I_i} \quad \theta_j = \frac{E_j}{\sum_{i=1}^{n} E_i}$$

在综合考虑三个因素的影响时，由于投入的资源、绩效水平和风险程度三个因素对收益分配的影响程度不同，所以在进行储能投资商合作总收益分配时，还要考虑三个比例的权重。权重的设定需要储能投资商合作谈判协商确定，设三个比例的权重分别为 W_η、W_γ 和 W_θ，储能投资商的合作总收益为 V，则提供商 j 应获得的合作总收益数量为

$$V_j = \left(W_\eta \eta_j + W_\gamma \gamma_j + W_\theta \theta_j\right)V$$

通过储能投资商的会计报表等财务资料，可以计算出合作储能投资商通过市场交易方式获得的市场收益，假设为 MV_j，则合作储能投资商实际分配的合作收益（即额外收益）为

$$RV_j = V_j - MV_j = \left(W_\eta \eta_j + W_\gamma \gamma_j + W_\theta \theta_j\right)V - MV_j$$

储能投资商合作收益分配的影响因素已经明确，各储能投资商应分配的利润也确定了。

在电力市场中，各储能投资商与电网公司形成一种战略联盟关系，电网公司对于储能系统投入资金进行支持运行。下面采用合作贡献和风险补偿的合作利益分配模型来分析储能投资与电网公司间的利润分配。

运用 Shapley 值法和风险期望原理，建立基于合作贡献和风险补偿原则来确定合作利益分配的模型。该模型适合储能投资商与电网公司之间长期合作、战略合作等合作、利益分配。

在采用长期合作或者战略合作等模式下，设电网公司和储能投资商对电力市场的贡献分别为 φ_{E} 和 φ_{C}，则有

$$\varphi_{\mathrm{E}} = \varphi_{\mathrm{EF}} + \varphi_{\mathrm{EG}} + \varphi_{\mathrm{EO}}$$

$$\varphi_{\mathrm{C}} = \varphi_{\mathrm{CF}} + \varphi_{\mathrm{CG}} + \varphi_{\mathrm{CO}}$$

式中　φ_{EF} 和 φ_{CF}——电网公司和储能投资商投入资金的贡献；
φ_{EG} 和 φ_{CG}——电网公司和储能投资商对储能设备的贡献；
φ_{EO} 和 φ_{CO}——电网公司和储能投资商所做出的其他贡献。

研究基于风险补偿的合作利益分配，主要是指基于市场风险补偿的合作利益分配。设 $\varphi_{\mathrm{E}}[v]$ 和 $\varphi_{\mathrm{C}}[v]$ 分别为电网公司和储能投资商对电力市场价值增值的边际贡献，按照 Shapley 值法的原理，边际贡献即为该储能投资商从合作中所获得的报酬，其计算公式为

$$\varphi_i[v] = \sum_{S \subseteq N, i \subseteq S} \frac{(S-1)!\left(n-|S|\right)!}{n!} \times \left[v(S) - v(S \setminus i)\right]$$

式中　S——N 中的任一子集；
$|S|$——集合 S 中元素的个数；
$v(S)$——储能投资商联盟 S 的特征函数，表示储能投资商联盟 S 所获得的最大收益；
$v(S\setminus i)$——储能投资商 i 不参加联盟时该联盟所获得的最大收益；

$\left[v(S)-v(S\setminus i)\right]$ ——储能投资商 i 对联盟的边际贡献；

$\dfrac{(S-1)!(n-|S|)!}{n!}$ ——加权因子，表示储能投资商 i 加入联盟 S 的概率。

因此，式表示的是储能投资商 i 所作贡献的期望值。

设 U_E 和 U_C 分别为电网公司和储能投资商未合作时各自所获得的利润；U_E^* 和 U_C^* 分别为合作后电网公司和储能投资商各自获得的利润；U_{EC}^* 为电网公司和储能投资商合作后获得的总利润。

若仅考虑合作贡献，不考虑风险补偿，则电网企业和储能供应商开展合作后，各自的利润分配情况根据式计算可得

$$U_E^* = \varphi_E[v] = \frac{U_E + U_{EC}^* - U_C}{2}$$

$$U_C^* = \varphi_C[v] = \frac{U_C + U_{EC}^* - U_E}{2}$$

下面将进一步考虑风险补偿问题。如前所述，这里考虑的风险补偿主要指储能充放电价格波动所带来的风险承担补偿。假设储能充放电能的电价波动服从正态分布，即

$$f(x) = \frac{1}{\sqrt{2\pi}\sigma} e^{\frac{(x-\mu)^2}{2\sigma}} \quad -\infty < x < \infty$$

假设储能投资商考虑的价格是当时储能的市场价格 P_m，那么储能投资商所面临的储能价格波动的风险 R 为

$$R = f(x) - P_m$$

在储能投资商与电网公司开展合作以前，R 完全由储能投资商承担，开展合作以后 R 由电网公司和储能投资商共同分担，储能投资商受损时，合作的电网公司将受益，且获益数额与损失数额相等。所涉及的风险分担的利益分配是指由于风险带来收益的一方应将其部分收益转移给由于风险受到损失的一方。设单位风险带来的收益或损失值为 G_μ，由风险获利一方对另一方的利益分配比例为 α，并设电网公司由于风险而获利的概率为 P_E，则电网公司由于风险受到损失的概率为 $(1-P_E)$，这也是储能投资商获利的概率。电网公司由于风险承担所获得的利益分配模型由以下四部分构成：①由于风险而获得的收益；②在因风险获利情况下对储能投资商的利益补偿；③由于风险而产生的损失；④在因风险受损情况下获得的利益补偿。表达式为

$$\varphi_{\mathrm{E}}=G_m\left[F(x)-P_m\right]P_{\mathrm{E}}-\alpha G_{\mathrm{N}}\left[f(x)-P_m\right]P_{\mathrm{E}}-G_{\mathrm{N}}\left[f(x)-P_m\right](1-P_{\mathrm{E}})+\alpha G_{\mathrm{N}}\left[f(x)-P_m\right](1-P_{\mathrm{E}})=G_{\mathrm{M}}(1-\alpha)(2P_{\mathrm{E}}-1)\left[f(x)-P_m\right]$$

同理可得储能投资商由于风险承担的利益分配模型

$$\varphi_{\mathrm{C}}=G_{\mathrm{M}}(1-\alpha)(1-2P_{\mathrm{E}})\left[f(x)-P_m\right]$$

式中　φ_{E} 和 φ_{C}——电网公司和储能投资商基于风险承担的利益分配。

设 $E(R)$ 为储能投资商面临的储能价格波动风险的期望值，则

$$\begin{aligned}E(R)&=E\left[f(x)-P_m\right]=\int_{-\infty}^{\infty}xf(x)\,\mathrm{d}x-P_m\\&=-\delta^2 f(x)+\mu F(x)-P_m\end{aligned}$$

当储能市场价格变为 P_m^* 时，可得电网公司和储能投资商基于合作贡献和风险承担原则的利益分配模型分别为

$$U_{\mathrm{E}}^{**}=U_{\mathrm{E}}^*+\varphi_{\mathrm{E}}=\frac{U_{\mathrm{E}}+U_{\mathrm{EC}}^*-U_{\mathrm{C}}}{2}+G_{\mathrm{M}}(1-\alpha)(2P_{\mathrm{E}}-1)\left[-\delta^2 f(P_m^*)+\mu F(P_m^*)-P_m\right]$$

$$U_{\mathrm{C}}^{**}=U_{\mathrm{C}}^*+\varphi_{\mathrm{C}}=\frac{U_{\mathrm{C}}+U_{\mathrm{EC}}^*-U_{\mathrm{E}}}{2}+G_{\mathrm{M}}(1-\alpha)(1-2P_{\mathrm{E}})\left[-\delta^2 f(P_m^*)+\mu F(P_m^*)-P_m\right]$$

（3）储能供应商合作利益分配的实施

在现实的储能系统中，由于储能投资商所处的环境、企业拥有的资源、企业的规模、企业的文化及企业所处的行业不同，上述的利益分配方法及模型不可能适用于所有的储能投资商，那么不同投资商应根据自身的特点，选择不同的利益分配方案并改进利益分配方法和模型，从而建立适合于自已的利益分配模型。

储能供应商利益分配方案实施的步骤如下：

1）各投资商分别建立对外协调部门。企业对外协调部门主要是处理本企业与其他企业之间的冲突，尤其是利益冲突，一般应由企业的副总经理负责。

2）各协调部门共同确定合作利益分配的原则。在进行合作利益分割之前，应该共同制定一个利益分配原则，以免以后引起纠纷无章可循。

3）选择一个科学合理的利益分配方案。利益分配原则只是一个总的指导原则，还不能根据这个原则进行科学、合理的分配，因此，必须根据利益分配相关理论和模型，结合自己的实际情况，选择一个适合自己的利益分配方案。

4）利益分配方案的实施。在确定了利益分配的原则和选择了利益分配的模型后，投资商就可具体实施利益了。

5）修正利益分配方案。经过初次的利益分配后，由于模型本身的不足或实际情况的复杂性，或由于其他的原因，可能造成利益分配的结果不太令人满意，这时就需要

投资商去协商解决，尤其是核心投资商应带领其他投资商共同协商修正利益分配方案，尽量确保各投资商利益分配的公平性、合理性。

4.4 客户侧分布式储能参与电网源网荷储互动

4.4.1 网荷互动终端

1. 网荷互动终端架构及原理

负控终端接口数量有限，大用户目前正在使用的Ⅰ型负控终端如图 4-58 所示，主要通过电能表脉冲采集，实时性和准确性均不高，数据处理能力也一般。目前的负控终端虽然支持电力专用 230MHz 无线电台或无线公网（GPRS 等）信道进行主站与终端间的通信传输，但专网信道受串口传输速率、终端数量庞大的限制，公网信道同时还要受话务优先传输的限制，而且目前主站与终端间通信网络还受限于轮询的传输机制，通信的实时性均不能得到保证。

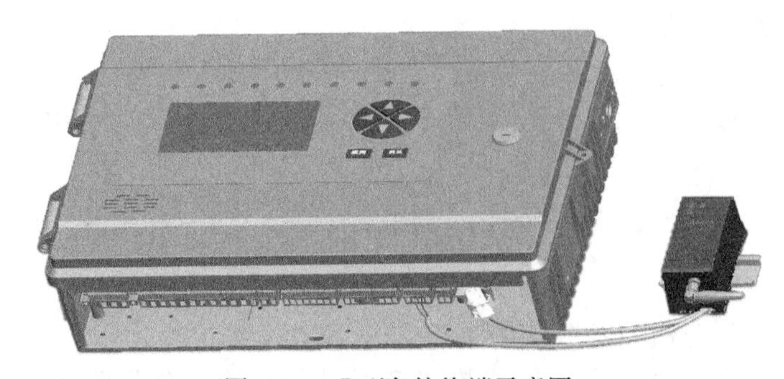

图 4-58 Ⅰ型负控终端示意图

存在以下问题：

1）通过采集用户电能表脉冲数据获得电量信息，仅有 4 轮控制输出。

2）采用串口与远程主站通信，数据采集频率最高为分钟级，数据上传及接收控制为 15min 级。

3）人机接口菜单信息内容少，应用不够灵活。

因此无法对用户的负荷实现实时采集，对用户负荷管理能力显得过于弱小，从特高压网络故障应急响应的要求看，现有负控终端在数据采集实时性、通信安全性和负荷控制精细程度等方面均不能满足负荷快速响应系统的要求，需要根据电网负荷应急响应的要求，设计一款支持多路用户负荷数据实时采集、用户负荷数据实时传输、主站控制命令实时接收和负荷控制实时输出的网荷互动终端。

网荷互动终端应能完全取代现有负控终端的所有功能，并能满足源网荷储系统的建设目标要求，实物图如图 4-59 所示。网荷互动终端与主站负控系统、用采系统的交互示意如图 4-60 所示。

图 4-59　网荷互动终端实物图

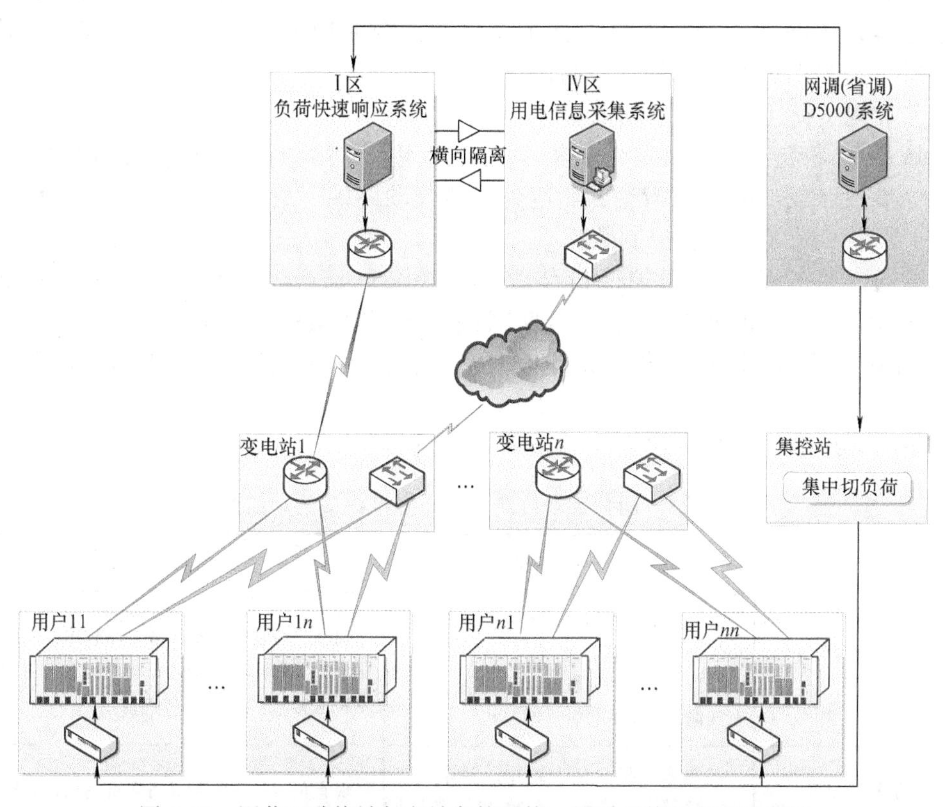

图 4-60　网荷互动终端与主站负控系统、用采系统的交互示意图

网荷互动终端与主站对应，具备接入Ⅰ区网络的实时控制和接入Ⅳ区网络的电量透传功能。该系统结构主要利用现有电力 SDH 光纤网络实现数据快速传递，结合客户侧终端接入网络和通信设备管理维护的实际需要，以客户侧电源进线的对端变电站为接入点，建设客户侧网荷互动终端至变电站的光纤通道，实现与主站的通信通道的建立。为便于集中管理通信设备，在变电站侧建议采用专用的负荷（储能）控制系统通信所需的网络路由器、交换机等通信设备。

同时，终端可通过调度直接发快速切负荷指令给 500kV 集控站，由集控站直接下发切负荷控制指令至终端，终端实现电网故障时的快速切负荷。同样，终端与集中切负荷装置间仍通过 SDH 光纤网络通信传输。

数据传输路径如下：

（1）用采有序用电数据

负荷（储能）实时数据、负荷（储能）线路开关状态通过网荷终端Ⅰ区部分经加密设备接入电力Ⅰ区光纤网络，传递至变电站侧路由器，再经由变电站路由设备传至调度的负荷快速响应系统主站。

电能表数据通过网荷终端Ⅳ区电能透传板的串口采集后，经以太网接口接入电力调度Ⅳ区光纤网络，传输至变电站侧交换机，再通过变电站设备送至地市公司的Ⅳ区汇聚层，最后送至省级营销Ⅳ区用电采集系统主站。

主站Ⅰ/Ⅳ区间进行数据交互，将负荷（储能）控制命令从Ⅰ区主站经Ⅰ区网络实时下达至客户侧网荷终端，终端根据主站控制命令或功率控制模式决定发出相应线路的切除指令，实现负荷（储能）控制。

（2）常规负荷（储能）控制数据

省调EMS将负荷（储能）控制指令下达给用采主站的负荷快速响应模块，主站将控制命令参数（或功率控制指令）下达到网荷互动终端，终端响应常规控制命令。

（3）紧急负荷（储能）控制数据

终端通过客户侧快速保护接口装置与集控站间通信，上传可切负荷（储能）功率和终端状态；在电网紧急时，接收网调或省调EMS下达的快速切负荷（储能）指令，由切负荷集控站下达切除用户指令至终端，终端切除相应的负荷（储能）线路。

网荷互动终端与传统负控终端的功能对比见表4-23。

表4-23 网荷互动终端与传统负控终端的功能对比

功能	网荷互动终端	现有负控终端
8路交流测量 秒级时限	装置采用模块板卡结构，具体可在0～40通道之间选配 数据采集以及更新周期最高为毫秒级，高速测量是基本功能	现有负荷管理终端1路交流测量，但因通信协议及通信方式的限制，在后台仅能做到分钟级的数据采集
8路遥控输出 秒级时限	装置采用模块板卡结构，具体可在8～32路之间选配，控制输出扫描周期为毫秒级	现有负荷管理终端具备4路输出，直接遥控指令3s输出
功率负荷控制	可定制各种控制逻辑功能，按照功率负荷控制的要求，配置出与现有负控终端一致的控制策略	具备依据用户负荷总加组的时段功控、功率下浮空、厂休控、营业报停控和直接遥控的负荷管理策略
联锁解除	控制逻辑可定制	不具备
多路远程通信信道	3路RJ45、光纤接口，多路串口； 支持采用230M/GPRS信道通信	标配具备230M/GPRS双信道，1路RJ45网络接口
通信规约	采用IEC 60870-5-104规约，适于高速数据通信	采用Q/GDW376.1规约，主要用于低速网络的数据传输
纵向加密方案	采用调度自动化的数字证书加密方案	采用国网用电信息采集方案，负控终端内置ESAM芯片
预购电控制	特大用户不执行本地费控业务，费控业务已逐步改为主站远程费控	预付费控制，具备依据用户负荷总加组累积电量的自动扣减至余量不足提示及跳闸能力

（续）

功能	网荷互动终端	现有负控终端
事件记录	逻辑组态原生支持任意功能事件的生成与记录，并且支持事件的分类与附加数据的记录	电压、电流、不平衡越限、各种状态和异常事件记录
语音、文字、告警提示	具备文字信息、告警灯提示和语音提示功能	用电限额、欠费告警提示
话筒对讲、广播	光纤通信采用 VOIP 实现语音对讲、广播功能	230M 短波通信具备语音广播喊话和与客户单点双向对讲；光纤通信需通过 VOIP 实现
电表抄表	采用远程直读电能表方案实现电能表抄表	对多种规约格式的电能表具备 15min 周期读取电能表的电能示数，电压、电流、功率数据，形成功率曲线和日 / 月冻结值

2. 软件功能

软件功能主要包括实时负荷（储能）采集与计算、电压稳定控制、就地功率控制、电费管理控制和与主站实时通信等逻辑模块，以及负荷（储能）控制事件与记录、多功能菜单等辅助模块。图 4-61 所示为网荷互动终端的软件采集控制功能模块图。

1）实时负荷（储能）采集与计算。可灵活配置、自适应接线形式的交流电压、电流量采集，计算出用户负荷（储能）线路的一次电压、电流、实时正反向有功功率、无功功率及所有负荷（储能）总加线路有功功率、无功功率。

2）电网稳定控制（稳控）。支持电网进入紧急状态时，接收由主站计算下达的全网稳定快速切除分类负荷（储能）的指令，切除用户的负荷（储能），实现全网级大规模用户限负荷（储能）的秒级快速控制。

3）就地功率控制（功控）。提供按预设功率定值和预设控制方式的指令与参数，在客户侧自动实现多轮次的功率控制。提供功率下浮控、营业报停控、厂休控和时段控等多种预设控制方式的切换。

4）电费管理控制（费控）。支持电能表远程抄表，接收主站计算限电及电费管理的限电切负荷（储能）指令，在预设的告警延迟时间内发出告警，在延迟时间递减到零时主动控制出口切除用户负荷（储能）线路。

5）与主站实时通信模块。主站通信接收模块接收主站下发的指令或参数；主站通信发送模块上传负荷（储能）采集或控制状态等数据。

6）负荷（储能）控制事件与记录。可根据负荷（储能）控制方式，制定符合负荷（储能）控制要求的告警事件、操作记录，实现负荷（储能）控制全过程可监视，历史记录可查询。

7）多功能菜单模块。采用符合用户习惯的中文菜单，提供丰富的装置信息，易学习、易操作和易维护，同时支持远程虚拟人机接口。

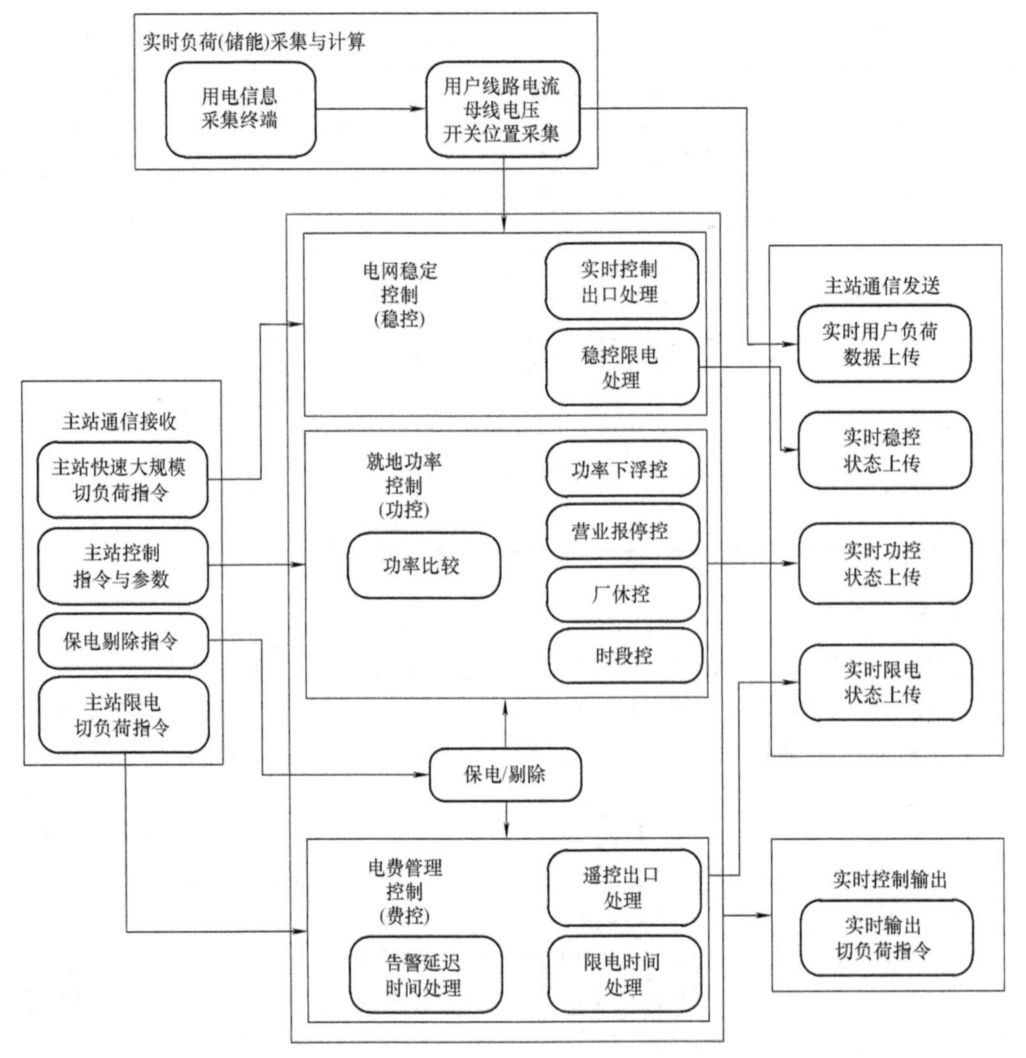

图 4-61 网荷互动终端软件采集控制功能模块图

4.4.2 储能系统

接入中压电网的储能系统既能实现并网发电，又能实现离网运行，支持多机并联使用。储能系统在用电侧可以为用户提供一整套的能源服务。通过储能可以实现削峰填谷，优化用电方案，响应电网做需求侧响应，也可在紧急情况下作为后备电源使用。另外，受天气和地理条件等多方面的影响，新能源发电输出功率具有很大的波动性和随机性，在新能源发电并网运行时，这种特性将会给电力系统的稳定性和电能质量造成很大的影响，并且随着可再生能源大规模并网，对电网运行调度的影响将日益明显。储能系统有利于提高电力系统的安全稳定性和新能源并网发电的利用率。

中压储能系统的典型结构如图 4-62 所示，主要由两大单元组成：储能单元和监控与调度管理单元。储能单元包含储能电池组、电池管理系统和 PCS 等；监控与调度管理单元包括计算机、控制软件及显示终端。

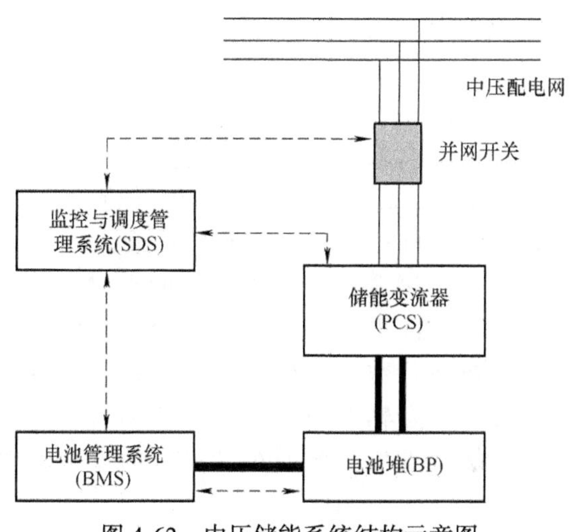

图 4-62　中压储能系统结构示意图

1）电池堆（BP）是实现电能存储和释放的载体。电池堆的集成过程可统一为：电芯（Cell）→单元电池（Unit）→电池模块（Block）→电池串（BS）→电池堆（BP）。具体地，多只电芯（Cell）并联形成单元电池（Unit）；多个单元电池串联构成电池模块（Block）；多个电池模块（Block）串联构成电池串（BS）；多个电池串并联组成电池堆（BP）。

2）储能变流器也叫储能系统双向变流器，又称为功率变换系统（Power Conversion System，PCS）。储能变流器（PCS）作为电网与储能装置之间的接口，是储能系统的重要组成部分。它能够应用于储能系统并网、储能系统孤岛运行，并在两者之间进行状态切换。储能变流器是储能单元中功率调节的执行设备，由若干个交直流变换模块及直流变换模块构成。储能系统中的能量转换系统处于交流 380V 三相电网和储能电池组之间，用于满足储能电池组充放电控制的需要。在监控与调度系统的调配下，可满足额定的功率需求，并结合电池管理系统的信息，实施有效和安全的储电和放电管理。为了实现对电池串的独立充放电控制，同时避免电池串之间产生环流，储能变流器采用 AC/DC 交直变流器 +DC/DC 直直变流器两级结构设计。AC/DC 交直变流器是交 / 直流侧可控的四象限运行的变流装置，实现对电能的交直流双向转换；DC/DC 直直变流器位于电池堆和 AC/DC 交直变流器之间，满足储能系统接入电网的直流电压要求等。

3）电池管理系统（Battery Management System，BMS）安装于储能电池组内，负责对储能电池组进行电压、温度、电流和容量等信息的采集，实时状态监测和故障分析，同时通过 CAN 总线与 PCS、监控与调度系统联机通信，实现对电池进行优化的充放电管理控制。电池管理系统（BMS）用于监测、评估及保护电池运行状态的电子设备集合，应具备监测功能、运行报警功能、保护功能、自诊断功能、均衡管理功能、参数管理功能和本地运行状态显示功能等。电池管理系统分两级结构，即电池管理单元（BMU）和电池管理系统（BMS）。BMU 采集电池模块中各单元电池的电压和温度；BMS 收集一个串联支路中的全部 BMU 信息，同时检测本电池串的电流，并实现各种保护措施。电池串的均衡管理也分两级结构：BMU 可实现电池模块中单元电池之间的均衡；BMS 在各电池模块之间进行均衡，从而实现电池串内所有单元电池之间的均衡管理。

4）监控与调度管理系统（Supervision and Dispatch System，SDS）是储能单元的能量调度、管理中心，负责收集全部电池管理系统数据、储能变流器数据及配电柜数据，向各个部分发出控制指令，控制整个储能系统的运行，合理安排储能变流器工作；系统既可以按照预设的充放电时间、功率和运行模式自动运行，也可以接收操作员的即时指令运行。SDS 还是连接电网调度和储能系统的桥梁，起到上传下达的作用：一方面接收电网调度指令；另一方面把电网调度指令分配至各个储能支路，同时监控整个储能系统的运行状态，分析运行数据，确保储能系统处于良好的工作状态。监控系统通过对电池、变流器及其他配套辅助设备等进行全面监控，实时采集有关设备运行状态及工作参数并上传至上级调度层，同时结合调度指令和电池运行状态进行功率分配，实现储能系统优化运行。

4.4.3 江苏大规模源网荷储友好互动系统总体设计

源网荷储友好互动系统的功能设计如图 4-63 所示。

1. 电网的故障处置

（1）实时可中断负荷（储能）参与电网故障情况下的友好互动

通过与用电客户进行协商，由客户自主选择确定一部分非核心、可参与互动的用电负荷（储能）作为实时可中断负荷（储能）。如启停方便的生产线和空调用电、部分照明用电等，这部分负荷（储能）可以控制需求实现毫秒级、秒级和分钟级控制。实时可中断负荷（储能）以“事前互动”“精准控制”为原则，确保在切除后，客户关键、不可间断的生产和安全保障用电不受任何影响，最大程度地保障企业产能和电网设备安全。

（2）大规模源网荷储参与特高压直流故障下的快速互动

发生特高压直流双极闭锁大功率失去时，通过可中断负荷（储能）的毫秒级控制、机组一次调频、大用户负荷（储能）秒级控制、AGC 机组二次调节、海量可平移负荷（储能）分钟级控制以及省市紧急支援等多时间尺度下的源网荷储有效互动，实现连续动态调整，确保大电网安全稳定，不发生大规模停电事件。在电网恢复供电能力后，实现负荷有序供电。

2. 电网的运行优化

（1）区域电网 FACTS 设备参与电网友好互动

FACTS 在控制电网潮流、提高系统稳定性以及增大传输容量等方面具有广阔的前景。其中，UPFC 作为迄今为止最灵活的 FACTS 装置，可以通过调控线路阻抗、母线电压和功角，同时快速控制输电线路的有功和无功潮流。通过 UPFC 参与的网网互动，可以有效地解决电网中潮流控制手段缺乏、动态无功支撑能力不足等问题。

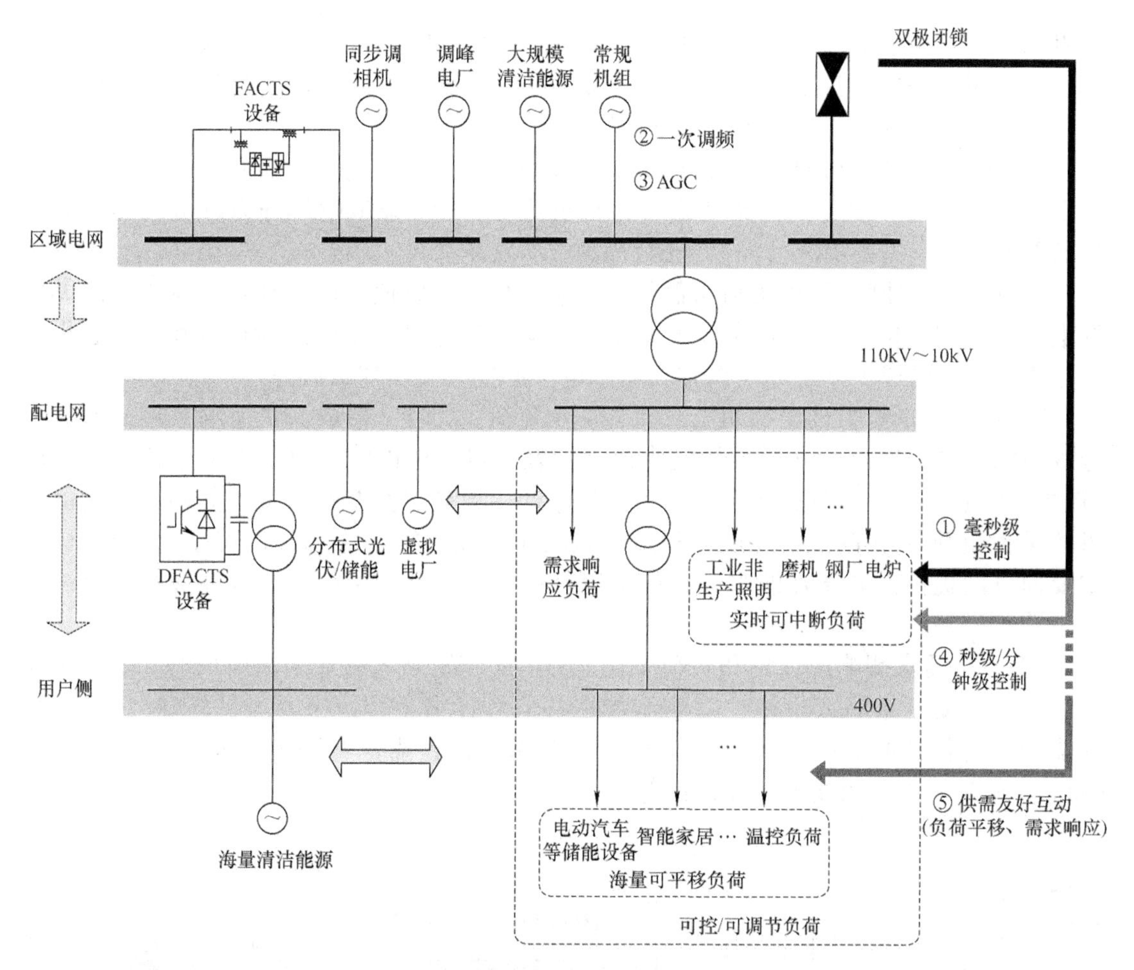

图 4-63　江苏大规模源网荷储友好互动系统功能设计

注：①～⑤表示时间序列的互动顺序。

（2）配电网源网荷储友好互动全局优化协调控制

对配电网中电源、电网和负荷（储能）侧的海量数据进行感知分析；对配电网进行源网荷储协调控制、无功电压控制、柔性直流配电系统控制和 DFACTS 设备协调控制；通过分布式电源、配电网、储能装置和柔性负荷等源网荷储元素之间的友好互动，提升配电网对分布式能源的消纳能力，降低配电网运行过程中的峰谷差和综合网损，满足用户对高品质供用电的定制需求，促进终端用户对配电网优化运行的主动参与能力，有效提升能源综合利用率。

（3）适应分布式可再生能源和大规模电动汽车的聚合柔性调控

通过主动配电系统开展微型柔性可调负荷、分布式可再生能源和储能等资源聚合管理，通过自动需求响应机制开展虚拟电厂调度，实现“荷随源动”、移峰填谷，平滑电力负荷曲线，减少系统旋转备用。有效提升全省电力运行的经济性和资源配置效率。

（4）支撑源网荷储友好互动的电力市场交易模式

建立电力需求侧主动响应的价格 / 激励机制。针对用户的不同用电需求提供差异化服务，建立用电需求互动交易平台，为电网侧提供购买负荷响应资源的渠道，为高刚性需求用户提供资源购买渠道，为分布式电源、储能资源和可中断负荷资源提供资源出售渠道，为电力市场改革提供基础平台。

源网荷储友好互动的机制设计如图 4-64 所示，参与友好互动的电网 / 用户共建虚拟电厂。从电能和服务的供给侧来看，将负荷（储能）虚拟电厂分为以下三类，前两类的部署和运行需要源网荷储系统的友好互动特性支持。

1）基于用户刚性受控负荷（储能）的毫秒级响应虚拟电厂。其聚合模式为由虚拟发电机依电网结构自下而上分布式聚合，其投运策略和调控行为具有典型的中心化特征，主要向电网提供紧急频率调控和紧急电压调控等关键辅助服务。

2）基于客户侧柔性受控负荷（储能）和负荷（储能）集成商快速响应界面的秒到分钟级响应虚拟电厂。其聚合模式为由虚拟发电机依电网结构自下而上聚合或依负荷（储能）集成商的接入节点聚合，其投运策略的生成具有交互性特征，其调控行为由对可控柔性负荷的中心端直接控制和经由负荷（储能）集成商的分布式分级控制组成。主要向电网提供次紧急辅助服务，如备用容量补充、可再生能源接入补偿和潮流越限调整等。

3）基于需求侧响应计划和负荷（储能）集成商聚合响应计划的虚拟电厂。分布式部署，受计划性策略或价格性策略调控在各节点自主运行，主要提供移峰填谷服务。根据负荷（储能）虚拟电厂的供给和需求关系，设计需求响应及市场、可中断负荷（储能）管理和电力市场多元化产品等机制场景。

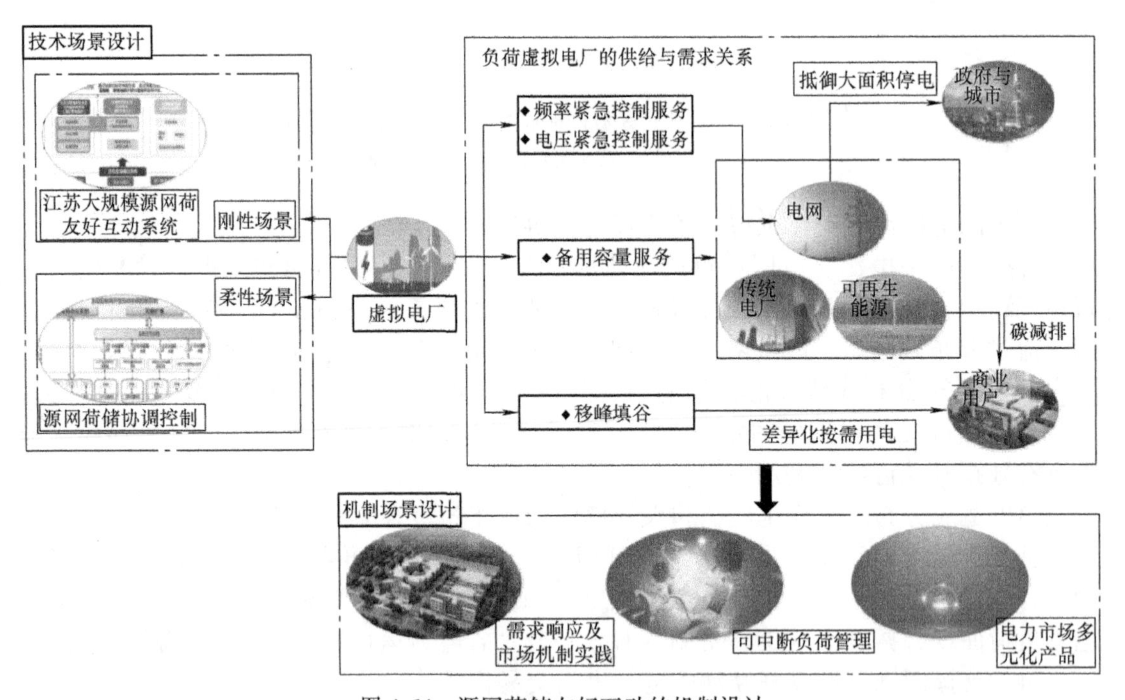

图 4-64 源网荷储友好互动的机制设计

4.4.4　江苏大规模源网荷储友好互动系统技术实践

我国能源资源与负荷呈逆向分布，采用高电压远距离输电实现能源的大范围配置。近年来，我国已利用特高压电网将西部、北部清洁能源外送至东部负荷中心，电网建设呈现跨越式发展，华东电网作为大受端负荷中心，至 2018 年底，逐步形成“三交七直”的特高压骨干网架。

随着复奉（向家坝—上海）、锦苏（锦屏—苏州）和宾金（宜宾—金华）三大特高压直流相继投产，以及西南水电送电华东需求长期居高不下，受端电网最大单一区外直流来电功率和区外直流来电总功率均持续增长，至 2018 年底，灵绍（灵州—绍兴）、锡泰（锡盟—泰州）、雁淮（雁门关—淮安）和准皖（准东—皖南）特高压直流陆续投产，受端特高压直流规模达到 7 回，馈入直流共 11 回，总规模约 7000 万 kW，大功率直流闭锁对送、受端电网频率稳定的冲击日益显著。随着直流送电规模的增大和单回特高压输电容量的提高，系统整体调频能力下降，频率稳定问题突出，安全运行面临严峻挑战，需要综合利用全网各种可控资源，减小大功率冲击下的系统频率波动，降低稳定破坏风险，保障电网安全运行。因此，对于受端电网，有必要通过新增可中断负荷（储能）就地按频率切除功能实现频率稳定控制水平的整体提升。

江苏公司于 2015 年率先开展了签约可中断负荷（储能）用于电网安全控制的工作。2016 年，根据国家电网公司“系统保护”建设的统一部署和国家电网华东分部开展“华东电网频率紧急协调控制系统”的工作要求，江苏公司启动了江苏大规模源网荷储友好互动系统建设工作。

2016 年 6 月 15 日 11:18 分，首套“大规模源网荷储友好互动系统”在江苏电网顺利投入试运行，实现了毫秒级和秒级两种快速切负荷（储能）功能，具备苏州地区 100 万 kW 毫秒级（系统保护级）可中断负荷（储能）紧急控制能力和全省 350 万 kW 秒级精准实时控制能力，在保障度夏期间三大特高压直流满功率运行中发挥了重要作用，并与华东电网频率紧急协调控制系统紧密对接，成为构建大电网安全综合防御体系的重要组成部分，为频率紧急控制提供了除按频率分轮次低周减载外的可快速、精确控制的新资源，是应用负荷（储能）侧控制资源提升电网安全稳定控制能力的创新实践，具有重要的里程碑意义。

1. 总体功能

针对上文提到的电网安全运行面临的四类问题，采取两种不同时限的负荷（储能）控制措施，实现两大主要功能，如图 4-65 所示。

1）系统保护快速切负荷（储能）功能，实施第一时限控制。针对频率紧急控制要求，设置苏南、苏北切负荷控制中心站（简称苏南、苏北中心站），与华东电网频率紧急协调控制系统互联互通，650ms 内快速切除部分可中断负荷（储能）。

2）友好互动精准切负荷（储能）功能，实施第二时限控制。针对潮流越限、口子超用以及备用不足等电网稳态问题，实施可中断负荷（储能）的秒级、分钟级精准负荷（储能）控制。

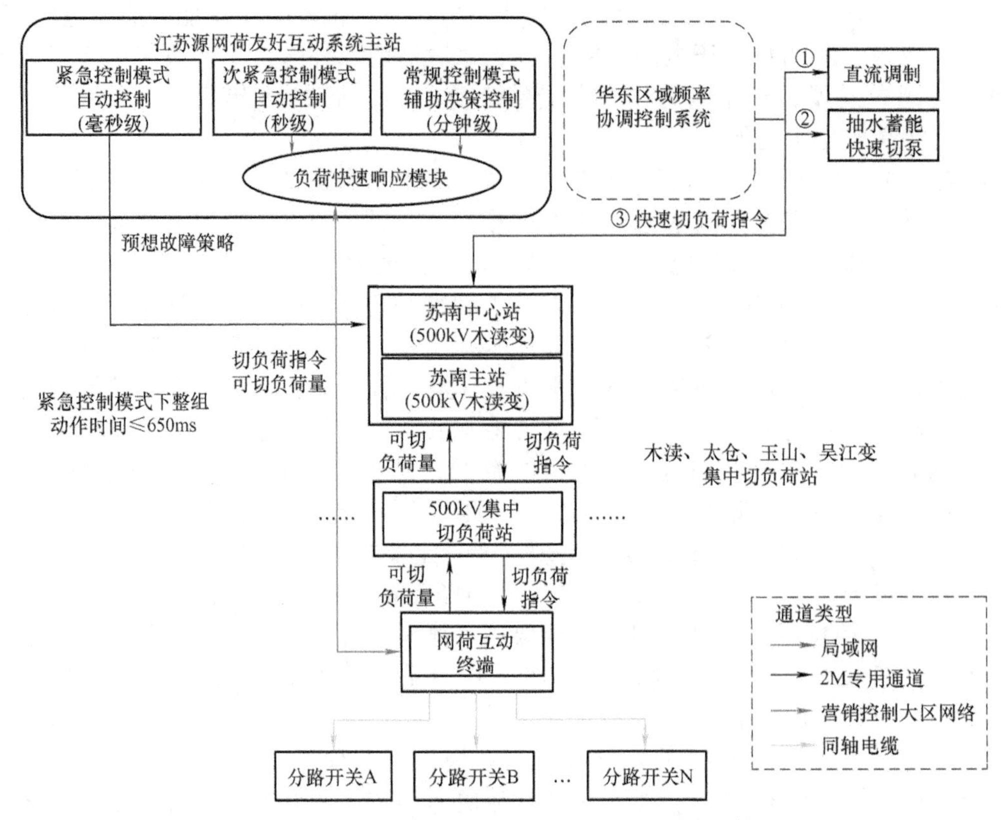

图 4-65 江苏大规模源网荷（储）友好互动系统总体功能

2. 系统架构

（1）调度、营销负荷（储能）控制功能一体化集成

横向实施主站系统一体化建设。系统主站包括大规模供需友好互动系统、大区互联电网安全控制系统两个子系统，在横向实施主站系统一体化建设，如图 4-66 所示。通过设立营销控制大区，将其纳入营销负控主站快速响应模块，与调度控制大区共同构成生产控制大区。两类主站系统模型共建、信息互通、策略协同，实现调度 - 营销高度协同的精准实时负荷（储能）控制。

（2）调度、营销负荷（储能）协同控制网络架构

纵向实施承载各业务的网络独立组网。其中，系统保护快速切负荷（储能）业务由 2M 专用传输通道承载；友好互动精准切负荷（储能）业务由营销控制大区专用网络承载；用采等业务由管理信息区网络承载。各项业务均独立组网，满足安全防护要求，如图 4-67 所示。

（3）系统信息交互

系统通过苏南中心站、调度主站系统、营销负控系统和群控系统等多系统的信息交互，实现对可中断负荷（储能）的实时控制，如图 4-68 所示。

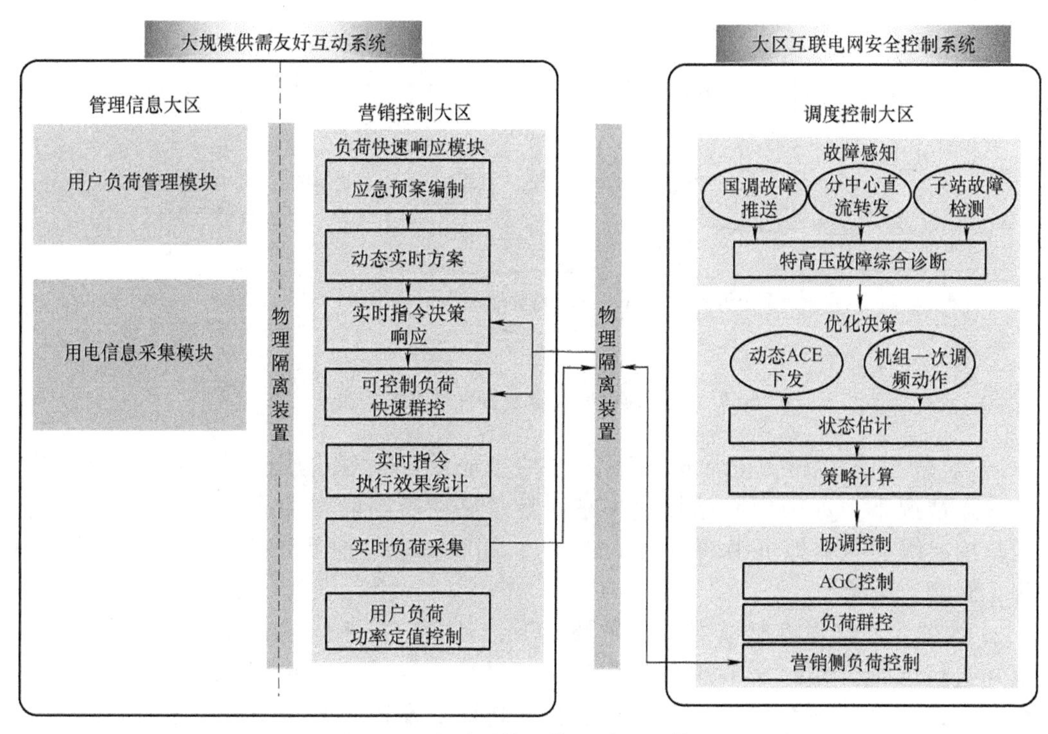

图 4-66　主站系统一体化建设（横向）

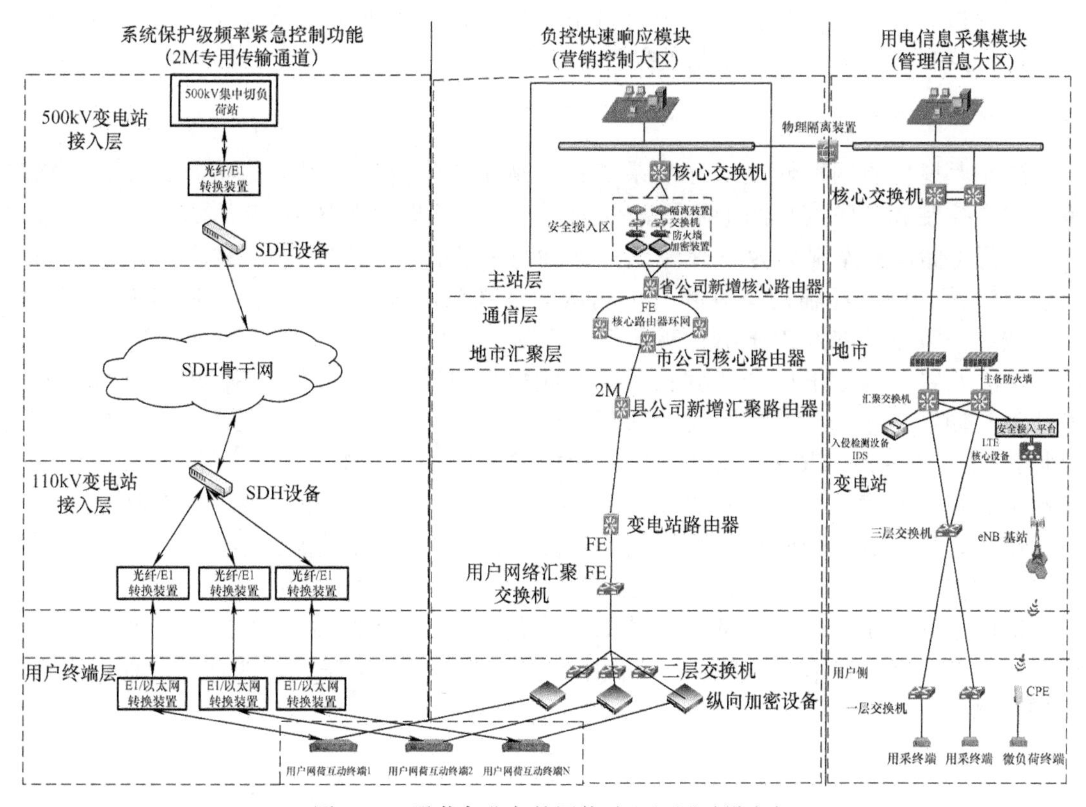

图 4-67　承载各业务的网络独立组网（纵向）

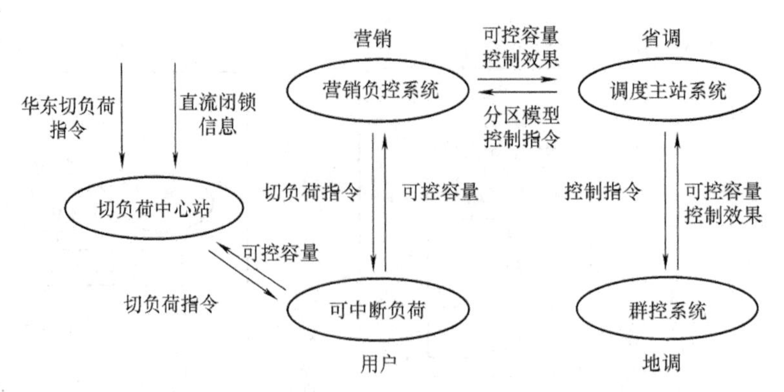

图 4-68　大规模源网荷储友好互动系统信息交互图

1）紧急控制模式。正常情况下，苏南中心站实时采集用户可控制负荷（储能）量。故障情况下，苏南中心站接收华东协控总站切负荷容量命令，结合本地频率防误判据，按层级切除本地可中断负荷（储能）；同时实现就地低频按层级切除本地可中断负荷（储能）功能。

2）次紧急 / 常规控制模式。正常情况下，营销负控系统从调度主站系统获取分区模型并进行匹配，实时采集用户可控负荷（储能）容量，并转发到调度主站系统。故障情况下，调度主站系统将负荷（储能）控制指令发送至营销负控系统，后者执行后实时反馈控制效果；若营销负控系统负荷（储能）控制功能失效或容量不足，省调启用备用手段，将负荷（储能）控制容量下发给地调，地调通过调度负荷（储能）群控系统进行控制，并实时反馈控制效果。

3. 总体策略

江苏大规模源网荷储友好互动系统将特高压故障应急处置分为状态感知、优化决策、协调控制和有序恢复四个阶段，分别制定处置策略，如图 4-69 所示。

负荷（储能）控制分为三种模式：毫秒级紧急自动控制模式、秒级次紧急自动控制模式以及分钟级经辅助决策和人工确认的常规控制模式。三种模式根据电网运行状态，按统一策略相继发挥作用，实现不同控制目标。

事故处置分为如下四个步骤：①系统频率短时跌幅较大时，接收华东电网频率紧急协调控制系统指令，毫秒级切除部分可中断负荷（储能），同时机组一次调频自动快速加出力，减少系统频率跌落幅度；②通过机组 AGC 功能自动快速加出力，减少功率缺额，恢复频率至稳定值；③在电网潮流越限、系统备用不足或联络线功率仍超用时，继续切除部分可中断负荷（储能）；④若可中断负荷（储能）容量不足，采取调度负荷（储能）批量控制作为备用手段。

调度主站系统功能升级从状态感知、优化决策、协调控制和有序恢复四个方面开展工作，共涉及 25 项功能建设。其中的核心功能为两种预决策、两种实时辅助决策和协调控制。

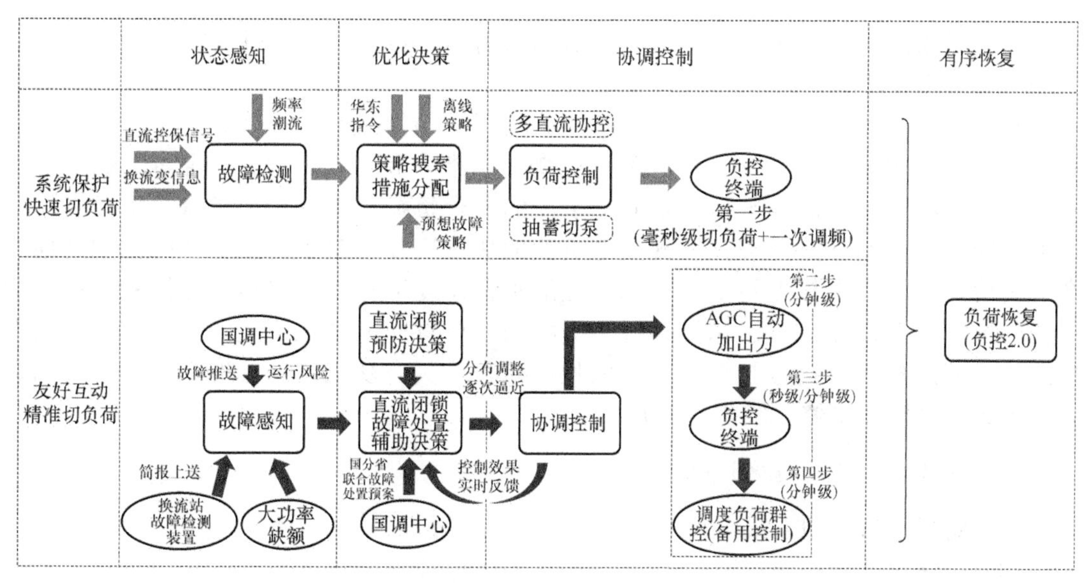

图4-69　大规模源网荷储友好互动系统总体策略

（1）针对稳定破坏的直流闭锁预防决策

主要应对特高压直流故障情况下可能存在的热稳定（设备超热稳限额）、暂态稳定（系统暂态稳定裕度不足）、动态稳定（系统阻尼比过小）、电压稳定（电压支撑不足）和频率稳定（频率无法恢复）问题，在线给出机组、负荷（储能）和电容电抗器等的预控策略，提醒调度员采取预控措施，预防特高压直流故障情况下的稳定破坏。

（2）针对负荷（储能）控制的直流闭锁预防决策

主要应对特高压直流故障情况下可能存在的重要断面超 $N-1$ 限额、省际联络线口子超用和预留旋转备用不足等问题，充分考虑机组可调出力、系统上旋转备用、各地区及分区实时可切除容量、网络阻塞和省外支援等多方面因素，在线给出负荷（储能）的预控策略，在实际发生特高压直流故障时辅助调度员进行决策，降低调度员在事故情况下的处置压力，提高负荷（储能）控制的精准度。

（3）控制断面越限的分区负荷（储能）控制辅助决策

主要针对锦苏直流双极闭锁故障后可能出现的苏州近区关键断面越限问题，考虑分区负荷实时比例、分区可控负荷和断面潮流等约束条件，并按分区负荷灵敏度进行调整，得到分区负荷最优调整策略。

（4）控制联络线超用及系统备用的负荷（储能）控制辅助决策

主要针对特高压直流闭锁故障后可能出现的联络线口子超用和系统备用不足问题，考虑联络线口子偏差、系统上旋转备用、应留备用、网络约束、机组可调出力影响和地区可切负荷（储能）等约束条件，并按前一工作日早峰、腰荷和晚峰对应时段各地区的负荷占比进行负荷（储能）控制分配，得到地区负荷（储能）最优调整策略。可中断负荷（储能）可切容量不足部分用调度负荷（储能）群控容量进行补足。

（5）协调控制

基于优化控制策略，采取AGC自适应、营销负控等手段，实现调度和营销、发电和负荷（储能）的快速协同控制，降低调度直接拉限电造成的不良社会影响。

（6）负荷（储能）恢复

采用全自动方式恢复刚性场景下已切除负荷（储能）中的安全负荷。系统根据频率恢复情况区分发出“负荷（储能）自动恢复”指令和“提醒负荷（储能）恢复”信号。对于照明、空调器等不会带来安全事故的安全负荷，不经用户确认，负控终端自动恢复安全负荷的分路开关，实现安全负荷的快速恢复；对于存在安全隐患的其他生产类负荷，负控终端根据系统发来的“提醒负荷恢复”信号发出声、光提示，提醒用户自行根据工况恢复；对于储能系统，提醒用户可将储能系统由放电模式切换为充电模式。提醒严格区分信号与自动合闸的控制信号。具有功能定义标准化、安全性高和方便现场调试以及检修、维护的特点。

4. 储能系统的协调控制策略

（1）储能电站控制方式

1）参与控制原理

计划利用大型储能设备“热备用转放电”以及“充电转放电”快速切换方案，实现源网荷切负荷控制。设计原则为：充分利用大型储能设备快速放电能力，支撑电网频率。

目前江苏省内已投入运行的较大规模电池储能电站主要有徐州中能硅业和镇江艾科，均用于移峰填谷，节省电费，企业自身负荷曲线较为平稳。徐州中能硅业最大充放电功率1.5MW，相对于企业最小负荷不到10%，储能容量12MW・h，总共拥有6个PCS（储能变流器）；镇江艾科最大充放电功率0.75MW，相对于企业最小负荷大约为60%，储能容量6MW・h，总共拥有3个PCS。通过现场调研，上述储能电站的PCS均可接收外部信号，在40ms内实现充放电运行方式的切换，技术上具备毫秒级精准控制条件。

充分利用大型储能设备运行状态快速转化的能力，实现其自身角色从“负荷”向“电源”的毫秒级转变，对电网频率的紧急调节起到了倍增效果。储能电站控制终端配置图如图4-70所示。

2）控制实现过程

需要在用户安装一个储能网荷互动终端：终端接收精准切负荷主站指令，在特高压故障时能实现储能用户向电网倒送电功能。

用户储能系统需要与终端接口，储能EMS与终端通信实现储能容量、功率等数据采集，每个PCS可接受一付外部（终端的）控制接点，实现供能反转。

3）具体动作过程

a）PCS接到终端紧急控制指令，向电网满发出力（最大功率）。

b）EMS接到终端紧急控制指令（比前者稍慢），根据储能设备电池状况，经济出力（适合电池状况的功率）。

c）EMS接到负荷恢复指令（几分钟或稍长时间），恢复EMS正常工作逻辑运行，控制PCS不再向电网倒送电。

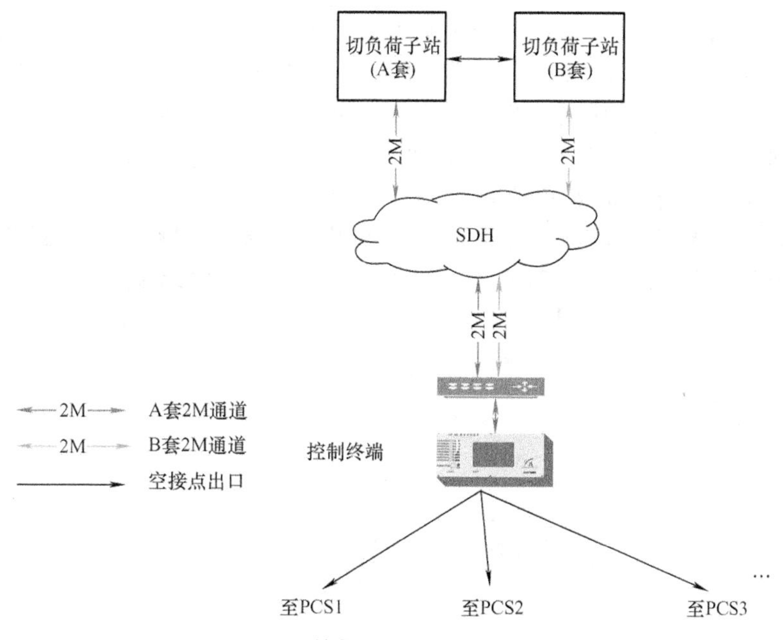

图 4-70　储能电站控制终端配置图

（2）控制实现目标

1）储能终端数据采集与控制

通过互动终端采集储能变电站当地 EM 数据，包括全站遥信、遥测数据、PCS 数据和 BMS 数据；储能互动平台通过互动终端向当地 EMS 发送日前和日内计划数据。

2）源网荷终端采集与切负荷控制

a）从互动终端采集全站实时功率。

b）切负荷指令。主站发送切负荷遥控制指令到互动终端，互动终端收到应急指令后，向各 PCS 发送切负荷开关量开出，PCS 接收到开关量信号后，转变为满发状态，同时互动终端向 EMS 发送应急切负荷指令，EMS 接收到指令后，经可设定延时（该延时 EMS 可设定，根据源网荷所需支撑设定）经济性调度 PCS 出力。

c）允许恢复负荷指令。稳定系统主站下发毫秒级允许恢复负荷指令，互动终端接收到指令后发送给 EMS，EMS 控制 PCS 进行正常运行。

5. 示范应用

据了解，随着锡泰、雁淮特高压直流相继投运，特高压直流容量在华东电网占比大幅提高，现有毫秒级切负荷容量已经不能满足华东电网频率紧急控制对江苏的容量分配要求。为不断拓展大规模源网荷友好互动系统内涵，加快实用化进程，继续做好精准切负荷示范引领工作，满足特高压直流故障后频率控制要求，2018 年江苏电网开展了源网荷友好互动系统三期扩建工程，在江苏全省范围内扩展建设毫秒级切负荷功能，达到 260 万 kW 毫秒级精准切负荷控制容量，确保大受端电网的安全稳定运行。

本次联调试验点多面广，涉及省内 16 个 500kV 变电站、1788 个用户，用户涵盖储能电站、燃煤电厂辅机、南水北调翻水站和工业大用户类型。为保证试验顺利开展，国网江苏省电力有限公司电力科学研究院高度重视、超前谋划，高质量完成联调方案编制和现场试验支撑工作，并精心挑选骨干员工组成党员攻关团队前往 500kV 木渎控制中心站、4 座 500kV 控制主站和 5 个实切负荷用户开展试验。试验从 2018 年 5 月 8 日开始，历时 11 天，工作人员加班加点供给完成试验 400 余项，圆满完成了系统装置间通信检测、负荷切除测时及负荷自动恢复功能验证等工作。

此次试验所有装置均正确动作，用户终端开关跳闸平均响应时间最长 241ms，平均 223ms，储能电站从充电 473kW 转为放电 495kW·h 335ms，响应时间均满足不大于 650ms 的要求。

第 5 章　客户侧储能系统运行经济性分析

5.1　储能建设运营概况

据不完全统计，截至 2016 年底，中国投运储能项目累计装机规模 24.3GW，同比增长 4.7%。其中电化学储能项目的累计装机规模达 243MW，同比增长 72%。2016 年中国新增投运电化学储能项目的装机规模为 101.4MW，同比增长 299%，发展势头迅猛。

从应用领域来看，截至 2015 年底，应用于分布式发电及微电网储能系统累计装机最大，占总装机规模的 56%，其次是可再生能源开发。2016 年新增投运电化学储能项目中，可再生能源开发是应用规模最大的领域，占比 55%。

从应用技术类型来看，截至 2015 年底的储能项目统计情况，锂离子电池是最为常用的技术类型，约占所有项目的 66%，其次是铅蓄电池（铅炭），约占 15%，液流电池占 13%。2016 年中国新增投运的电化学储能项目几乎全部使用锂离子电池和铅蓄电池，两类技术的新增装机占比分别为 62% 和 37%。

从技术发展看，锂离子电池、铅炭电池、液流电池、钠硫电池、超临界压缩空气储能和超级电容等主流储能技术的成本已经有了大幅降低。根据 CNESA 的分析数据，到 2016 年底，大部分技术的建设成本在人民币 2000 ～ 3000 元 /（kW・h）之间，较 2013 年，平均降幅超过 50%；到 2020 年，主流技术的成本区间降低到人民币 1000 ～ 1500 元 /(kW・h)；建设成本的大幅下降，为储能未来的广泛应用奠定了基础。

从主要的供应商来看，2016 年中国排名前五位的储能系统供应商分别为阳光三星、圣阳电源、科陆电子、宁德时代和欣旺达，五家企业的新增投运储能装机总规模超过 2016 年中国新增投运项目装机规模的 90%。从技术路线看，阳光三星、科陆电子、宁德时代及欣旺达的新增储能项目主要采用锂离子电池技术，圣阳电源的新增储能项目主要采用铅蓄（铅炭）电池技术。

在储能电站建设运维相关的激励政策方面，现阶段我国还未出台储能技术产业化相关的政策体系和价格机制，尤其是针对电力储能，基本没有实施细则的政策，参与电力市场的机制还不健全。

从成本经济性方面来看，铅炭电池成本优势较为明显，系统成本为 1250 ～ 1800 元 /（kW・h），系统度电成本为 0.45 ～ 0.7 元 /（kW・h）。在峰谷电价差较大的地区，目前已具备较好的商业应用价值，最有可能大规模应用到当前储能市场；在技术性能方面，锂电池能量密度高，使用寿命长，充放电循环寿命可达 5000 次，虽然目前成本相对较高，为 2500 ～ 4000 元 /（kW・h），投资回报期较长，但技术更新较快，成本下降空间大，具有较好的应用前景。

表 5-1 和表 5-2 列出了几种典型储能电池的技术指标，锂离子电池和铅炭电池在综合性能和经济性方面具有较大的优势。通过综合比较，锂离子电池是最有发展潜力和应用前景的储能电池技术，有望通过持续的技术升级和成本降低达到电力储能规模化推广应用的要求。

表 5-1　典型储能电池技术指标

项目	锂离子电池	铅炭电池	全钒液流电池	钠硫电池
能量密度 /（W・h/kg）	70 ～ 200	40	30	100
功率密度 /（W/kg）	1000	300	33	16
能量效率（%）	85 ～ 98	80 ～ 90	60 ～ 75	70 ～ 85
倍率性能（最快充满电时间）	15min	5h	2h	7h
循环寿命 / 次	2000 ～ 10000	2000 ～ 4000	5000 ～ 10000	2500
成本 /[元 /（kW・h）]	2000 ～ 6000	1250 ～ 1800	4500 ～ 6000	3300

表 5-2　锂离子电池技术指标

项目	磷酸铁锂	三元	钛酸锂
能量密度 /（W・h/kg）	120	200	70
倍率性能（最快充满电时间）	2h	1h	10min
循环寿命 / 次	3500	2000	10000
成本 /[元 /（kW・h）]	2500	2000	6000

注：基于客户侧储能对占地面积及建设成本等因素的要求，本小节仅针对磷酸铁锂电池与三元锂电池开展经济效益分析。

5.2　储能电站成本分析

基于对储能电站的建设运维环节不同的经济性测算方法，本节从储能电站的建设成本和度电成本两个方面进行经济性分析。

5.2.1　储能建设成本分析

储能电站的系统建设成本包括储能电池本体、电池管理系统（BMS）、变流器

（PCS）及箱体建设成本。储能建设的投资成本通常按照储能电池的容量（kW・h）和功率（kW）来衡量。同时，由于储能电站的结构特点，通常由电池本体、PCS 及 BMS 组成，电池本体材料的不同及储能容量的不同对投资成本有直接的影响，且由于现有技术的局限性，投资成本与储能容量并不呈线性关系，因此以下从储能类型及容量两个维度对系统投资成本进行分析。储能电池投资成本分析见表 5-3。

表 5-3　储能电池投资成本分析

储能类型	容量 / (kW・h)	投资成本 / 元	系统投资成本 / [元 / (kW・h)]	标准充放电倍率 C	系统投资成本 / (元 /kW)
磷酸铁锂电池	3	14000	4667	0.5	9333
	6	20000	3333	0.5	6667
三元锂电池	3	13000	4333	1	4333
	6	19000	3167	1	3167

注：标准充放电倍率指储能电池的最大输出功率与输出容量的比值。如锂电池的标准充放电倍率为 0.5，指 1kW・h 系统最大能放电 0.5kW。

5.2.2　储能度电成本分析

储能电站度电成本分析包括储能电站的建设成本及其日常运维损耗，包括储能电池折旧、PCS 设备折旧以及系统运行损耗等。这些都需要纳入到储能电站运维成本中。

通过调研分析制作储能运维成本计算表见表 5-4。

表 5-4　储能电池度电成本分析

储能类型	容量 / (kW・h)	系统投资成本 / [元 / (kW・h)]	循环次数 / 次	系统充放电效率	度电成本 /[元 / (kW・h)]
磷酸铁锂电池	3	4667	3500	0.9	4667/3500/0.9=1.482
	6	3333	3500	0.9	3333/3500/0.9=1.058
三元锂电池	3	4333	2000	0.9	4333/2000/0.9=2.407
	6	3167	2000	0.9	3167/2000/0.9=1.759

注：度电成本计算公式为度电成本 = 系统投资成本 /（循环次数 × 系统充放电效率）。

5.3　客户侧储能收益分析

储能运营收益分为两类：直接收益和间接收益。直接收益为储能独立运行通过赚取峰谷价差获得的收益；间接收益为用户通过参与电网需求响应及源网荷互动等获得的额外奖励。

5.3.1　储能系统独立运行收益分析

目前江苏居民用户的电价政策主要包括峰谷电价和阶梯电价，见表 5-5。

表 5-5 江苏电网居民用户电价政策表 （单位：万元）

<table>
<tr><th colspan="2" rowspan="3">电费</th><th colspan="2">峰谷电价</th></tr>
<tr><th>高峰</th><th>低谷</th></tr>
<tr><th>8:00 ～ 21:00</th><th>0:00 ～ 8:00
21:00 ～ 24:00</th></tr>
<tr><td rowspan="3">阶梯电价</td><td>年用电量≤2760kW・h</td><td>0.5583</td><td>0.3583</td></tr>
<tr><td>2760kW・h< 年用电量≤4800kW・h</td><td>0.6083</td><td>0.4083</td></tr>
<tr><td>年用电量 >4800kW・h</td><td>0.8583</td><td>0.6583</td></tr>
</table>

在不同用电量等级下，峰谷不同，但是峰谷价差相同。由于当前居民用户用电仅分为高峰电价和低谷电价，且电价差不变，因此客户侧储能独立运行通过峰谷价差套利模式，简单且不受阶梯电价政策影响。在正常运行工况下，客户侧储能每天可进行一次满充满放且为“低谷充－高峰放”。

客户侧储能峰谷差套利 =（峰电价－谷电价）× 单日充放电次数 =0.2 元 /（kW・h）

5.3.2 电动汽车 + 双向充电桩组合收益分析

除了家用固定安装的储能设备，也可将电动汽车作为一种储能设备，通过双向充电桩与电网互动，通过充电放电的价差获取收益。目前江苏居民电动汽车客户侧的充电桩计费方式与居民用户收费方式相同。

客户侧储能峰谷差套利 =（峰电价－谷电价）× 单日充放电次数 =0.2 元 /（kW・h）

同时，在进行储能全寿命周期分析时，同一天该收益方式不可与储能系统独立运行时重复计算。

针对电动汽车，作为移动式储能参与电网运营，通过峰谷价差套利。以某型国产电动汽车为例，其储能电池为三元锂电池，容量为 22.4kW・h，电池成本为 29120 元，由于电动汽车电池主要用作车辆行驶，不纳入储能建设成本。目前国内交流双向充电桩建设成本为 1.5 万元，直流双向充电桩建设成本为 7.2 万元 / 台。显然直流双向充电桩成本太高，技术未突破前无经济优势，故本节仅对交流双向充电桩配合电动汽车进行经济效益分析。江苏电网充电桩度电成本分析见表 5-6。

表 5-6 江苏电网充电桩度电成本分析表

储能类型	容量 /（kW・h）	充电桩成本 / 元	系统投资成本 /［元 /（kW・h）］	循环次数 / 次	系统充放电效率	度电成本 /[元 /（kW・h）]
三元锂电池	22.4	15000	669.643	2000	0.9	669.643/2000/0.9=0.372

当居民储能有了灵活的上网电价，当上网电价高于居民峰时电价时，也可上网卖电。

5.3.3　考虑阶梯电价的客户侧储能安装限制

1. 对储能系统安装的限制

储能电池系统存在系统损耗，该部分系统由于损耗而抬高阶梯等级，从而增加用户的用电电费的风险。因此，用户年用电量在达到风险值的情况下会由于安装储能产生额外费用

风险值 = 用电量档位限值 – 储能容量 × 年满充满放次数 × 充放电效率

用电量档位限值为阶梯电价档位，江苏省第一档年用电量达到 2760kW・h，第二档年用电量在 2760 ～ 4800kW・h 之间，第三档年用电量超过 4800kW・h。

基于以上分析，结合苏州试点项目三种储能容量，得到年用电量经济区间分析见表 5-7。

表 5-7　年用电量经济区间分析表

容量 /(kW・h)	年用电量 / (kW・h)	转化效率	年损耗电量 / (kW・h)	年用电量经济区间 / (kW・h)
3	1095	0.9	109.5	(0,2650.5) ∪ (2760,4690.5) ∪ (4800, ∞)
6	2190	0.9	219	(0, 2541) ∪ (2760, 4581) ∪ (4800, ∞)
22.4	8176	0.9	817.6	(0,1942.5) ∪ (2760,3982.5) ∪ (4800, ∞)

2. 对居民用户储能系统容量选择的限制

考虑居民储能的主要运行方式及作用，针对不同阶梯等级下的用户，为保证储能系统建设运行的经济性，其系统容量的选择也受到限值，即储能容量不超过用户日用电量。客户侧储能系统容量选择见表 5-8。

表 5-8　客户侧储能系统容量选择

容量 / (kW・h)	年用电量 / (kW・h)	合适区间
3	1095	1095kW・h< 年用电量≤2760kW・h
6	2190	2190kW・h< 年用电量≤2760kW・h
22.4	8176	年用电量 >4800kW・h

结合以上内容，容量 3kW・h 的储能设备适合的家庭，年均用电量为（1095，2650.5）∪（2760，4690.5）∪（4800，∞）；容量 6kW・h 的储能设备适合的家庭，年均用电量为（2190，2541）∪（2760，4581）∪（4800，∞）；容量 22.4kW・h 的电动汽车配合双向充电桩设备适合的家庭，年均用电量为（4800，∞）。

3. 对储能系统峰谷差套利的影响

考虑江苏省在阶梯电价不同等级下峰谷价差相同，因此，阶梯电价对储能的充放

电套利不存在影响。

5.4 储能电站全寿命周期效益分析

以苏州示范工程为例，针对客户侧储能及充电桩，通过结合客户侧储能系统的建设成本、运维成本与收益，分析其效益并从激励政策方面开展不同方案的效益分析。

5.4.1 基于度电成本分析

由于针对客户侧的峰谷价差固定，且现在没有针对客户侧储能及电动汽车的电价激励政策，因此其盈利方式比较单一。本书中，储能和充电桩的度电成本为系统全寿命周期内成本（包括投资成本和运维成本）与容量的比值，当收益大于度电成本时，该项目为盈利状态；当收益等于度电成本时，该项目为收支平衡状态；当收益小于度电成本时，该项目为亏损状态。

基于此，现市场主流储能系统峰谷差套利效益分析见表 5-9、表 5-10。

表 5-9 客户侧储能系统峰谷收益

储能类型	容量 /（kW・h）	度电成本 /[元 /（kW・h）]	储能收益 /[元 /（kW・h）]	盈利额 /[元 /（kW・h）]
磷酸铁锂电池	3	1.482	0.2	−1.282
	6	1.058	0.2	−0.858
三元锂电池	3	2.407	0.2	−2.207
	6	1.759	0.2	−1.759

从表 5-9 中可以看出，客户侧储能在没有激励政策的前提下，无法通过峰谷价差实现项目盈利，且离实现盈利差距较大。

表 5-10 客户侧充电桩峰谷收益

储能类型	容量 /（kW・h）	度电成本 /[元 /（kW・h）]	充放电收益 /[元 /（kW・h）]	盈利额 /[元 /（kW・h）]
三元锂电池	22.4	0.372	0.2	−0.172

从表 5-10 中可以看出，客户侧充电桩在没有激励政策的前提下，无法通过峰谷价差实现盈利。

5.4.2 基于电动汽车双向充放电产生的上网电价的探索

电动汽车可尝试作为移动式储能参与电网互动，由于电动汽车的电池主要用作汽车行驶，本书仅将双向充电桩的建设成本纳入度电成本。研究合理的上网电价，将电动汽车作为一个储能装置，在电网用电紧张时，参与削峰填谷有重要意义。充电桩上网电价分析见表 5-11。

表 5-11　客户侧充电桩上网电价分析表

储能类型	容量 / (kW·h)	度电成本 / [元 / (kW·h)]	充电电价 / [元 / (kW·h)]	收支平衡上网电价 / [元 / (kW·h)]	盈利 6% 上网电价 / [元 / (kW·h)]
三元锂电池	22.4	0.372	0.53	0.902	0.924

针对该型电动汽车，当上网电价为 0.902 元 / (kW·h) 时可实现收支平衡，当上网电价为 0.924 元 / (kW·h) 时可实现盈利 6%，具备投资价值。

5.5　成本预测

随着储能技术的发展，客户侧储能设备大规模推广，储能建设运维成本会进一步降低。预计系统投资成本见表 5-12、表 5-13。

表 5-12　客户侧储能系统投资成本预测表

储能类型	容量 / (kW·h)	投资成本 / 元	系统投资成本 / [元 / (kW·h)]	标准充放电倍率 C	系统投资成本 / (元 /kW)
磷酸铁锂电池	3	10000	3333	0.5	6667
	6	15000	2500	0.5	5000
三元锂电池	3	9000	3000	1	3000
	6	14000	2333	1	2333

表 5-13　客户侧充电桩投资成本预测表

储能类型	容量 / (kW·h)	充电桩成本 / 元	系统投资成本 / [元 / (kW·h)]	标准充放电倍率 C	系统投资成本 / (元 /kW)
三元锂电池	22.4	8000	357.143	1	357.143

基于此投资成本，得到相应的度电价差预测见表 5-14、表 5-15。

表 5-14　客户侧储能系统度电价差预测表

储能类型	容量 / (kW·h)	投资成本 / 元	系统投资成本 / [元 / (kW·h)]	度电成本 / [元 / (kW·h)]	储能收益 / [元 / (kW·h)]	储能度电价差 / [元 / (kW·h)]	盈利 6% 度电价差 / [元 / (kW·h)]
磷酸铁锂电池	3	14000	4667	1.058	0.2	0.858	0.921
	6	20000	3333	0.794	0.2	0.594	0.642
三元锂电池	3	13000	4333	1.667	0.2	1.467	1.567
	6	19000	3167	1.296	0.2	1.096	1.174

表 5-15　客户侧充电桩上网电价度电价差预测表

储能类型	容量 / (kW·h)	度电成本 / [元 / (kW·h)]	充电电价 / [元 / (kW·h)]	收支平衡上网电价 / [元 / (kW·h)]	盈利 6% 上网电价 / [元 / (kW·h)]
三元锂电池	22.4	0.198	0.53	0.728	0.739

根据表 5-15 的预测信息，可有针对性地指定储能及充电桩相关的电价激励政策，推动客户侧储能和充电桩的推广和普及，促进储能及电动汽车领域的快速发展。

5.6　运行经济性总结

通过对现客户侧储能及充电桩市场调查分析，得到如下结论。

5.6.1　现状总结

客户侧储能与大用户储能相比盈利更为困难，原因为：

1）客户侧储能由于容量较小，相较于大用户储能电站系统度电成本更高。

2）针对客户侧的峰谷价差较小，通过峰谷价差套利无法实现在储能系统全寿命周期内的收支平衡。

3）缺乏客户侧储能的激励政策，针对储能上网、储能互动没有相关的激励政策，导致客户侧储能盈利方式单一。

4）由于有阶梯电价的存在，需要结合自家年用电总量的情况，考虑是否适合安装储能设备，年用电量超过 4800kW·h 的居民家庭较适宜安装储能设备。

5.6.2　推广建议

1）基于目前储能发展水平，建议峰谷价差至少达到 0.858 元 /（kW·h），客户侧储能系统可实现全寿命周期的收支平衡；当峰谷价差至少达到 0.921 元 /（kW·h）时，客户侧储能投资年化收益可达 6%，初步具有投资推广价值。

2）基于目前充电桩投资成本及电动汽车电池通过双向充电桩上网发电的经济效益分析，当上网电价最低定为 0.902 元 /（kW·h）时，可实现全寿命收支平衡；当上网电价为 0.924 元 /（kW·h）时，用户投资双向充电桩，利用电动汽车电池对上网发电的年化收益可达 6%，初步具有投资推广价值。

3）建议针对客户侧储能及充电桩参与需求响应、源网荷互动等提供对应的经济奖励，一方面可增加电网运行的可靠性、稳定性及经济性；另一方面也可以增加客户侧储能及充电桩收益，加快客户侧投资成本的回收。

4）从远景来看，随着技术的发展，投资建设储能电站、双向充电桩的成本将进一步降低，预计家庭储能建设成本可降低 25%，双向交流充电桩建设成本降低 45%。伴随建设成本降低，峰谷电价差达到 0.594 元 /（kW·h）时，可实现全寿命收支平衡；当峰谷价差至少达到 0.642 元 /（kW·h）时，客户侧储能具备投资价值。当电动汽车上网电价达到 0.728 元 /（kW・h）时，可实现全寿命收支平衡；当达到 0.739 元 /（kW・h）时，双向充电桩具备投资价值。

5.6.3　其他

本节中涉及的成本数据为 2018 年储能市场的估计值，随着整个行业的发展，针对某个特定储能系统的数据会有偏差和变化。

同时，不同容量等级的储能系统度电成本并不呈线性关系，容量越小，度电成本越高。由于市场发展问题，并未针对此展开详细的分析。

第 6 章　客户侧储能新型运营服务模式

6.1 “互联网 +”和共享经济

6.1.1 “互联网 +”

1. 互联网发展历程

互联网（Internet）是基于 TCP/IP 的全球性的计算机网络互联系统，它通过 TCP/IP 将世界范围内的网络设备、计算机和智能终端设备等连接在一起，实现数据传输的功能。

互联网起源于 1969 年美国国防部高级研究计划署实施 APPAnet 项目，在 20 世纪 80 年代美国国家科学基金网（NSFNET）取代 APPAnet 成为骨干网络，随着其他网络逐步与 NSFNET 实现互联互通，互联网的骨干网络基本形成。在 20 世纪 90 年代，随着美国信息高速公路计划的实施，越来越多的商业机构接入互联网，商业化进程促使互联网迅速发展，逐渐演变成目前正在使用的遍布世界的互联网。

我国自 1994 年开通 Internet 全功能服务以来，互联网规模和用户总数增长迅猛。2018 年 8 月 20 日，中国互联网络信息中心（CNNIC）在北京发布第 42 次《中国互联网络发展状况统计报告》。截至 2018 年 6 月 30 日，我国网民规模达 8.02 亿人，普及率为 57.7%；2018 年上半年新增网民 2968 万人，较 2017 年末增长 1.9%；我国手机网民规模达 7.88 亿人，网民通过手机接入互联网的比例高达 98.3%，较 2017 年末提升了 0.8 个百分点；其中，2018 年上半年新增手机网民 3509 万人。如图 6-1、图 6-2 所示。

傅泽旧、张领先等学者认为互联网在我国的发展主要经历三次革命，见表 6-1。第一次互联网革命是“桌面互联网”，第二次互联网革命是“移动互联网”，第三次互联网革命是“互联网 +”。

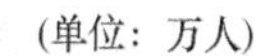

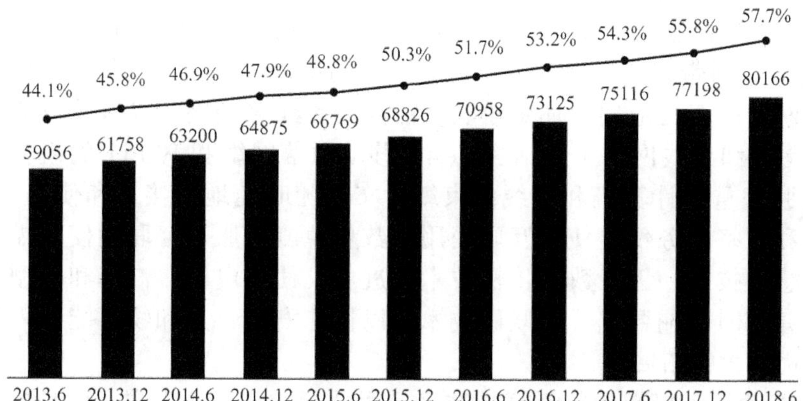

图 6-1　中国网民规模和互联网普及率

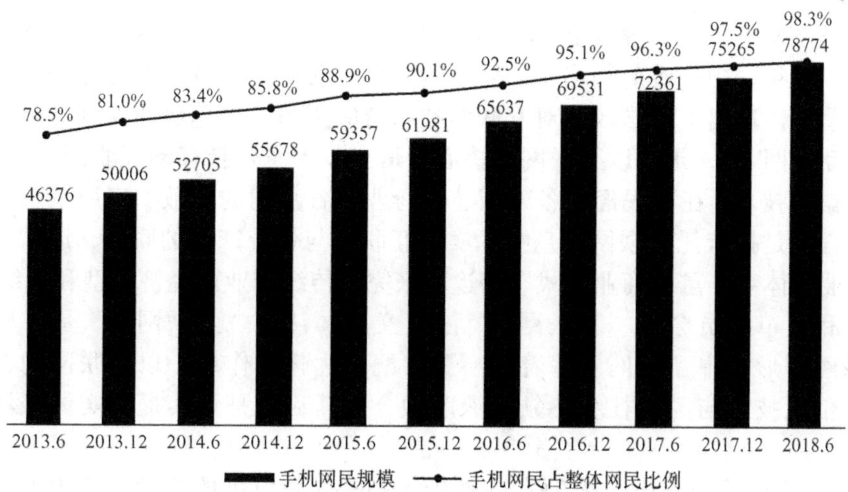

图 6-2　中国手机网民规模及其占网民比例

表 6-1　我国互联网发展过程中的三次革命

三次重要革命	标志性事件	变革内容
桌面互联网	个人计算机和宽带网络的普及	信息化社会形成，产业和行业信息化快速发展，生产效率不同程度获得提升
移动互联网	智能移动终端和高速无线网络的快速发展与普及	互联网的边界大幅拓展，人、物皆联网；部分行业的经营模式发生颠覆性的变革，例如金融、零售等行业；用户的个性需求得以被重视、发掘和满足
互联网 +	云计算、大数据、物联网的快速发展和广泛应用	互联网与实体经济深度融合，促进实体经济的改造和升级

“桌面互联网”革命直接引发的是我国信息产业的快速发展，带动信息装备制造、软件和信息技术服务等行业在十几年中从小变大，由弱到强，实现了跨越式的发展。

“移动互联网”革命带来的最直观变革就是互联网接入终端的小型化、智能化和便携化，以及无线网络的广泛应用。体量小、性能高的智能移动终端设备（例如智能手机、平板计算机等）和无线网络（包括 3G、4G 移动通信网络和 WiFi）的组合使得互联网用户可以摆脱笨重的计算机和网线的束缚，实现随时随地的接入和使用互联网；低廉的设备价格和网络服务价格使得互联网用户数量急剧膨胀，互联网使用需求迅速积累；另外，传感器技术、无线数据传输技术的进步，使得电器、汽车和小型设备等可以介入互联网并实时传输数据，物联网技术得以快速发展，人和物都能纳入到互联网中，互联网的边界大幅拓展。

“互联网 +”革命不是简单地将互联网技术应用到行业或产业中去，而是要借助互联网在大数据分析与预测、数据感知与实时处理以及数据分布式存储与处理等优势改造现有产业的薄弱环节，重新梳理或改造业务流程，实现互联网与实体经济的深度融合，促进实体经济的改造升级，提升社会整体生产力。

2.“互联网 +”的提出

面对产业互联网的机遇，李克强总理在 2015 年政府工作报告中将“互联网 +”提高至国家战略，同年，中央政府提出了“互联网 +”行动计划，将其作为经济新常态下经济发展新引擎，体现出了我国政府对互联网技术与应用的发展趋势的深刻理解和准确把握。所谓“互联网 +”，是指以互联网为核心的信息技术（包括移动互联网、物联网、云计算和大数据等技术）在国民经济各领域、各行业、各部门的扩散、应用以及深度融合的行动和过程，是指依托互联网信息技术实现互联网与传统产业的联合，以“优化生产要素、更新业务体系、重构商业模式”等途径来完成传统产业的经济转型和升级。

国家发展和改革委员会对“互联网 +”的定义是：认为“互联网 +”是一种新经济形态，在该经济形态中互联网发挥着生产要素配置优化的作用，以互联网的创新成果为依托，将信息技术与经济社会各领域深度融合，其目的是切实提高实体经济的生产力和创新力。

“互联网 +”体现了当前生产力的发展趋势，是在创新思维的驱动下产生的互联网发展的新形式、新业态，也是互联网思维与具体产业实践相融合的产物，它能够带动相关经济实体的创新活力与发展机会，为相关产业的升级改造提供高层次的发展机遇。

“互联网 +”的本质是依靠互联网等信息技术，改造传统产业，能够将其生产过程和生产数据在线共享、实施查询，使实体经济与信息技术深度融合发展。“互联网 +”的目的是将互联网与传统产业深入融合，再融合过程中充分发挥互联网的优势，提高企业或组织的创新能力，不断创造出新产品、新产业、新模式和新生态，通常“互联网 +”与某一产业名称相结合，代表用互联网思维和技术改造某一产业。

3.“互联网 +”电网

（1）互联网发展历程

“互联网 + 电网”的结合，使用户可以更高效地利用电力能源，不仅可以提高电力能源的利用效率，也使电力的发电、输电以及配电得到了有效的控制。相较于传统的电网运行，“互联网 + 电网”的结合更加智能化，具体体现在以下几个方面。

1）分布式特点。电能的使用过程具有分散性的特点，传统的电网无法对其进行有效的控制，导致电能的收集和利用出现困扰。“互联网 + 电网”的结合，可以通过计算机技术中的网络节点，对电能进行及时有效的收集和控制，从而极大地提高了电能的使用效率。

2）开放性特点。传统的电网无法让用户及时地了解用电情况，这就给用户的正常用电造成了极大的困扰。“互联网 + 电网”的结合，可以利用计算机智能技术实现对电能装置和能源的共享，提高了电力能源的控制力度，同时可以让用户掌握自身对电能的使用情况，并提出反馈意见，为电网的进一步完善提供了必要保障。

3）安全性特点。传统的电网在运行中存在较多的安全隐患，例如非法入侵行为的发生，给电网正常运行造成困扰的同时，也造成了用户信息的丢失。“互联网 + 电网”的结合，可以通过计算机智能监控系统实现对电网的实时监控，降低了安全隐患的发生概率，还可以对用户的信息进行严格把控，从而达到高效控制电网的实质性目的。

“互联网 + 电网”的结合对电网的改革和创新起到了重要的推动作用。同时，还具有两点优势。

1）有效地把握能源市场先机。通过二者的结合，实现了对电网的高效控制，极大地提高了电力能源的利用效率，使我国在能源需求日益增长的今天，可以利用先进的技术，有效地缓解国内的能源危机，同时，给用户用电提供了便利，从而帮助我国优先取得市场发展的先机。

2）“互联网 + 电网”的结合是实现电网智能化、自动化的重要一步。其重要目的是实现能源消费中电能的高度调整和控制，采用用户被动接入、集中控制的方式，实现资源的有效利用，在一定程度上促进了我国技术和行业相结合的发展。

（2）国家电网公司在“互联网 +”的探索与创新

国家电网公司通过 10 年建成了规模大、功能全和统一性高的一体化集团企业级的信息系统，实现了从 SG186 填补空白式向 SG-ERP 全面集中式的跨越。从覆盖方面实现了总部、分部、省公司、直属单位、地市公司以及县公司的全面覆盖。另外，信息系统建设方面也实现了三级网络的 100% 覆盖，即总部、省及地市网络的全面覆盖。从运行角度上看，网络运行率已实现 4 个 9，信息系统的平均可用率达到 3 个 9 以上。从应用成效上看，已建的信息系统在电力的生产、经营和管理中发挥了非常巨大的作用。从效益成果测算方面看，节约建设成本达 140 多亿元。

国家电网公司从 2010 年开始信息化架构研究的工作，2011 年提出“四横五纵”信息化架构。从业务架构、应用架构、数据架构、技术架构和安全架构五个纵向来开展架构的分析和设计。另外，在自主可控方面，截至 2016 年底，按照总投资测算，国产化率能够达到 90.2%。希望通过自主可控为国家做出一定的贡献，同时也进一步增强系统的安全性和可靠性。

国家电网在“互联网 +”的创新应用，是公司“十三五”信息化工作的重点内容。公司落实国家战略，响应企业发展的需求，大力推进“互联网 +”战略。从 2015 年开始，发布实施了“信息通信新技术推进智能电网和一强三优现代公司的创新发展行动计划”，按照四项目标、六大领域，用6年的时间来推进创新发展行动计划的落地，重点推进大云移物新技术在智能电网和公司经营管理中的创新应用。六大领域包括输变电智能化、智能配用电、源网荷协调优化、智能调控、经营管理和信息通信支撑。用6年的时间来实现技术先进、智能生产、智慧运营和业务创新的四大目标。在行动计划指导下，重点推进大云物移四个方向。

国务院《“互联网+”行动指导意见》为电网企业在发、输、配、售及用户服务等方面基于“互联网+”的发展指明了方向。建设“互联网+”需与电企实际工作结合，从提高企业生产经营效率、简化业务流程和提升客户满意度等方面进行探索与研究。具体探索方向为：

1）“互联网+”在发电侧的探索。分布式电源接入管理。分布式电源具有波动性高、可控性差的特点，可充分利用云计算、大数据等“互联网+”技术提升分布式能源数据采集、监测、保护、控制、负荷预测及调控能力，保障电网安全稳定运行。

2）“互联网+”在变电侧的探索。变电站移动智能巡检。结合智能可穿戴移动互联网应用技术，实现变电站的智能巡检、检修有序操作及无纸办公，提升工作效率的同时保障人身、电网和设备安全。

3）“互联网+”在配电侧的探索。借助互联网与移动应用技术，建立生产管理现场运行检修“互联网+”新模式。计划巡检方面，实现巡检计划任务现场接收，处理结果实时反馈；现场检修方面，实现工作票电子签发、检修全过程电子记录故障。智能研判方面，结合PMS、电网GIS、调度自动化、营销、95598配电网抢修和用电采集等数据进行综合分析，为运维检修提供智能分析与故障智能研判，自动制定对应的检修策略。

4）“互联网+”在用电侧的探索。营销移动作业。传统电力营销应用局限于企业信息内网，在一定程度上制约了现场交流和服务质量的进一步提升。电力外勤服务人员无法在办公室外完成各种信息管理工作，导致现场数据与系统数据不同步问题严重。为此可通过无线虚拟专网、互联网与移动作业技术，实现业扩报装、现场勘查等业务全过程电子化实时处理。

6.1.2 共享经济

近年来，随着信息技术尤其是移动互联网的成熟，“互联网+”在各行各业产生了革命性的影响。共享经济正是在这样的背景下产生并蓬勃发展起来的，点对点租车租房、基于社交网络的商品共享和服务交易等新型业务模式层出不穷。共享经济在住宿和交通运输行业快速发展的同时，正不断向食品、时尚、消费电子以及更加广泛的服务业扩展，全球近千家公司和组织为人们提供共享或租用商品、服务、技术和信息。各领域专家学者普遍认为共享经济浪潮已经来临。

1. 共享经济的特征

共享经济亦称分享经济、合作消费，是通过互联网平台将商品、服务、数据或技能等在不同主体间进行共享的经济模式。其核心是以信息技术为基础和纽带，实现产品的所有权与使用权的分离，在资源拥有者和资源需求者之间实现使用权共享（交易）。在新模式下，人人既是生产者也是消费者，人们越来越注重产品的使用价值而非私有价值、共享性而非独占性。

共享经济的具体模式包括租赁、易物、借贷、赠送、交换以及合作组织等共享形式，主要有三种类型：一是基于共享和租赁的产品服务，如 Zipcar、滴滴和摩拜单车等；二是基于二手转让的产品再流通，如二手商品交易网站 NeighborGood、闲鱼和转转等；三是基于资产和技能共享的协同生活方式，如共享办公、Airbnb、TaskRabbit 和美团外卖等。

共享经济主要具有以下 3 个特点：

1）以现代信息技术为支撑。互联网尤其是移动互联网技术的成熟实现了共享的便捷化，大大降低了共享的成本。基于位置的服务（LBS）为多样化的共享服务提供了可能，而基于社交网络平台（SNS）建立的信任机制为使用权的公平交易提供了信用保障。

2）以资源的使用权交易为本质。共享经济形成了一种双层产权结构，即所有权和使用权，共享经济提倡“租”而非“买”，需求方通过互联网平台获得资源的暂时性使用权，以较低的成本（相对于购置而言）完成使用后再移转给其所有者。

3）以资源的高效利用为目标。共享经济强调产品的使用价值，将个体拥有的、作为一种沉没成本的闲置资源进行社会化利用，最终实现社会资源有效配置与高效利用，有利于经济社会的可持续发展。

2. 共享经济商业模式

（1）基于互联网平台的商品再分配

以基于互联网的社区租借和二手交易市场为主要代表。社区租借模式通过和邻里共享物品以节省资金和资源。社区租借网络平台提高了闲置物品的使用效率，建立了社区沟通交流平台。国外如 NeighborGoods.com，国内如“享借”等网络平台开展类似服务。二手物品网络交易平台开展商品交换、赠送或购买服务，eBay 和闲鱼是二手交易平台的典型代表。

（2）共享非有形资源的协作式生活方式

在这种模式下人们在非有形资产方面互相协助，涉及园艺、技术、劳务、家政服务和医疗服务等诸多行业。时间银行（Timebanks）是早期的创新者（起源于 20 世纪 80 年代，是典型的非营利组织），参与者提供如临时保姆、绘画或按摩的服务赚取“时间币”，“时间币”可以用来购买其他服务。目前全球有 26 个国家设立了时间银行，美国就有 276 家在正式运营。而跑腿兔（TaskRabbit）是劳务分享的典型案例，它是劳动力买卖的网上平台，用户可以在网站上实现劳动力买卖，跑腿兔平台从每次任务中抽取佣金。国内也已出现不少类似模式的网络平台（如猪八戒网）。

（3）共享高价值固定资产的产品服务系统

2008 年以来相继出现了多个网络平台，将个人的闲置资产（汽车、卧室、车库和办公室空间等）提供给其他人使用以获取收益，参与成员可共享公司或私人所拥有的多余产品，付费获取暂时使用权而不必拥有产品。租车领域的 Uber 用车平台、房屋租赁领域的 Airbnb 是典型代表。国内也出现了小猪短租、丁丁停车等企业。

（4）基于社交网络平台的共享经济模式

以Facebook、微信为代表的社交平台帮助用户与现实生活中的朋友、同事等分享生活体验，进而衍生出朋友间的协作消费。这种模式实现朋友间点对点、点对面的协作生活方式或者圈子营销，因此形成了社交式的共享经济模式。如借助微信平台的微商，实质就是“开放平台+朋友圈”，通过用户交流和互相关注，从个人在社交媒体里面的信息足迹和人际关系链出发，把线下产品或服务推广融入社交网络中，通过“口碑营销”在多个圈子群体形成几何级数传播。与国外共享经济通常以专门的网站各司其职的现象不同，国内则更多地借助原本就有大量用户群的社交网站来实现协作消费。比如豆瓣小组、QQ群、论坛以及微博中的微群等都出现了拼饭、拼车和拼屋的专门板块。

在过去的五年中，全球经济一直处于弱势，全球GDP增长率不超过5%，共享经济的发展态势却非常稳健积极。很多共享经济企业都挤进了全世界价值最高的TOP20企业中，这个数字高达70%。目前，出行类和金融类分享经济行业企业发展迅猛，已有30多家典型企业在该领域的估值超过10亿元，累计估值达700多亿元。目前，中国正处于共享经济的发展黄金期。

6.2 基于“互联网+”的客户侧分布式储能运营服务模式创新

6.2.1 客户侧分布式储能运营服务模式现状

目前客户侧分布式储能的运营服务模式多为传统模式，根据储能资源的所有者进行分类，可分为自购模式和租赁模式。

（1）自购模式

自购模式是指用户出资购买分布式储能设备，由用户自己对分布式储能装置进行运营管理的模式。这部分用户主要以中小型工商业用户为主，使用分布式储能系统的目的主要是通过低储高发和光储联合降低用电费用、减少专用变压器容量和提高可靠性等。因此大部分储能设备容量较大，运营管理起来较为容易。

自购模式下，储能使用成本较高，比较适合高峰期用电量大、储能利用率较高的用户，由于峰谷价差可以节省较大的用电费用。缺点是用户需要自行对储能系统进行运营和维护，日常运维成本较高。

（2）租赁模式

租赁模式是指用户从分布式储能设备产权所有者或者第三方运营商租赁储能设备，获得设备的临时使用权。这部分用户主要以中小型工商业用户、居民用户为主，使用分布式储能系统的目的主要是低储高发和光储联合降低用电费用，但是由于高峰期用电量较低，自行购买储能设备一次性投入大，使用成本较高，运营管理较复杂。

租赁模式降低了用户的一次性投入成本，比较适合高峰期用电量不大，但是引入储能可以降低用电费用、提高光伏发电利用率的中小型工商业用户、居民用户。该模式缺点是由于储能需求不是特别大，导致储能利用率低，使用成本较高，收益较低，没有将多余储能资源进行分享的渠道。

6.2.2　客户侧分布式储能的分类方法

客户侧分布式储能以共享为目标，通过用户共享储能资源而提高资源利用效率，进而实现综合成本的降低，并在此基础上可以进一步满足更多用户的储能使用需求。

运营服务模式主要由五个要素，包括目标用户、资源配置、应用场景、服务流程和结算方法。如图 6-3 所示。

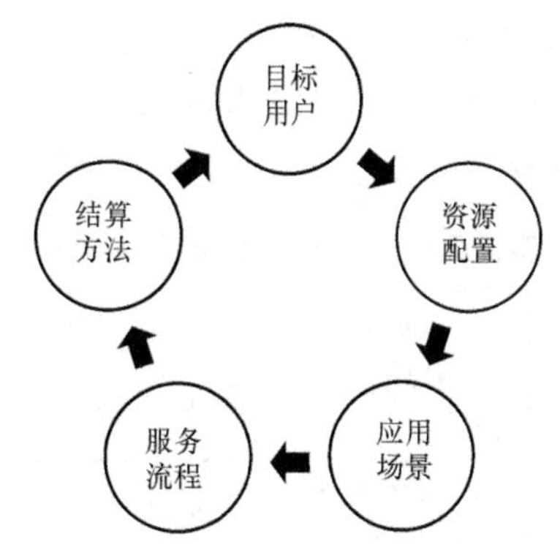

图 6-3　运营服务模式要素

（1）目标用户

储能所针对的细分市场为家庭用户和小商业用户。这类用户数量庞大，每个用户都有使用储能设备来降低用电费用的动力。然而这类用户中单一用户储能需求量较小，对于价格较为敏感。但是市面上难以买到恰好符合其容量需求的储能设备，这就为用户共享储能资源提供了可能性。此外，家庭用户之间以及小商业用户之间的用电行为存在着一定的互补性。因此，为了产生更大、更可观的聚合效益，客户侧分布式储能服务应当大量吸收这类用户。

（2）资源配置

客户侧分布式储能系统新型运营服务模式中，运营商的储能资源配置主要是分布式的储能资源。分布式的储能资源的所有者一般为用户或者电网，运营商可通过租赁的方式获得分布式储能资源的使用权。

（3）应用场景

客户侧分布式储能的主要应用场景包括调频、调峰和需求响应。

（4）服务流程

根据不同的运营服务模式，服务流程也不一样。但是流程中最主要的过程包括：①客户侧分布式储能运营商设定储能服务价格；②用户根据服务的价格和自己的用电情况决定租赁的电池容量或者套餐，获得使用权；③用户购买储能容量使用权之后，在运行中根据自身储能使用需求发出充电和放电指令，也可授权给运营商，由运营商确定储能设施的充放电时机以及充放电功率，以期达到尽可能小的自身成本；④根据用户选择的电池容量或者套餐，运营商在每个计费周期进行费用结算，并生成用户使用情况报告，用户根据账单进行缴费，费用包括服务费和电费；⑤运营商定期支付储能系统的所有者储能系统的租赁费用。

（5）结算方法

用户使用储能服务，需要向运营商支付服务费，从而获得电池容量的使用权。在实际运行中，用户控制云端电池充电所产生的充电电费按照运行时的实时电价结算，由运营商代收。用户控制云端电池放电不产生直接费用。运营商向电网支付储能设施充电的电费和储能设施电量不能满足用户放电需求时从电网获得功率的电费。储能设施放电超过用户放电需求而产生的向电网反送电的收益将由电网支付给运营商。因此，在实际运行中的结算次序首先是运营商、用户与电网进行结算，其次是运营商和用户之间进行结算。结算周期可视实际情况设定为每天、每周或每月。客户侧分布式储能按照目标用户进行分类见表 6-2。

表 6-2 客户侧分布式储能按照目标用户进行分类

<table>
<tr><th colspan="2">用户分类</th><th>储能需求</th><th>用电特点</th><th>适用的运营服务模式</th><th>投资主体</th><th>运营主体</th></tr>
<tr><td rowspan="3">电力用户</td><td>居民</td><td>低储高发，降低用电费用，光储联合</td><td>集中在晚上和非工作日</td><td>共享、租赁</td><td rowspan="3">电网 / 使用者</td><td rowspan="3">电网 / 第三方</td></tr>
<tr><td>商业</td><td>降低购电费用，提高可靠性</td><td>根据商业类型区分</td><td>共享、租赁</td></tr>
<tr><td>工业</td><td>降低用电费用，减少专变容量，提高可靠性，光储联合</td><td>集中在白天和工作日</td><td>共享、租赁</td></tr>
<tr><td colspan="2">第三方非电力用户</td><td>向用户提供储能服务；
向电网提供辅助服务；
向电网售电</td><td>用户决定</td><td>共享、租赁</td><td>第三方非电力用户</td><td>第三方非电力用户</td></tr>
<tr><td colspan="2">电动汽车用户</td><td>向电网售电</td><td>集中在白天</td><td>共享</td><td>电动汽车用户</td><td>电网、第三方非电力用户</td></tr>
</table>

1）电力用户。电力用户为电网公司的直接用户，直接从电网公司购电并进行储能系统充电，使用的储能系统产权所有者为电网公司或者用户本身。电力用户可分为居民、商业和工业用户。其中居民的储能需求为降低电费通过分时电价进行低充高放，一些使用光伏的居民用户使用储能可以减少弃光，降低购电费用。商业用户的储能需求为降低用电费用，提高用电可靠性。工业用户使用的储能容量较大，使用储能的需求包括降低用电费用、减少专变容量和提高可靠性，以及通过光储联合增加光伏发电消纳。居民、工商业的用户虽然需求基本一致，但是他们的用电负荷高峰时段不一致，可以形成互补。工业和部分商业（办公性质）的负荷高峰集中在白天，而居民和另外部分商业（商场等营业场所）的负荷高峰主要集中在晚上，这种互补特点决定了电力用户使用租赁以及共享的运营服务模式，运营主体可以是电网或者第三方运营商。

2）第三方非电力用户。第三方非电力用户不是电网的直接用户，而是作为电网和用户的中间机构代替用户向电网购电，向用户提供储能充放电运营服务。主要储能需求包括为向用户提供储能服务收取服务费、向电网提供辅助服务收取补偿和奖励费用；通过低储高放向电网或者用户售电获利。

3）电动汽车用户。电动汽车用户指拥有电动汽车的用户，他们使用电动汽车电池作为储能设施进行充放电管理。当存储的电能高于自己的用电需求时，用户可以选择向其他用户或者电网售电，主要的用电负荷集中在白天，适合采用共享方式，通过 P2P 运营模式将储能使用权租赁给其他用户。

6.2.3　基于“互联网 +”的新型运营服务模式

基于储能云平台构建基于“互联网 +”的新型运营服务模式，利用共享经济的商业模式，实现客户侧分布式储能资源的有效共享。

基于“互联网 +”的客户侧新型运营服务模式下，储能用户通过购买服务的方式获得分布式储能服务。两者之间通过通信和金融系统进行信息和费用的双向传递，依靠电网实现能量上的相互联系。储能用户可以购买一定时期内一定功率容量和能量容量的共享储能服务使用权。取得储能使用权之后，用户可以根据自己的实际需求，对虚拟电池进行充电和放电。通过物联网技术和分布式储能协调控制技术，储能用户使用虚拟储能如同使用实体储能，但与使用实体储能不同的是，虚拟储能用户免去了安装和维护的麻烦。

共享分布式储能运营商根据用户储能需求投资一定量的集中式储能设备，或通过租赁的方式获得各类分布式储能资源的代理控制权，并综合考虑用户的充电、放电需求等信息，产生优化决策的控制策略，进而控制实际的储能设备并进行相应的充放电。运营商通过对储能资源的统一建设、统一调度和统一维护，从而以更小的成本为用户提供更好的储能服务。

1. 参与主体

基于“互联网 +”的新型运营服务模式的参与主体包括储能用户、中间方和储能资源产权拥有者。

（1）储能用户

基于“互联网 +”的新型运营服务模式下，储能用户是具有储能需求的普通用户，且愿意购买或者租赁储能设备并愿意分享储能设备使用权的用户。用户需要借助资源配置工具来实现储能设备的租赁、共享和管理。资源配置工具和供租赁的储能设备由第三方运营商进行统一管理。

具体来说，储能用户可以分为两种角色：储能资源提供者和储能资源消费者。而一个储能用户，既可以是储能资源提供者，也可以是储能资源消费者。

1）储能资源提供者。储能资源提供者是将闲置的分布式储能系统使用权进行出租或者共享的用户。储能资源提供者的资源来源于自己购置的储能设备或者租赁的储能设备，由于储能资源提供者使用储能资源满足自身储能需求后，将闲置的储能资源进行共享或者租赁给储能资源消费者。可以共享或者租赁的储能资源包括空闲的储能容量或者是空闲的储能资源使用时间段。储能资源生产者根据自己的实际情况确定可以租赁共享的资源及相应价格，需要将可提供的多余资源信息发布到储能资源共享平台上，通过第三方运营商和平台共同完成资源的共享。

2）储能资源消费者。储能资源消费者通过租赁或者共享方式来使用储能资源提供者提供的储能资源。储能资源消费者可以根据自身储能使用需求通过共享平台获取储能资源提供者信息，通过第三方运营商和共享平台完成储能资源使用权的租用。一个储能用户既可以是储能资源提供者，也可以同时是储能资源消费者。当某些特殊时刻储能用户的储能资源不足时，他可以成为储能资源消费者来获取更多的储能资源。当另外一些时刻储能用户的储能资源充分导致利用不足时，为了降低成本，他可以成为储能资源提供者，将空闲的储能资源进行分享来获取收益。

（2）中间方

中间方包括：分布式储能系统的运营商；为分布式储能系统的建设和运行提供软硬件服务的服务商，包括辅助服务、增值服务等；建立和实现能源发和用中间业务的售电商等。

其中运营商是基于“互联网+”的新型运营服务模式中的重要参与主体，通过客户侧分布式储能系统的运营平台实现储能系统运营管理，向客户提供基础运维服务和增值服务。

运营商获取储能设施主要是通过两种途径：一是投资使用集中式的储能设施；二是租赁已有的客户侧分布式的储能资源。投资集中式的储能设施可以充分利用规模效应降低单位投资成本，并且便于运营商在运行中对其进行调度管理。租赁分布式的储能资源可以使得运营商以较小的成本获得一定的储能资源的使用权，在增加了储能投资与规划的灵活性的同时，也提高了闲置资源的利用率，提升了社会福利水平。

运营商提供的基础运维服务包括：

1）运维服务。运营商负责客户侧分布式储能系统的整体运营服务，向储能供方提供设备运行监测、能效管理和交易管理等功能，向需方提供负荷控制、交易结算和代缴电费等功能。

2）分析预测。运营商对用户的充放电功率和电价等做出预测，通过优化的方法可以实现不同储能设施的最优协调。在运行中，运营商可以对于下一日的预测值进行日前决策，获得下一日的储能设施充电和放电策略。

3）优化调度。根据分析预测的结果，结合价格机制对储能装置的充电、放电进行合理引导和控制，实现合理的优化调度，达到经济收益最优化。

4）效益分析。向储能提供者和消费者双方提供储能的效益分析功能，并基于运营大数据分析得到储能设备使用率等数据，用于指导双方用户的储能分享和使用。

5）参与辅助服务和需求响应。在用户授权下运营商负责接受电网调度参与电网辅助服务和需求响应，获得收益按照协议规定返还用户。

运营商提供的增值服务主要包括：

1）储能资源托管。提供托管服务，托管储能提供者的储能资源，通过统一管理、统一运维为用户提供较高的收益。

2）数据服务。挖掘用户储能运营数据，提供基于大数据的能耗使用分析、预测服务和更精益的储能使用指导服务。

3）应急供电。利用电动汽车等移动式储能资源提供应急供电服务。

（3）储能资源产权拥有者

储能资源产权拥有者是整个商业模式中的投资主体，他们购买储能设备的主要目的除了使用储能系统外，还通过租赁和共享储能资源使用权来降低储能使用成本。因此，储能资源产权拥有者可以同时是储能资源提供者。

新型运营服务模式中参与的主体可以是多重身份，例如国家电网公司投资建设的客户侧分布式储能系统，国家电网公司既购买储能设备，是储能资源产权拥有者，又可以是运营商，为共享平台的用户提供运维服务。

2. 资源配置

基于“互联网+”的客户侧分布式储能新型运营服务模式下的资源配置，主要是通过分布式储能运营和交易平台实现。储能运营和交易平台一方面对用户提供高级应用服务，并在数据分析的基础上为本地站级能量管理系统提供优化控制策略支撑；另一方面，储能运行平台还通过数据接口与电网调度自动化系统、电力需求侧管理平台和电力市场交易系统等实现业务关联，拓展分布式储能应用新模式和新业态，充分发挥分布式储能资源的多元化价值。

3. 应用场景

基于“互联网+”的客户侧分布式储能的主要应用场景除了包括满足调频、调峰和需求响应，还能满足客户侧能量管理、电能质量优化和应急供电等各项需求。

1）调频、调峰。客户侧分布式储能参与电网调频或者调峰辅助服务时，由分布式储能运营设定储能系统相应的充放电策略，并精确跟踪调度指令，调节延时、超调和反调等情况下执行不同控制策略。

2）需求响应。客户侧分布式储能运营平台制定电网需求响应优化策略，建立基于分时电价的需求响应模型和实时电价的需求响应模型等，接收电网动态电价和负荷需求、需求响应事件的通知。

3）能量管理。客户侧分布式储能新型运营服务模式还支持用户能量管理，实现光伏、风能和储能的协调控制。

4）电能质量优化。客户侧分布式储能新型运营服务模式的另外一个重要应用场景是提高电网电能质量，通过利用储能系统的本体和变流器资源，对有功/无功共同作用的电网电能质量问题起到较好的调节效果，可降低用户的重复投资。

5）应急供电。应急供电是分布式储能系统应用的重要场景，可以为用户提供应急电源服务。

4. 基本服务流程

基于“互联网+”的新型运营服务模式下，运营平台和运营商作为核心组成要素，参与了全部服务流程。在基本服务流程下，运营商收取额外服务费，并制定各类服务价格范围。由运营平台实现资源池，资源池用于储能资源提供者和消费者发布储能资源供需信息，供需信息包括资源容量大小、使用时间和使用价格，在资源池内用户可以双向选择，也可设定一定区间由运营平台完成智能匹配。

另外，储能运营商也可以集中建设购买分布式储能系统或者从储能资源提供者以较优惠价格租赁较多数量的储能容量，成为储能资源提供者，将储能资源以各类套餐形式租赁给储能资源消费者。

用户向储能资源提供者购买储能容量使用权之后，在运行中根据自身储能使用需求向其所购买的分布式储能系统发出充电和放电指令。运营商通过合理地选择储能设施的充放电时机以及充放电功率，以期达到尽可能小的自身成本。在运行过程中，配电网为储能系统充当备用，当储能设施中的电能不足以满足用户的充放电需求时，储能运营商从电网直接购买电能供用户使用。基本流程如图 6-4 所示。

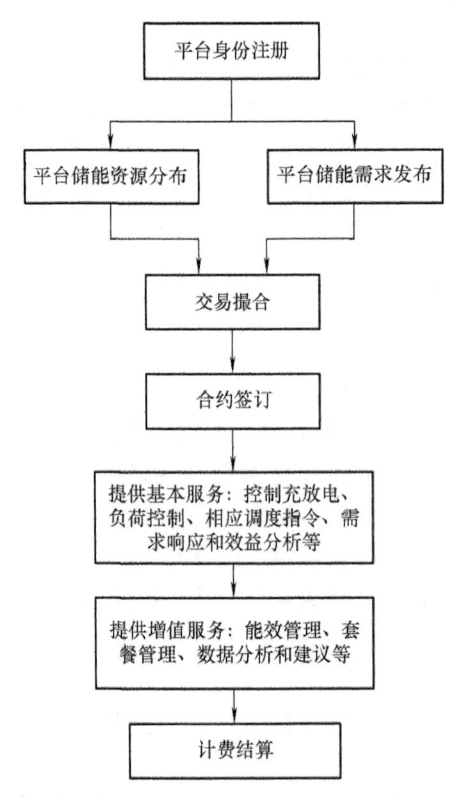

图 6-4　基于“互联网 +”的新型运营服务模式基本流程

5. 交易机制

基于“互联网 +”的客户侧分布式储能新型运营服务模式通过供需双方直接实时互动，以去中心化为特征形成交易体系。交易主体包括储能资源消费者、储能资源提供者、运营商和售电商等；交易标的为可使用的储能资源；交易双方针对参考市场中形成的价格信号做出交易决策，自主开展交易的发起、确认、执行和验证等行为，这些交易行为通过各种智能化设备响应执行，实现实时的供需对接。

面向客户侧分布式储能的交易机制构建扁平化，甚至去中心化的交易体系架构，有利于提升市场成员交易的便利性；而以直接交易、按报价支付（PAB）为特征的交易机制也为分布式储能用户参与市场并从变动的价格中“获利”提供了可能性。

面向客户侧分布式储能的交易机制采用扁平、去中心化的交易架构，交易行为在一个去中心化的交易平台上自主达成并自动执行。各类交易主体的交易行为包括但不限于以下几个方面。

1）储能资源提供者享有对自身储能的控制权，在充放条件允许的情况下可自由参与交易。

2）任一储能消费者可以选择在平台上购买储能资源使用权（或者是储能放出的电能），也可以和运营商签订租赁合约或者和资源提供者签订共享合约。

3）共享储能平台运营商通过建设运维交易平台，整合储能闲置资源为虚拟储能资源，为用户提供储能资源和电能。

4）其他增值服务及一些可转让的金融合约等也可以在交易平台上进行交易。

从交易的时间尺度来看，共享交易平台中现货交易和中长期交易并存，如消费者与运营商以中长期的套餐价格达成租赁交易，也可以从储能资源提供者处实时交易储能资源（或者储能电量）。从交易的标的来看，可以是储能资源、电能、服务和金融合约等。交易的达成代表了电能传输、使用权转让、服务确认和合同转移等。从交易的操作层面来看，共享交易平台中交易的执行大多是自动化的，交易的决策和确认过程也尽可能自动化实现。相比于传统电力系统，去中心化的共享交易平台能够整合不同类型的交易方式，有效打破信息隔离，对系统具备整体优化功能。但同时交易关系在时间和空间上更加复杂，需要区块链和智能合约等先进的信息技术与智能技术进行支撑。

交易过程是成员在该机制下需求发布、交易匹配和合约执行的过程。从交易组织的角度，可以分为发起、确认、执行和验证四个环节，如图 6-5 所示。

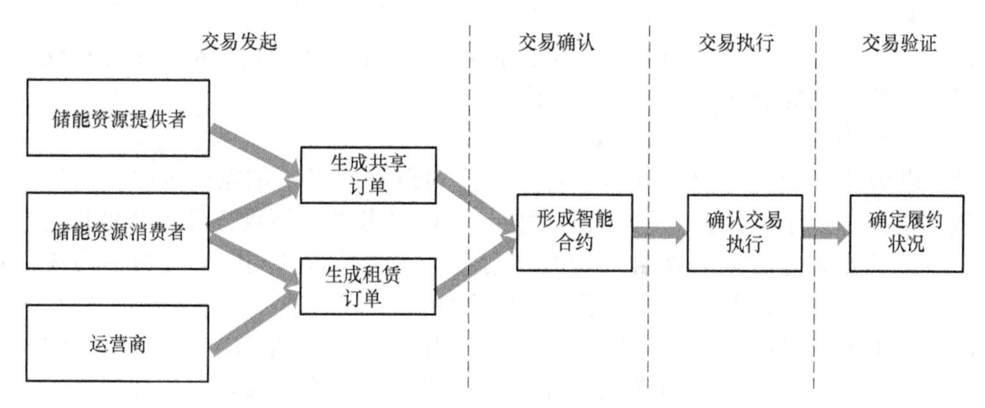

图 6-5　基于“互联网 +”的新型运营服务模式的交易机制

（1）交易发起

将可交易能源系统中的交易分为自动发起和人工发起两大类。自动发起交易的交易逻辑简单，发起过程易于规范化，可编程序控制，能够自动化实现；人工发起交易随机性较高，主体性明显（即掺杂较多主观因素成分）。自动发起交易由成员的智能系统发起，能够做到“实时监测，自动发起”。例如储能资源提供者利用实时监测数据，负荷预测、储能预测与实时电价预测的结果做出交易决策，包括交易的时间、交易的储能资源内容等要素确定后，以标价挂牌方式向交易平台上其他成员提出交易请求。该类型交易按照标准化的格式发起。人工发起交易的发起策略一般需要人为制定，如运营商对正在面临或预期的某个特定需求，可以人为将其转换为可交易的标的，向系统内全体或特定成员发送，该类型交易的发起格式也不固定，在紧急情况下可以按照标准格式发出，以得到自动化回应。

此外，交易的发起通常要对发起人的履约能力进行审核。由于可交易能源系统是去中心化的，因此没有独立的校核机构，审核由智能校核系统完成，该系统将综合成员的交易状态（是否有未完成交易等）、历史交易及违约记录（成员自动存储）等进行审核。

（2）交易确认

在交易的确认环节，区分为自动确认和人工确认两大类。对于标准格式发出的交易请求，智能系统能够结合自身信息给出自动回复，交易的发起方在收到多个回复时，参照时间优先、价格优先等原则进行自动确认。对于非标准格式发出的交易请求，需要经过人为决策给出回复，交易可能要经过双方多次协商才能得到最终确认。交易确认须对回应方的履约能力进行审核，同样由智能校核系统完成，过程与发起环节类似。需要说明的是，一旦交易经过确认，将自动转换为标准合约。合约包含交易时间、交易内容等，由交易双方自动存储，以备交易验证和最终结算。

（3）交易执行

交易的执行环节为统一的自动执行，由运营平台、各个储能设备及智能监控终端完成。该终端能对分布式储能的运行状态、输出/消耗功率等物理量进行控制，严格按照已确认的标准交易合约内容，在约定的时间内执行。同时，无论是否有交易在执行，成员的输入输出功率、时间等关键指标均由智能电能表不间断监测并存储。运营平台基于监控数据完成交易的监督和验证。

（4）交易验证

对于电力市场而言，由于电网中对于电能的传输基于基尔霍夫定律，所以电力交易一般不区分“哪个电源提供给了哪个用户”，而只考察合约双方是否分别执行了其约定的行为。例如发电方是否按合约发电，用电方是否按合约用电。当有一方未能履约时，只判定一方违约，而另一方不承担违约责任。

储能资源的共享在本质上是电能的共享。因此，采用共享模式的分布式储能运营服务模式下，运营商将需要对储能资源提供者和储能资源消费者的智能电能表的历史监测数据进行分析，对照合约以及双方合约期间发送的通信和命令报文，确定各自的履约状况。

6. 盈利模式

客户侧储能实现收益主要有以下几个方面：

1）动态扩容。变压器的额定容量在出厂的那一刻起就是固定的，当电力用户由于后期某些需求的影响造成变压器满额运行时，就要进行扩容，安装用户侧储能可以实现动态扩容，节省配电增容费用。

2）需求响应。我国的电力负荷曲线有个非常明显的高峰，实行需求侧响应能有效地改善这一现象。用户的储能设施参与需求响应后，电网会给一定的补偿费用，或者依靠峰谷价差获得收益。

3）需量电费管理。需量电费是大工业客户针对变压器收取的电费，而无论是按变压器的容量收取，还是按最大负荷收费，都无法满足用户的峰谷用电负荷特性。储能可以通过充放电调节用户用电曲线，合理地控制好用户每月最大需量，为企业降低需量电费。此种场景，储能调节用户用电曲线，其实质也是通过调峰的过程完成，因此在计算收益时，需要和用户侧调峰收益统筹考虑。

4）配套工商业光伏。随着光伏补贴的退坡，光伏企业必须寻找新的模式提高收益。工商业光伏 + 储能，可以提高自发自用率，减轻用户的电费压力，同时也可以利用剩余光伏发电量白天对储能电池充电，晚上放电，从而节省用电费用。

5）用电负荷调峰。储能以低谷用电和平峰、高峰放电的方式，利用峰谷电价差、市场交易价差获得收益，或减少用户电费支出，同时达到平抑用户自身用电负荷差和缩小电网峰谷差的目的。由于储能在用户侧应用的政策存在缺失，通过峰谷价差套利，成为目前我国储能产业仅有的"讲得清、算得明"的商业模式，且也是用户侧储能各类应用直接或间接的盈利模式。对于此种场景，适合于峰谷电价差较高，至少达到 0.75 元 /（kW·h）以上，且用户负荷曲线较好，负荷搭配储能能够较好完成日内电量平衡的企业用户。但大部分地区的峰谷电价差较低，储能的投资回收期较长。

基于"互联网 +"的新型运营服务模式下，运营商利用互联网技术，通过储能资源的聚合和共享为用户提供储能基础服务和增值服务，从而通过收取服务费、租赁费等进行盈利，盈利主要来源于以下几个方面：

1）核心服务。包括分布式储能设备运维管理、运营管理平台的建设运维、储能共享合约的监督执行和储能资源交易的全过程管理等。

2）增值服务。在客户侧分布式储能投融资阶段，提供多元化金融服务；在客户侧分布式储能建设阶段，提供资源评估、建设安装咨询和方案推荐等专业化增值服务；在客户侧分布式储能运行阶段，提供分布式储能系统运行优化、运营分析、电量收益分析与预测等增值服务。

3）潜在收益来源。运营商可以经资源聚合，利用闲置储能资源和储能电量通过参与辅助服务和需求响应等获得政府补贴。同时也利用储能剩余电量参与电力市场交易。

7. 结算方法

用户使用客户侧储能云服务，需要运营商支付服务费，从而获得云端储能资源的使用权。基本的结算方法如下（即不考虑套餐的情况）。

1）充电费用。在实际运行中，用户控制云端储能资源充电所产生的充电电费按照运行时的实时电价结算，由运营商代收。运营商向电网支付储能设施充电的电费。

2）放电费用。用户控制分布式储能资源放电不产生直接费用。用户的负荷不能被分布式储能资源放电所满足的部分将由用户直接与电网结算，支付相应的用电费用。运营商支付储能设施电量不能满足用户放电需求时从电网获得功率的电费。

3）充放电收益。储能设施放电超过用户放电需求而产生的向电网反送电的收益将由电网支付给运营商，由运营商根据储能提供者和消费者的合约类型进行结算。分布式储能系统参与电网辅助服务和需求响应的收益根据合约类型和条款由运营商进行结算。

4）结算顺序。结算次序首先是由储能云运营商、用户与电网进行结算，其次是储能云运营商和用户之间进行结算。结算周期可视实际情况设定为每天、每周或每月。

6.2.4 基于“互联网+”的P2P共享模式运营方案

1. 运营服务模式

客户侧分布式储能系统中主体之间适合实行点对点（Peer to Peer，P2P）的分布式运营服务模式。相对于传统的集中式交易模式下由一个控制中心集中处理信息和进行交易决策，P2P分布式运营服务模式采取弱中心化、扁平的交易模式，由交易主体自行决策，相互通信、达成交易并自动执行。分布式储能系统中用户都比较分散，部分投资者也是用户，在满足自己需求的情况下可以出售多余的储能使用权。共享P2P模式储能提供者和储能消费者双方既可以对自己的需求/供给报价，也可以接受其他用户报价的形式，增加了交易的灵活性。

P2P共享模式下，储能提供者通过共享交易平台发布闲置的共享资源，储能消费者通过平台发布储能服务使用需求。运营商维护运营平台，并为双方提供交易信息，由双方自行决策是否达成交易。一旦共享合约签订，共享交易平台运用互联网和物联网相关技术，使得储能消费者拥有共享的储能设备控制权，储能消费者可以控制所共享的储能资源完成充放电。对储能提供者来说，共享的实际是拥有的储能资源的充放电能。而运营商需要制定运营平台控制策略，防止储能提供者和储能消费者对同一部分储能资源产生控制冲突，保证储能资源的合理使用。

采取P2P分布式交易的运营服务模式，允许在本地与其他用户进行实时交易，将多余储能资源按照报价出售。系统中的分布式交易具有弱中心化的特点。参与主体可以自行决策，通过分布式网络寻找选择交易对象和交易内容并且按照定价支付。运营商的主要作用为市场监管、检查智能合约的安全条件，保证合约的有效执行，并对违约行为做出相应的惩罚。同时运营商通过先进的监测技术监测所有储能资源的运行状态，为用户提供运营管理服务。

分布式交易过程可以分为发起交易、报价、交易、验证和执行等阶段。交易的过程可以通过基于区块链技术或其他类似的分布式网络实现。区块链可以将交易信息以智能合约的方式记录，通过分布式网络扩散到每个节点，并形成共识。

共享P2P模式和租赁模式的区别是储能消费者不需要和运营商签订固定租赁合约，只需要提交储能需求。储能服务提供者提交多余的储能使用权，平台动态地匹配交易双方，完成智能交易过程。P2P共享模式下参与主体之间关系如图6-6所示。

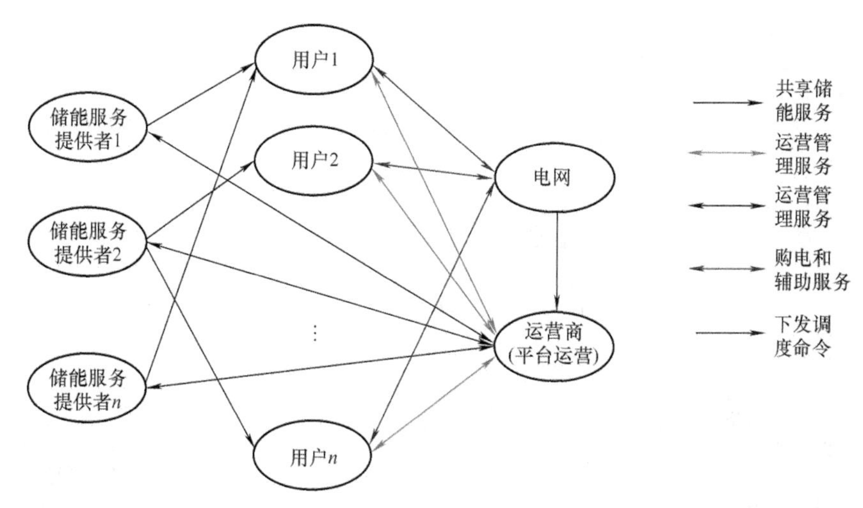

图 6-6　P2P 共享模式下参与主体之间关系

共享 P2P 模式下运营商的盈利模式采取收取服务费的形式。运营商根据共享交易平台运维成本研究服务费定价模式，制定合适的服务费。服务费可以考虑向储能提供者收取，或者向储能消费者收取，或者向双方收取。服务费的制定需要考虑：

1）保证储能提供者的收入大于维护储能设施的成本。

2）保证储能消费者的支出小于自建储能投资成本。

3）保证储能运营商的收益大于各类运营成本。

4）可以研究服务费动态定价机制，引导用户合理使用分布式储能系统。

5）利用运营商的优势开展能源托管、数据服务等增值服务。

2. 运营服务详细流程

基于“互联网 +”P2P 共享模式的运营服务流程包括储能资源注册、储能资源发布、储能需求提交、共享合约签订、充放电控制和计费结算等。如图 6-7 所示。

1）储能资源注册。储能资源注册是指储能提供者将储能资源在共享交易平台上进行注册，平台可以监控用户储能资源运行状态。

2）储能资源发布。储能提供者需要共享限制储能资源时，发布储能资源，包括选择共享方式、确定共享的容量和时段等，并选择一种计费方式。

3）储能需求提交。储能消费者可以通过平台提交自己的需求，包括需要的储能容量、时间等。

4）共享合约签订。运营商通过共享交易平台进行智能匹配供需要求，运营商、储能消费者和储能提供者完成三方共享合约签订，共享合约可以采用去中心化的智能合约技术签订。合约内容包括共享的储能资源、计费套餐和运营商服务费收取方式等。如果需要运营商增值服务，合约还可包括增值服务内容。

5）充放电控制。建立 P2P 共享合约后，储能消费者获得储能资源的实际控制权，基于互联网技术，通过手机终端或者计算机终端发送充放电控制命令。运营商可以通过平台监控储能资源的运营数据，并且提供一些增值服务，帮助用户定制充电策略等。

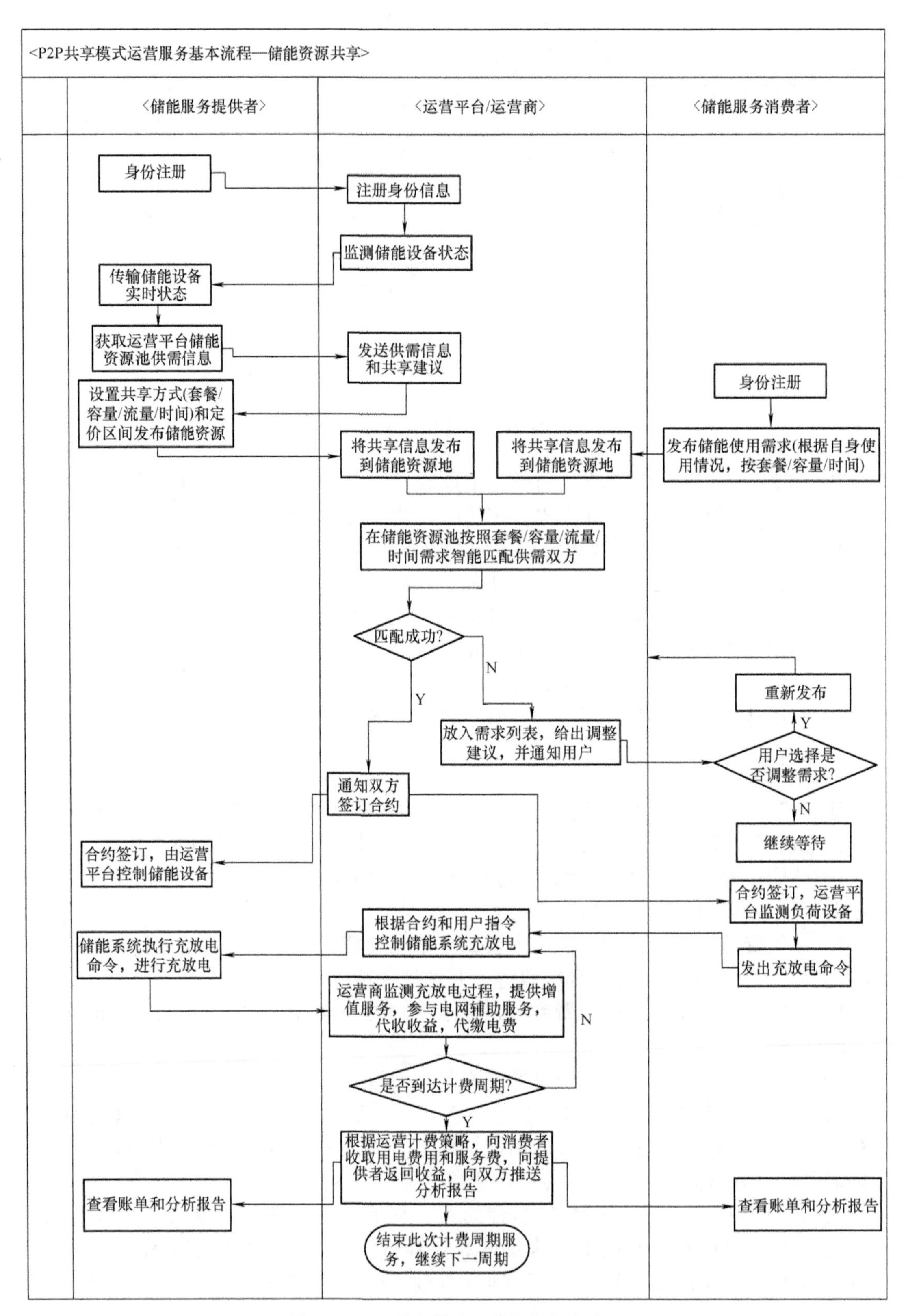

图 6-7　P2P 共享模式运营服务基本流程

6）计费结算。根据合约选择的计费策略，运营商完成共享费用、购电费用、服务费用、增值费用和辅助服务补偿费用的计算。

3. 利益主体权责划分

在基于“互联网 +”的新型 P2P 共享模式下，主要的利益主体包括储能服务提供者、终端用户、运营商和电网，具体权责划分如下。

（1）储能服务提供者

储能服务提供者可以是储能投资者，也可以是租赁储能资源的用户。储能服务提供者的职责：

1）确保储能系统设备状况正常，通过各项入网检测要求。

2）发布需要共享的储能服务并对储能服务进行定价，可以选择多种价格机制。

3）通过互联网手段与接受共享的用户签订合约并履行合约。

储能投资者的职权：

1）通过共享平台选择是否接受用户及其购买价格。

2）收取用户使用共享储能服务的费用。

3）设定储能资源的使用要求。

4）随时查看储能资源使用信息和数据，定期检查资源状态。

（2）运营商

运营商的职责：

1）向储能资源投资者提供共享发布和运营管理功能，包括储能系统的定价发布、运行维护和统计分析储能资源的各项数据。

2）向终端用户提供运营服务，设定运营服务的范围。

3）维护共享交易平台，通过供需匹配促进储能消费者和储能提供者达成交易。

4）对交易进行安全认证，判断交易是否成立。

5）保障并监督合约履行过程。

6）向电网购电，替用户缴纳用电费用。

7）转发电网辅助服务调度命令。

8）计算各个用户辅助服务贡献量，收取电网辅助服务补偿费用并分配给用户。

运营商的职权：

1）监督合约执行过程，对违约行为进行惩罚，对服务提供者和用户进行信用评价。

2）根据运营成本确定运营服务费率，收取运营服务费用。

3）替电网收取用户的购电费用。

（3）终端用户

终端用户的职责：

1）发布储能共享需求，选择合适的储能服务提供者。

2）签订并履行共享合约，缴纳储能服务共享费用。

3）缴纳向电网购电费用。

4）接受运营商的合约监督，如有违约则接受相应惩罚。

5）如果接受运营商的辅助服务调度，需要向电网提供辅助服务。

终端用户的职权：

1）使用合约规定范围内的储能服务，设定储能需求，可以自行控制储能的充放电。

2）获取运营服务商提供的储能运营数据和统计分析报告。

3）取得参与电网辅助服务的补偿费用。

4）监督运营服务商的运营服务质量。

（4）电网

电网的职责：

1）为储能系统提供电能。

2）为储能系统的辅助服务提供补偿费用。

电网的职权：

1）收取用户储能的购电费用。

2）对储能系统的辅助服务进行考核。

4. 计费结算机制

（1）共享费用

共享费用由使用储能服务的储能消费者支付给储能提供者，共享费用的制定依据储能服务提供者对储能设备的投资和运维成本决定。共享费用可以有多种定价方式，包括按容量、按放电电量和按套餐形式。

1）按容量。储能服务提供者设定单位千瓦和单位千瓦时的租赁价格，储能消费者按照自己实际储能购买一定时期内一定容量的虚拟储能设备使用权，消费者在这段时间内可以自由使用储能资源，不受充放电次数、总电量等限制，但是需要支付储能充电产生的充电费用。为了吸引用户使用P2P共享储能资源而非投资实体储能，在按容量和时间定价时，储能单位容量年度共享租赁费应不大于投资实体储能的单位功率容量投资成本年值。

2）按放电电量。这种模式储能消费者只需要关注所使用的储能总放电量，无须支付储能系统充电费用。储能系统充电产生的购电费用由储能提供者支付。这种让消费者实现“用多少，付多少”的消费模式，依据消费者从虚拟储能设备中放出的能量的多少而收取相应的费用。在这种定价模式下，储能提供商要计算出在不同的储能设施荷电状态和不同的电价下满足用户存储和释放单位电能的需求所产生的成本，进而形成按流量定价的分时分段或连续价格曲线。运营商也可以依据储能提供者的成本为储能提供者提供价格区间。

3）按套餐形式。储能服务P2P共享费用的定价还可以使用套餐的定价方法。储能服务提供者根据所需要共享的储能服务的特点设定不同的套餐。例如，如果储能可提供任何时刻的充放电服务，在套餐定价中，费用可以设定得比较高。而对于无法提供全天候储能服务的服务提供者，其共享费用可以设定得比较低。通过利用不同用户对于储能服务的可靠性要求不同的这一特点，可以进一步增加储能设施的利用效率。此外，套餐定价也可以既包含容量定价的部分，又包含流量定价的部分。本质上，按套餐定价的方法就是运用价格杠杆，最大限度地让储能提供者和储能需求者共享使用分布式储能资源，从而使得储能提供者和储能消费者降低使用成本。

（2）购电费用

储能消费者需要支付控制充电命令产生的向电网购电的费用。这部分费用先由储能提供者代为支付，然后储能消费者将购电费用、运营商服务费用和共享费用一起支付。

（3）服务费用

服务费用是指运营商提供共享平台运营、储能资源监控等基础服务及增值服务收取的增值服务费用。

1）基础服务费。基础服务费是运营商完成基础运营功能收取的服务费用，包括储能设备状态监控、共享运营交易平台的维护管理、计费和结算和运营数据统计分析等。运营商核算总成本后，确定技术服务费定价和计费方式。服务费有多种定价方式，可以按照容量定价、按照放电电量定价或者按照储能消费者支付的共享费用的比例来定价。按容量定价是指服务费单价按照固定容量、固定时间设定，例如设定为 x 元 /kW。按放电电量定价是指服务费单价按照储能放电电量设定，例如设定为 x 元 /（kW · h）。按共享费用比例定价适用于共享服务费是按套餐的形式，例如设定为服务费是共享总费用的 10%。

为了最大程度提供客户侧分布式储能利用率，同时降低负荷峰谷差，可以制定合理的动态服务费费率，采用价格杠杆引导储能用户的充放电行为，减小分布式储能系统充电对电网的影响。在分析研究客户侧分布式储能动态服务费率时，可以采用多目标优化等方法，考虑运营商收益最大、负荷波动最小等目标，设定考虑储能消费者和储能提供者成本降低等约束条件，确定基础服务费的费率。

2）增值服务费。运营商根据储能消费者和储能提供者的需求提供增值服务，收取增值服务费。增值服务包括充放电策略定制、储能资源托管、基于用户负荷预测的自动充放电控制和储能数据服务等，运营商根据各项增值服务的运营成本、创造性价值以及为用户节约的用电成本等影响因素进行增值服务费价格制定。

（4）辅助服务和需求响应补偿费用

在 P2P 共享模式中，储能用户可以选择是否接受电网调度参加辅助服务和需求侧响应。如果用户接受，运营商通过共享运营平台完成客户侧分布式储能统一调度，根据电网的辅助服务和需求侧响应指令进行充放电控制。根据各省市相关政策，运营商将获得的补偿总费用根据各个用户的实际出力大小进行分配。共享 P2P 模式下储能消费者的支出和收入如图 6-8 所示。

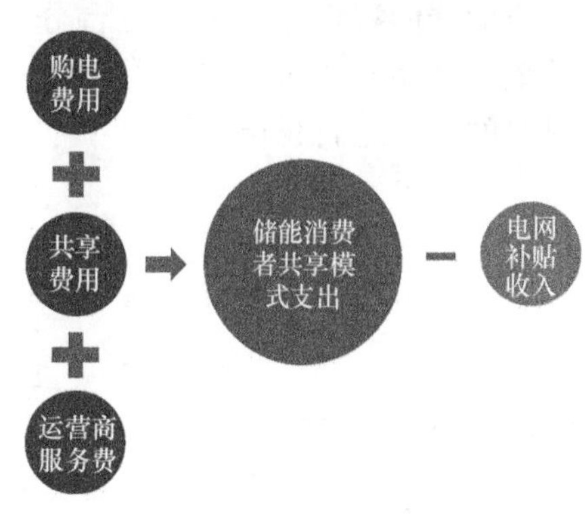

图 6-8　共享 P2P 模式下储能消费者的支出和收入

6.2.5 新型租赁模式运营方案

1. 运营服务模式

基本的租赁模式下，储能资源提供者将分布式储能资源直接租赁给储能资源消费者，由两者商定租赁的内容和价格，中间运营商通过运营平台完成合约履行过程的监督和充放电费用结算。这种一对一的租赁关系形成的前提是储能资源消费者的需求和储能资源提供者所共享的储能资源比较匹配。例如，储能资源消费者的需求是200kW·h的储能容量，但是运营平台储能资源池中，没有能满足该储能容量的储能共享资源，单个共享的储能资源容量都小于200kW·h。储能资源消费者的需求无法满足，因此租赁合约也无法成立。然而，储能资源池中的总容量是远大于200kW·h的，只是每个储能资源提供者共享使用权的储能资源小于200kW·h。如果储能资源消费者租赁多个储能资源的使用权且达到200kW·h要求，将带来的是统一充放电控制和管理的困难。

为了解决这个问题，基于"互联网+"的新型租赁模式下，分布式储能运营商通过聚合服务，将不同储能资源提供者提供的不同储能资源根据储能消费者的需求进行打包整合，然后按照容量、流量和套餐等形式租赁给用户。

储能资源提供者将储能资源以租赁的方式交给运营商进行统一运营管理，运营商付给储能资源提供者租赁费用，而运营期间的收益为运营商所得，将不再返还给储能资源提供者。

运营商维护储能资源共享和储能资源需求列表，将零散的储能资源通过虚拟整合方法进行统一控制，作为一个虚拟储能资源整体对储能资源需求者提供服务。实际运行中，运营管理平台接收到用户对虚拟储能资源的充放电控制命令后，根据储能单元状态计算每个物理储能单元的充放电量，然后根据充放电量控制物理储能单元完成充放电，从而实现对虚拟储能资源整体充放电电量的控制要求。

如图6-9所示，储能资源消费者的储能需求容量是3kW/6kW·h，运营平台在其租赁的储能资源中，通过三台分布式储能系统实现总容量为3kW/6kW·h的虚拟储能系统，将用户的放电指令分解后分别发到三个实际物理储能系统，由物理储能系统对用户的负荷进行供电。

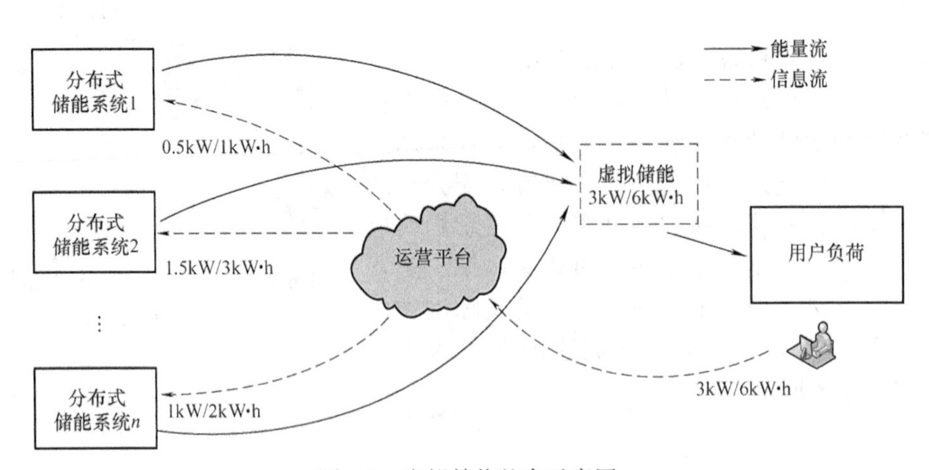

图6-9 虚拟储能整合示意图

如图6-10为新型租赁模式下各个参与主体之间的关系。运营商通过租赁形式获得大量储能设备一定容量和时间内的使用权，然后通过虚拟整合方法整合成容量的虚拟储能系统租赁给消费者，也可以根据储能消费者的特殊要求定制特殊容量的储能系统。租赁的形式可以按照套餐、固定容量或者固定流量等类型。

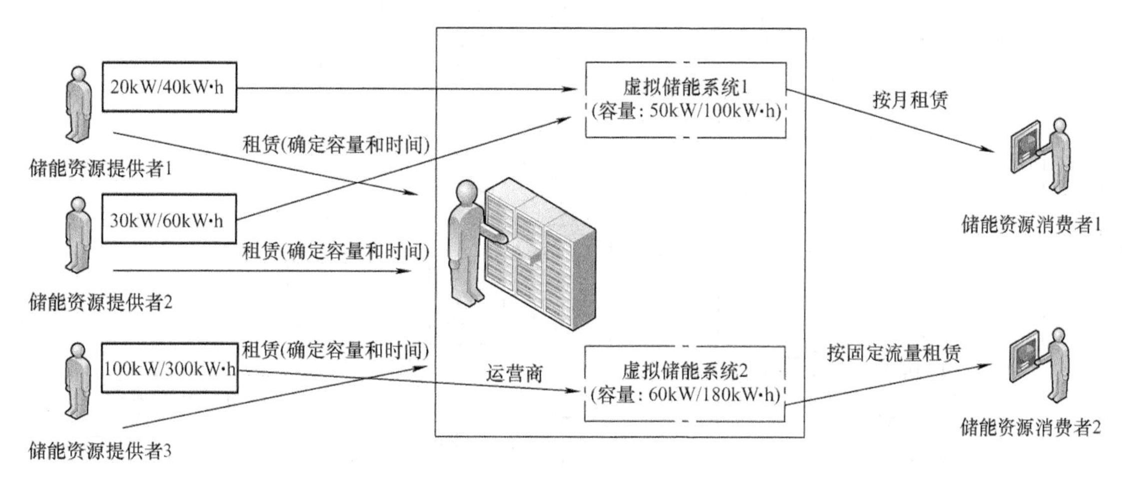

图6-10　新型租赁模式下参与主体关系图

2. 运营服务详细流程

新型租赁模式的具体运营服务流程如图6-11所示。

图6-11所示的流程图详细展示了储能资源注册、租赁合约签订、储能租赁需求提交、虚拟储能设备整合和租赁、储能服务以及计费结算等流程。

1）储能资源注册。储能资源提供者将储能资源在运营平台进行注册，运营平台可以获取储能的运行情况，监测储能系统电池健康状态。

2）用户租赁合约签订。储能资源提供者确定闲置的储能容量和闲置时间段，根据运营平台的租赁定价申请租赁，运营平台审核储能系统运行状态后完成租赁合约签订。合约中应该约定租赁的储能设备的运行条件、容量、租赁时间、价格、收费方式、维护要求以及其他补充条款等。

3）储能租赁需求提交。储能资源消费者在运营平台上提交储能使用需求，包括储能容量、用途、时间和价格等。

4）虚拟储能设备整合。运营商通过运营平台对租赁到的储能资源根据用户的需求进行整合，将未租赁给消费者的资源在不影响其他用户使用的前提下按照均衡原则整合成虚拟的待出租储能设备。

5）运营商租赁合约签订。运营商提供多种租赁套餐形式，包括按固定时间、按总充放电电量（按流量）和按套餐等形式。用户根据使用需求测算租赁费用，选择合适的租赁套餐形式和运营商签订租赁合约。各个套餐形式在定价计费机制一节中进行详细说明。

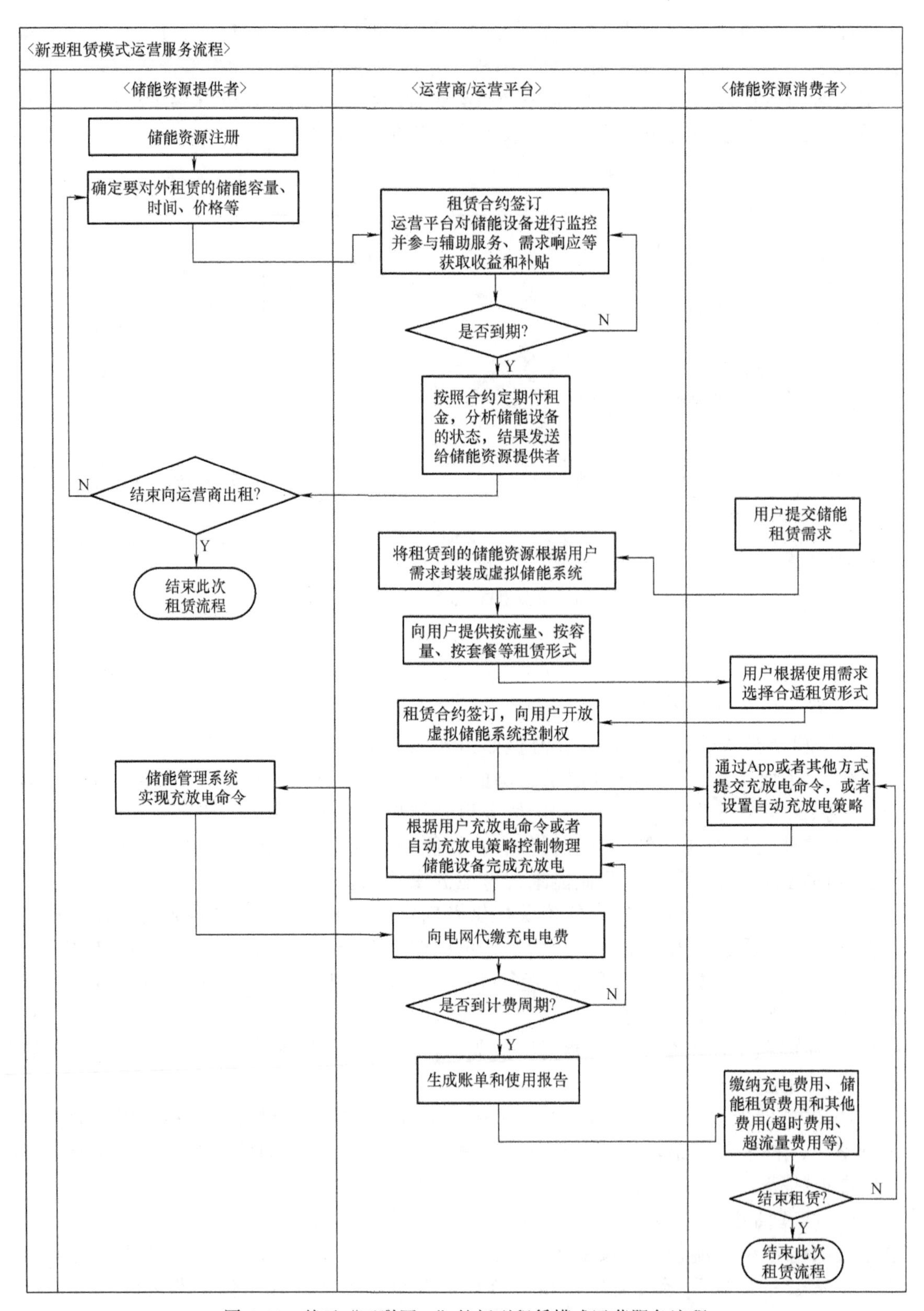

图 6-11　基于“互联网 +”的新型租赁模式运营服务流程

6）储能服务。租赁合约签订后，运营商为消费者提供储能服务。消费者可以通过手机App或者网页形式完成充放电控制，也可以设置成一定的策略由运营平台自动完成充放电设置。运营平台也可定制一些典型应用场景的策略由用户选择，例如匹配峰谷电价的低充高放策略、响应电网辅助服务的策略和配合光伏的储能策略等。

7）计费结算。在储能服务过程中，用户控制虚拟储能设备产生的充电费用由运营商代付。租赁过程中，运营平台需要计算用户使用储能充放电总次数、放电总电量等数据，并基于数据计算基本租赁费用和超额费用等。当计费周期结束时，消费者支付租赁费用和充电费用。消费者可以通过手机App、邮件等多种渠道获得费用账单并完成支付。

3. 利益主体权责划分

在基于“互联网+”的新型租赁模式下，主要的利益主体包括储能资源提供者、储能资源消费者、运营商和电网。

（1）储能资源提供者

储能资源提供者的职责包括：

1）确保建设的储能系统设备初始状况正常，通过各项入网检测要求。

2）确定储能应用范围和场景，定期和储能资源租赁者签订合约并履行合约。

储能资源提供者的职权包括：

1）确定租赁的价格或者套餐，收取租赁费用。

2）设定储能资源的各项参数和要求。

3）随时查看储能资源使用信息和数据，定期检查资源状态。

（2）运营商

运营商的职责包括：

1）向储能资源提供者提供运营管理功能，包括储能系统的运行维护、统计分析储能资源的各项数据。

2）整合储能资源，向储能资源消费者提供储能租赁服务，设置租赁套餐和价格。

3）向储能资源消费者提供运营服务，设定运营服务的范围。

4）提供典型充放电控制策略，根据租赁用户设定的储能需求完成储能充放电控制。

5）对储能资源进行监控，确保系统工作正常。

6）向电网购电，替用户缴纳用电费用。

7）向电网提供辅助服务，通过电网服务考核，获得补偿收入。

8）租赁期间完成对租赁者使用费用计算，生成账单。

运营商的职权包括：

1）与储能资源提供者和储能资源消费者分别完成租赁合约签订，并监督合约执行过程，对违约行为进行惩罚，对用户信用进行评价。

2）替电网收取用户的购电费用。

3）定期收取租赁费用。

（3）储能资源消费者

储能资源消费者作为储能资源的最终使用者，其职责包括：

1）履行租赁合约，缴纳租赁费用。

2）缴纳购电费用。

3）接收运营商的合约监督，如有违约则接受相应惩罚。

4）按照租赁合约规定正常使用储能资源。

储能资源消费者的职权包括：

1）使用租赁合约规定范围内的储能服务，设定储能需求，可以自行控制储能的充放电。

2）获取运营服务商提供的储能运营数据和统计分析报告。

3）监督运营服务商的运营服务质量。

（4）电网

电网的职责包括：

1）为储能系统充电提供电能，为储能系统放电提供补充电能。

2）为储能系统的辅助服务提供补偿费用。

电网的职权包括：

1）收取用户储能的购电费用。

2）对储能系统的辅助服务质量进行考核。

4. 计费结算机制

在储能运营交易平台，储能用户将闲置进行发布，在平台内自由交易，平台具备动态调价机制。运营商通过协调控制使储能设施的充电、放电功率与用户需求总值保持一致。如果用户充电需求超过储能设施的容量限制，则不再充电；如果用户放电需求超过储能设施的实际能力限制，则由运营商向电网购买未能满足的那部分电能并提供给用户。

定价计费机制设计是基于“互联网+”的新型运营服务模式关键，是运营模式盈利性的根本保证。为了促进新型租赁模式的快速发展，定价计费机制必须在保证运营商利润的基础上，让用户相较于不租赁储能设备的情形获得一定的收益，同时还要保证储能资源提供者的收益。租赁定价方法主要可以分为三类，分别是按容量和时间定价、按总放电电量（按流量）定价和按套餐定价。

（1）按容量和时间定价

运营商为用户设定单位千瓦和单位千瓦时的租赁价格，储能消费者按照自己实际储能需求向运营商购买一定时期内一定容量的虚拟储能设备使用权，消费者在这段时间内可以自由使用储能资源，不受充放电次数、总电量等限制，但是需要支付储能充电产生的充电费用。由于用户在使用共享储能资源之外还有一种潜在的选择，就是自己投资建设实体的储能，因此为了吸引用户使用共享储能资源而非投资实体储能，在按容量和时间定价时，储能单位容量年度租赁费应不大于投资实体储能的单位功率容量投资成本年值。为了确定租赁费的价格，运营商首先需要得到用户的储能容量需求曲线，可以采用优化的方法对不同的租赁费下用户的最优投资决策进行模拟，进而可以得到用户的储能需求曲线。根据用户的储能需求曲线，运营商可以依据其市场竞争集中度的大小，找到定价与销售量的最优点，实现利益的最大化。

（2）按总放电电量（按流量）定价

这种方式是受到移动互联网模式启发而产生的一种新的定价模式。这种定价方式可以让消费者实现“用多少，付多少”的消费模式，运营商依据消费者每次从虚拟储能设备中放出的能量的多少而收取相应的费用。可以有多种电量套餐选择，消费者可以根据使用需求选择合适的总电量，如果超出电量，根据合约明确额外费用。在这种定价模式下，运营商要计算出在不同的储能设施荷电状态和不同的电价下满足用户存储和释放单位电能的需求所产生的成本，进而形成按流量定价的分段或连续价格曲线。值得指出的是，受储能设施容量规模的限制，租赁模式下按流量定价无法做到“量大价优”，而是会随着使用量的增加单位流量价格显著上升。这种定价策略可以抑制用户的非理性的储能使用需求，最终能够保护客户侧分布式储能运营商和用户的共同利益。

（3）按套餐定价

客户侧分布式储能系统租赁服务的定价还可以使用套餐的定价方法。运营商需要挖掘用户的用电行为和储能使用的历史数据，对大量用户的储能使用的特点进行梳理和分类。在此基础上，针对每类用户开发不同的储能服务套餐并给予相应的使用奖励和优惠措施。不同的套餐可以设定不同的虚拟储能设备参数，有些套餐可以是“功率型”，有些可以是“能量型”，还有些可以是“平衡型”。在套餐定价中，还可以考虑引入可靠性，对于需要保证虚拟储能设备时刻都可以充放电的用户，其租赁费用可以设定得比较高，而对于接受在一天中的某些尖峰时刻不能使用虚拟储能设备的用户，其租赁费用可以设定得比较低。通过利用不同用户对于储能服务的可靠性要求不同的这一特点，可以进一步增加储能设施的利用效率。此外，套餐定价也可以综合容量定价和流量定价的特点，即同一套餐中既包含容量定价的部分又包含流量定价的部分。本质上，按套餐定价的方法就是运用价格杠杆，最大限度地让用户使用分布式储能资源，从而使运营商获得利润。针对用户的差异性制定多种服务套餐供用户选择将是一种激发用户使用共享储能服务的有效方法。

6.2.6　租赁和 P2P 共享模式的比较分析

基于“互联网 +”的租赁和 P2P 共享的运营服务模式都借鉴了共享经济的商业模式，将储能资源的使用权进行共享；都采用了互联网技术作为电能共享的技术基础，搭建共享运营平台，实现供需双方信息共享；都依托电网作为能量共享的平台，实现用户间的电能共享。租赁模式和 P2P 共享模式在运营流程、计费结算和权责关系等方面具有不同之处，见表 6-3。

（1）运营商职责不同

在租赁模式中，运营商是参与主体中的核心主体，是实际上的储能资源供应者，除了转租储能资源使用权获利外，还可以通过参与电网的辅助服务等获利。运营商以资源聚合商的身份对多个零散储能资源进行整合，以虚拟储能资源租赁给储能消费者，一方面可以提供多样化的储能资源，另一方面满足了更多储能消费者需求，提高了储能系统利用率。P2P 共享模式中运营商的主要作用是共享流程的整体运营管理，通过收取服务费获利。

（2）基本运营流程不同

在租赁模式中，储能资源提供者将储能资源出租给运营商，运营商根据用户需求整合成虚拟资源，然后将使用权租赁给储能资源消费者。在共享模式中，储能资源提供者直接将储能资源租赁给消费者。

（3）充放电控制过程不同

在租赁模式下，用户控制的虚拟储能实际可能由多个储能资源提供者提供的储能资源组成，当用户控制虚拟储能充放电时，实际由运营商对多个储能资源进行充放电控制。而 P2P 共享模式下，用户可以直接通过互联网远程操作实际的储能资源。

（4）费用组成不同

在租赁模式下，储能消费者使用共享虚拟储能的费用主要包括购电费用和租赁费用。在 P2P 共享模式下，储能消费者使用共享储能的费用包括购电费用、运营商服务费用和支付给储能提供者的共享费用。

表 6-3　租赁和 P2P 共享模式的比较分析

比较内容	租赁模式	P2P 共享模式
运营商职责	整合储能资源提供者的空闲储能资源； 储能系统运维； 储能充放电控制； 向电网缴纳购电费用； 计费结算	提供储能系统委托运维； 维护共享运营平台，促成供需双方交易； 替用户缴纳用电费用； 转发电网辅助服务调度命令； 收取电网辅助服务补偿费用并分配给用户
基本运营流程	1）储能资源提供者将储能资源出租给运营商 2）运营商根据用户需求整合成虚拟资源 3）运营商将使用权租赁给储能资源消费者 4）运营商计费结算	1）储能资源提供者发布共享资源 2）储能资源消费者发布需求 3）运营商促成共享交易 4）运营商计费结算
充放电控制过程	共享运营平台根据用户充放电指令对实际多个物理储能设备进行充放电	储能资源消费者可以通过运营平台直接控制物理储能设备
费用组成	租赁费、购电费	服务费、共享使用费、购电费
运营商盈利模式	1）较低价格获得储能资源使用权整合后对外出租虚拟储能资源 2）利用储能资源参与电网辅助服务 3）向供需双方提供增值服务	1）通过基础运维服务收取基本服务费 2）向供需双方提供增值服务，收取增值服务费
交易机制	双边交易和集中交易	适合去中心化的智能合约交易机制
适用情况	1）储能消费者的储能需求为长期且单一 2）储能提供者的储能资源长期出现剩余或者闲置	1）储能消费者的储能需求为短期需求且较多变 2）储能提供者的储能资源短期闲置
协调控制难度	运营商需要对多个储能资源进行协调控制，技术要求高	储能消费者只需要对一个储能设备进行控制，技术要求较低

通过对比分析可以看出，租赁模式下，运营商在整个流程中的参与度更高，这种模式更适用于储能共享需求较高而储能资源供给较少无法满足的情况，运营商对资源进行整合和调度使得储能资源利用率较高，能够满足更多用户需求。P2P 共享模式下，

运营商在整个流程中的参与度较低一些，储能消费者和储能提供者双方自由选择交易的对象，运营商只是通过运营平台实现信息发布，促成交易。P2P模式下，储能消费者和储能提供者形成了一对一关系。这种模式下，消费者对储能设备的控制更加简单直接，运营商只收取服务费用。缺点是由于储能用户的需求可能得不到完全的满足，分布式储能系统的利用率较低。

实际上，在客户侧分布式储能的运营中，可以同时采用这两种模式来为用户提供分布式储能的运营服务，既通过整合零散储能资源满足一部分用户需求，又通过直接共享方式实现另一部分自主控制需求。

6.2.7　新型运营服务模式的增值服务

大量互联的客户侧分布式储能处于电力系统末端，与用户紧密相连，最能感知用户。通过汇总分析分散各处的分布式储能数据，提供多元化增值服务，不但可以解决客户侧分布式市场当前服务滞后的问题，而且能创造新的盈利点，提高客户黏度。围绕分布式储能的投融资、建设、运行和运营维护等环节，比较典型的“互联网+”分布式储能系统运营服务模式增值服务包括分布式储能投资建设服务、分布式储能设备管理服务、分布式储能运行支撑服务和金融服务等。

1）在客户侧分布式储能投融资阶段，提供贷款、绿色债券和保险产品等多元化金融服务。投融资难、资金短缺一直是困扰分布式储能发展的一大难题。通过对分布式储能预期收益、业主信用、投资回报率及政策等综合分析，对接银行、信托和保险等金融机构，提供分布式储能收益权质押、绿色债券和贷款等金融服务，多渠道解决分布式储能发展中的难题。

2）在客户侧分布式储能建设阶段，提供资源评估、建设安装咨询和方案推荐等专业化增值服务。前期能源资源的正确评估决定了分布式储能建成后的收益，也决定着储能投资的成败。通过对分布式储能设备应用场景、盈利模式等进行深度分析，提供分布式储能资源评估、规划配置等增值服务，可有效减少分布储能业主或建设方的时间和人力成本，缩短建设周期，增值服务提供方也可获得一定经济收益。

3）在客户侧分布式储能运行阶段，提供分布式储能系统运行优化、运营分析、电量收益分析与预测等增值服务。根据用户需求、电价政策和电网负荷等数据的多维关联分析，可优化分布式储能运行，最大化获取节电收益。因此，可为分布式储能业主和用户提供分布式储能运行优化方案、电量收益分析与预测等增值服务，可有效提升分布式储能运行效率，提高收益。此外，还可以为政府部门或行业协会等提供全国分布式储能分布、运行状态等增值服务，有效支撑相关决策制定。

4）在客户侧分布式储能设备运营维护方面，提供设备评估、健康状况检查、故障诊断与运维一站式服务等增值服务。设备管理是确保分布式储能安全、稳定和高效运行的重要环节。分布式储能设备市场庞大，对分布式储能设备台账信息以及历史和实时运行数据进行深度分析，可为分布式储能用户提供状态在线监测服务、设备故障预警和诊断服务，甚至能告诉用户如何更加有效地使用设备，可有效提高分布式储能设备生命周期，减少分布式储能业主或投资方经济损失。

6.2.8　新型运营服务模式的关键技术

（1）规划技术

基于“互联网 +”的租赁和 P2P 共享模式，为储能设备引入了新的运行机制和商业模式，因此带来了新的优化规划与优化运行相关问题。共享和租赁模式下，规划方法的目标是以最小的经济成本投资最适合的满足储能用户充电、放电需求储能设备的组合。功率型与能量型的设备相搭配，高循环寿命与低循环寿命的储能设备相搭配，占地面积大与占地面积小的储能设备相搭配，充分利用多种不同类型的储能技术的互补特性，实现各种储能设备物尽其用，达到投资利用率的最大化。因此需要研究不同类型储能的技术特点，建立对应的充电、放电模型和老化模型，采用线性或非线性优化的方法，找出满足需求的最优储能搭配。

（2）运行控制技术

基于“互联网 +”的租赁和 P2P 共享模式下，储能运行决策方法着重考虑分布式储能系统在实际运行中如何合理地安排充电和放电策略，从而实现降低运行成本。在实际运行中，共享分布式储能各参与方只能获得历史的数据以及对于未来电价、负荷和充放电需求等信息的预测值，无法获得实际运行中的精确值。因此，在运行中储能运营商需要采用合理的运行决策方法来尽可能地规避用户充放电需求的不确定性所造成运营商利润的损失。一方面需要研究对于实际运行中用户充放电需求的预测方法，另一方面需要建立不确定条件下的运行控制模型。前者要求综合各种已知的信息对未来运营商决策所需的参数进行更加准确的预测，后者要求在用户充放电需求存在不确定性的情况下采用鲁棒控制或者多场景模拟等方式给出合理的优化运行控制方法。

（3）评价技术

新型运营服务模式运营效果需要合理的指标体系来评价。共享分布式储能技术经济分析是结合上述分布式储能的规划和运行的相关研究形成统一的涵盖这两个环节的综合模型，计算出分布式储能系统的整体成本，并通过计算经济性评价指标来验证分布式储能运营服务模式的经济性。因此，一方面需要基于运营主体和运营模式的研究建立统一的优化与控制模型打通规划和运行两个环节，另一方面还需要研究合理的经济性评价指标体系对共享分布式储能进行科学合理评价。

6.2.9　新型运营模式收益分析

基于“互联网 +”的客户侧分布式储能新型运营服务模式是目前的共享经济模式在储能资源上的体现。运营商根据所有参与共享储能的用户储能使用需求而投资和租赁一定量的集中式实体储能装置和分布式储能资源，并在实际运行中根据用户的充放电需求和对于未来的信息预测进行滚动的优化决策，进而根据决策结果实时控制集中式储能装置进行充电或放电。客户侧分布式储能新型运营模式相对于传统分布式储能运营模式具有虚拟化、用户友好化和资源共享化三大特征。

1）虚拟化。用户所使用的储能容量位于远程，用户只通过用户终端进行虚拟的充放电操作。

2）用户友好化。新型运营模式下所对应的储能实体是由运营商所控制的分布式储能资源和储能提供者共享的分布式储能资源，储能消费者对于储能的使用更加简单方便，免去了安装、维护等工作。

3）资源共享化。一方面，所有用户共享着全部的储能资源，储能容量在实际运行中动态地按需分配给各个用户，并以此实现资源的综合高效利用；另一方面，已有的分布式储能资源可以参与到储能服务中，共享闲置的容量，在提高利用率的同时获取适当的收益。

因为多个用户对于储能的实际需求存在着一定的时间差异性与互补性，所以运营商控制的实体储能资源的加总的实际功率容量和能量容量一般要小于全体用户需求的加总，从而实现利用用户储能需求特性来节约投资成本。当全体共享储能用户对于储能的实际放电需求不能被实体储能资源所满足时，这部分未能由实体储能所满足的电力电量将由运营商向电网购买，从而提供给用户。这虽然增加了运行成本，但是远小于新型运营服务模式所带来的投资成本节约。因此，可以说新型运营服务模式以较小的运行成本增加为代价，换取了较大的投资成本的节约。

1）降低分布式储能投资成本。不同用户每天的用电行为不同，同一用户在不同天的用电行为也有较大差异，因此用户之间的储能需求存在一定的互补性。充分利用用户互补性，使得投资者可以投资较少的储能来满足用户的储能使用需求。

2）增加用户使用分布式储能收益。充分利用信息优势，运营商可以通过预测技术获取比一般用户更多的信息，例如更加准确的电价、用户的整体充放电需求等，进而基于这种信息优势采用优化的方法制定更加合理的日前和实时的充电和放电策略，从而增加用户的充放电利润，降低用户的用电成本。

3）增加运营商收益。运营商可以通过各类增值服务获得增值服务收益，进一步提高分布式储能的运营水平。

1. 共享模式效益分析

P2P 共享运营服务模式采取“弱中心化”的、扁平的交易模式，由交易主体自行决策、相互通信，达成交易并自动执行。储能提供者在满足自己需求的情况下可以出售多余的储能使用权，一方面储能提供者利用闲置储能资源获得更多收益，另一方面储能资源消费者可以通过租赁储能资源在负荷较大时进行低储高放，针对三类参与主体的效益进行分析。

（1）储能资源提供者效益分析

储能资源提供者的经济效益来源于分享闲置储能资源获得的共享收入，效益计算为

$$P_{S_1}=\sum_{i=0}^{M}R_i-\sum_{i=0}^{M}C_i$$

式中　R_i——每个共享的储能资源的共享费用收入，共享费用收入根据共享的套餐和计费机制确定；

C_i——每个共享的储能资源的成本，包括设备的建设成本和运营成本。

（2）储能资源消费者效益分析

储能资源消费者的主要收益为使用储能资源在峰谷电价下低充高放节省的用电费用，公式为

$$P_{S_2}=\sum_{m=0}^{T}E_{2_m}-\sum_{m}^{T}E_{1_m}-\sum_{j=0}^{N}R_j-S$$

式中　E_{2_m}——储能资源消费者在没有储能情况下在第 m 时刻应缴纳的电费；

E_{1_m}——在使用储能第 m 时刻进行充电的费用；

R_j——向第 j 个储能资源提供者共享储能设备产生的共享费用；

S——向运营服务商缴纳的服务费，服务费的计算根据运营商设置的服务费计费策略确定。

一种典型的服务费计费策略为按照用户使用共享储能设施所放出的总电量和服务费单价计算，公式为

$$S=QP_s$$

式中　Q——用户使用共享储能设施所放出的总电量；

P_s——服务费单价，单位为元 /（kW · h）。

（3）运营商效益分析

运营商的收益主要来源于储能资源消费者因为接受运营商的运营服务缴纳的服务费。成本为提供运营服务产生的成本，包括运营平台的建设和运维费用、设备的日常管理和运维费用等

$$P_{S_3}=\sum_{p=1}^{S}S_p-C_s$$

式中　S_p——第 p 个储能资源消费者缴纳的服务费；

C_s——运营商提供运维服务的所有成本之和。

2. 租赁模式效益分析

租赁模式下，运营商通过租赁形式获得大量分散储能设备一定容量和时间内的使用权，然后通过虚拟整合方法整合成容量的虚拟储能系统租赁给消费者，也可以根据储能消费者的特殊要求定制特殊容量的储能系统。租赁的形式可以按照套餐、固定容量或者固定流量等类型。针对三类参与主体的效益进行分析。

（1）储能资源提供者效益分析

储能资源提供者的经济效益来源于向运营商出租闲置储能资源获得的收入，效益计算为

$$P_{S_1}=\sum_{i=0}^{M}R_{t_i}-\sum_{i=0}^{M}C_i$$

式中　R_{t_i}——每个对外出租的储能资源的租赁费用收入，租赁费用收入根据租赁的套餐和计费机制确定；

C_i——每个出租的储能资源的成本，包括设备的建设成本和运营成本。

（2）储能资源消费者效益分析

储能资源消费者的主要收益为使用储能资源在峰谷电价下低充高放节省的用电费用，公式为

$$P_{S_2} = \sum_{m=0}^{T} E_{2_m} - \sum_{m}^{T} E_{1_m} - R_u$$

式中　E_{2_m}——储能资源消费者在没有储能情况下在第 m 时刻应缴纳的电费；

E_{1_m}——在使用储能第 m 时刻进行充电的费用；

R_u——向运营服务商支付的储能资源租赁费，租赁费的计算根据运营商设置的计费策略确定。

一种典型的租赁费计费策略为按照用户租赁时间计算

$$R_u = T_d P_t$$

式中　T_d——用户使用共享储能设施的天数；

P_t——单位为元 / 天。

（3）运营商效益分析

运营商的收益主要来源于储能资源消费者租赁储能资源支付的租赁费用和运营商通过聚合储能资源参与电网互动获得的补贴，成本为提供聚合和租赁服务的成本，包括运维成本和向储能资源提供者租赁零散储能资源的租赁费用，公式为

$$P_{S_3} = \sum_{p=1}^{S} R_{u_p} + A - C_r - \sum_{j=1}^{N} R_{t_j}$$

式中　R_{u_p}——第 p 个储能资源消费者支付的租赁费；

A——补贴总收入；

C_r——运维成本；

R_{t_j}——向第 j 个储能资源提供者支付的租赁费用。

3. 算例分析

（1）共享模式

通过算例对共享模式的收益进行分析，假定共享模式下储能资源提供者将闲置储能资源按照固定容量和时间进行分享，将 3kW/6kW・h 的储能资源进行共享，共享费用按照储能使用成本进行计算，设为 0.3 元 /（kW・h），按照每天充放 1 次的共享条件设定共享费用为成本的 120%，即为 64.8 元 / 月。设定运营商的服务费按照放电量计算，单价为 0.1 元 /（kW・h）。电费以江苏地区分时电价进行计算，见表 6-4。

表 6-4　共享模式效益分析（以一台 3kW/6kW·h 储能设备计算）　（单位：元 / 月）

储能资源提供者	储能设施成本	54
	共享费用收入	64.8
	实际收益	10.8
储能资源消费者	应缴纳电费（无储能）	127.08
	实际支出电费	40.4
	共享费用支出	64.8
	服务费支出	11.88
	实际收益	10
运营商	服务费收入	11.88
	成本支出	4
	实际收益	7.88

（2）租赁模式

通过算例对共享模式的收益进行分析，假定租赁模式下储能资源提供者将闲置储能资源按照固定容量和时间进行分享，将 3kW/6kW·h 的储能资源进行租赁，租赁费用按照储能使用成本进行计算，设为 0.3 元 /（kW·h），租赁费用为成本的 120%，即为 64.8 元 / 月。设定运营商对外的租赁费按照平均放电量计算，单价为 0.5 元 /（kW·h）。电费以江苏地区分时电价进行计算。需求响应补贴价格根据 2018 年印发苏经信电力〔2018〕477 号文《江苏省电力需求响应实施细则》进行计算，设定平均每月参与一次需求响应。具体见表 6-5。

表 6-5　租赁模式效益分析（以一台 3kW/6kW·h 储能设备计算）　（单位：元 / 月）

储能资源提供者	储能设施成本	54
	租赁费用收入	64.8
	实际收益	10.8
储能资源消费者	应缴纳电费（无储能）	127.08
	实际支出电费	40.4
	租赁费用支出	59.4
	实际收益	27.28
运营商	租赁费用收入	59.4
	需求响应补贴收入	30
	租赁成本支出	64.8
	运维成本	4
	实际收益	20.6

根据算例分析，在共享模式下，储能资源提供者、储能资源消费者和运营商都有收益，其收益实际来源于储能资源消费者使用共享储能资源进行峰谷套利所节省的电费收益。因此，三方获得的收益较小。在租赁模式下，运营商作为储能聚合商，可以

通过聚合分散储能集中参与电网需求响应获得补贴收入，因此总收益比共享模式下大。

6.3　小结

本章介绍了基于“互联网 +”的客户侧分布式储能新型运营共享模式，包括参与主体、资源配置、应用场景、基本服务流程和结算方法等。

1）介绍了基于“互联网 +”的新型租赁模式，即储能运营商通过聚合服务将不同储能资源提供者提供的不同储能资源根据储能消费者的需求进行打包聚合，然后以虚拟储能形式租赁给用户。根据租赁模式的新特点，介绍了租赁模式的运营方案，包括运营服务的详细流程、利益主体的权责划分和计费结算机制。

2）介绍了基于“互联网 +”的 P2P 共享模式，即采用“弱中心化”思想，储能资源交易双方通过分布式网络寻找选择交易对象和储能资源并且按照定价支付，介绍了共享模式的运营方案，包括运营服务的详细流程、利益主体的权责划分和计费结算机制。

3）对租赁模式和 P2P 共享模式进行多方面对比分析，总结各自特点和适用场景：租赁模式更适用于储能共享需求较高而储能资源供给较少无法满足的场景；P2P 共享模式消费者对储能设备的控制更加简单直接，适用于储能规模较大、储能共享需求较少的分布式储能场景。

4）针对新型运营服务模式的特点和需求，介绍了基于新型运营服务模式的增值服务，并提出亟须开展研究的关键技术。

5）对客户侧分布式储能新型运营模式进行经济效益评估。

附　　录

附录 A　江苏电网客户侧储能系统典型案例

A.1　已投运典型储能项目

A.1.1　淮安淮胜电缆储能电站项目

1. 电站概况

淮胜电缆储能项目由南瑞集团淮胜电缆公司和欣旺达公司于 2016 年 8 月签订合作协议，淮胜储能项目正式启动。淮胜储能系统容量为 500kW/1370kW·h，投资 380 万元，2017 年 1 月储能系统并网运行，经过两个月的试运行，3 月份正式投入运行计算收益。该项目从启动开始，即定位于建设储能多功能应用场景和规范化接入示范项目。

2. 主要功能

1）削峰填谷。通过储能两充两放，每年可减少用户高峰时段电费约 28 万元。

2）需量管理。储能系统实时对用户用电负荷进行跟踪监测分析，对超过一定峰值的负荷进行削减，成功实现了用户需量电费的调控，每月可有效削减最大负荷约 400kW，每年节约电费 16 万元，这是淮胜储能区别于其他项目的重要特点之一。

3）需求侧响应。淮胜储能为全省首例接入客户侧储能互动平台项目，已实现数据准确传输、展示和 EMS 参与需求侧响应运行策略调试，可以实时参加电网响应需求。

4）源网荷储友好互动。淮安淮胜储能电站为全省首个接入源网荷储系统项目，2017 年 12 月通过毫秒级源网荷储改造，2018 年初参加全省联调，正式投入运行。

3. 项目成果

项目建设并网过程中，江苏公司探索储能并网规范模式以及营销系统储能业务流程化。本着安全第一、服务高效的原则，克服并网管理没有明确规定的困难，参考国内现有的储能相关技术要求和光伏并网的规定，结合客户侧储能自身特点，与各专业多次沟通研讨，拟定了并网管理相关规定初稿，供各专业执行，做到各专业开展工作有章可循，并网管理安全可靠，得到各相关方的理解与支持。

A.1.2　南通中天科技河口集装箱群储能电站项目

1. 电站概况

中天科技如东本部 6MW·h 储能电站项目是中天科技集团在 2016 年 9 月经江苏省经信委重点批示后投建的集装箱储能示范项目，该项目储能容量为 1.5MW/6MW·h，总投资 2500 万元，于 2017 年中旬开始投建，并于 2018 年 1 月正式并网试运行。项目配备的锂电池、储能双向变流器、汇流箱、就地变电系统、电池管理系统和能量管理系统等自主配套率实现 90% 以上，项目投运后，为中天科技集团在大型储能项目建设、投运和运维等方面进一步积累更加广阔的经验。

图 A-1　南通中天科技河口集装箱储能电站项目

2. 主要功能

1）削峰填谷。通过储能一充两放，每年可减少用户高峰时段电费约 135 万元。

2）需量管理。储能系统实时对用户负荷进行跟踪监测分析，对超过一定峰值的负荷进行削弱，成功实现了用户需量电费的调控，每月可有效消减最大负荷约 1500kW，每年节约电费 78 万元，可平抑需求控制。

3）光储互补。光伏发电上网时，储能系统禁止发电，光伏系统发电不足时，储能系统在峰值阶段进行电能补足。

4）需求侧响应。该项目已接入省能源平台，实现数据传输、展示和 EMS 参与需求侧响应运行策略调试，可以实时参与电网响应需求。

5）离网功能。该项目可实现并离网切换，可实现配载 1500kW 以下重要负荷。

3. 项目成果

该项目为省内第一个集装箱群式锂电池储能项目，其成功投运为集装箱式储能电站提供设计参考，同时为分布式光伏电站与储能电站储能无缝对接提供设计参考及运行数据。本着安全第一、优化电能、克服没有设计规范及并网管理规定的原则，同时结合客户用电特性及用户光伏发电特性，与各系统、各专业专家进行沟通调研，解决光伏与储能政策的差异问题，实现光储并网先例。

A.1.3 苏州协鑫储能项目

1. 电站概况

苏州协鑫储能项目由协鑫智慧能源（苏州）有限公司的全资子公司苏州协韵分布式能源有限公司负责实施，储能系统容量 2MW/10MW·h，项目总投资 3900 万元。该项目部署在苏州鑫科新能源有限公司厂区内新建的 450m² 两层厂房中，用户电压等级 110kV，有两台 31.5MV·A 主变压器，储能和厂内 10kV 母线相联，配置储能后用户利用电价峰谷差获利，不允许该用户向电网送电。项目所用磷酸铁锂电池由江苏中天科技提供，充放电寿命约 3500 次，预计投资回收期 10 年。江苏公司对储能接入方案进行了审核，完成项目投运验收，要求苏州协鑫将储能系统接入江苏公司开发的储能监控与互动平台，参与电力需求响应和源网荷储互动。

2. 项目补贴情况

协鑫储能项目本身采用两部制大工业电价，按需量收取基本电费 40 元/(kV·A)，峰平谷电价采用其他大工业 110kV 电价（峰 1.0197 元/(kW·h)、平 0.6118 元/(kW·h) 和谷 0.3039 元/(kW·h)）。根据省经信委和省物价局文件，每月奖励该用户低谷电量 430 万 kW·h，奖励电量限于低谷时段使用，奖励电量自项目投产之日起至 2018 年 12 月底。据测算，可累计获得奖励补贴约 2000 万元，可以弥补协鑫储能项目的电池采购费用。

图 A-2 苏州协鑫储能项目

3. 项目成果

协鑫分布式储能产业化示范在国内、省内获得诸多嘉奖，作为建成时国内最大客户侧锂电池储能项目，荣获 2017 年度中国分布式能源杰出创新奖，成为江苏省分布式储能技术装备产业化应用示范项目，与同类型项目相比，建设速度最快，性能指标最优，在苏州乃至江苏起到了良好的示范和带动作用。该储能系统对电网主要实现了降低峰谷比、提高设备利用率和改善电能质量的作用；对用户则增加了安全可靠性，节约了投资成本与运行成本，最终降低了企业综合用能成本，改善了电网电源结构，消纳了绿色清洁能源。

A.1.4　无锡新加坡工业园储能电站项目

1. 电站概况

无锡新加坡工业园区是由无锡市人民政府与新加坡胜科工业集团合作开发的工业园区。园区采用 110kV 进行供电，主回路两路 110kV 进线接到变电站三台 10kV 的变压器。无锡星洲工业园的年用电量在 75000 万 kW・h，电费达到将近 5 亿元，开支庞大，电费节约的需求也较为迫切。

该电站在配电端为园区提供的储能服务，结合分布式可再生能源与智能微电网技术，实现了传统能源与新能源多能互补和协同供应，推动了能源就近清洁生产和就地消纳，提高了能源综合利用效率，推动了公司未来在分布式能源与能源互联网领域的商用模式创新。

该电站投运之后，每天高峰时段可给园区提供 2 万 kV・A 负载调剂能力，降低了工业园区变电站变压器的负载率，缓解了工业园区变压器的增容压力。

图 A-3　无锡新加坡工业园储能电站项目

2. 主要功能

1）削峰填谷。根据峰谷时间段进行响应充放电，根据峰谷价差以实现盈利。

2）需求侧响应。当电网迎峰度夏需要限电时，储能电站提供需求侧响应，减轻电网负荷。

3）应急备电支撑。工业园部分线路设备故障时，造成其他线路负荷过大，储能电站放电可以支撑部分负荷。

4）需量管理。根据负荷调整可降低日间的最大需量电费。

3. 项目成果

无锡新加坡工业园智能配电网储能电站是首个基于产业园区的智能增量配电网 + 储能实现配售电一体化服务的电站。目前，该储能电站是全球工商业客户侧最大的削峰填谷电储能电站。该储能电站在 10kV 高压侧接入，为整个园区供电。安装了江苏省第一只储能用峰谷分时电价计量电能表，成为首个接入国网江苏省电力公司客户侧储能互动调度平台的大规模储能电站。

从表A-1可以看出，铅炭储能电站的回收周期较短，但随着磷酸铁锂电池的成本下降及需量调控等多种营收模式的创新，磷酸铁锂储能电站的回收周期将大大缩短。

表A-1 江苏四个典型客户侧储能电站经济效益分析

电站名称	淮安淮胜储能电站	南通中天科技储能电站	苏州协鑫储能电站	无锡星洲储能电站
电池类型	磷酸铁锂	磷酸铁锂	磷酸铁锂	铅炭
储能容量/(MW·h)	1.37	6	10	160
储能功率/MW	0.5	1.5	2	20
投资成本/万元	380	2500	3900	25600
充放电次数/次	4000	6000	3500	3500
充放电效率	0.9	0.9	0.9	0.88
年运营成本/万元	5	8	8	50
峰谷获利年收入/万元	28	135	200	3000
需量调控年收入/万元	16	78	无	无
政府补贴/万元	无	无	2000	无
成本回收周期/年	8	12	10	9

A.2 在建典型客户侧储能项目

A.2.1 南京江北新区停车充电塔光储及智能化系统

南京江北新区停车充电塔项目选址位于浦滨路与临滁路交叉口西南角，规划的轨道交通11号线七里河站附近，规划地块性质为社会停车场，地块面积6100m²，地理位置及设计方案如图A-4所示。

项目建设地下两层、地上八层充电塔一座，布置开闭所、配电间、监控室、储能间、小型乘用车位及商铺、办公区域等，可同时满足约390辆小型乘用车的充电需求。

电动汽车充电塔光储及智能化建设基于能源互联网的设计理念，整合光、储等能源系统，实现源网荷储协调运行，在满足电动汽车充电需求的基础上，开展多种商业运营模式的实践示范。

图 A-4　南京江北新区停车充电塔项目地理位置及设计方案

项目建设过程中，综合考虑储能系统电池经济性及性能要求，选择铅炭电池作为本项目储能电池材料。储能系统设计装机容量为 3MW・h，由 4 个储能单元组成。每个储能单元由 300 只单体电池串联成 600V/1500A・h 的电池组，其端电压范围为 540 ～ 705V，基础储能单体为 2V/1500A・h 储能型铅炭电池，系统可承受 8 级以上烈度地震。

基于储能管理系统，可实现对储能充放电、削峰填谷、模式切换、黑启动和逆功率控制等功能，有效保障充电塔可靠运行，尽可能在消纳新能源的基础上实现效益最大化。

A.2.2　苏州环金鸡湖区多类型储能系统

国网江苏省电力有限公司在苏州工业园区内，建设多类型储能系统，包括改造1户100kW电锅炉蓄热工程和建设1座0.25MW/1MW·h铅炭电池储能电站，通过多类型储能系统建设实现电网移峰填谷的容量不少于1MW。项目旨在通过建设多类型储能系统，降低高峰时段电网调峰的压力，提高供电的可靠性及电网安全性，在缩小峰谷差的同时，降低了输配电线路的损耗，提高了电网运行的经济性，同时提升了电力公司的服务水平。

苏州市供电公司根据项目总投资规模，在2.5产业园区优选适合建设的用户，改造蓄热电锅炉，建设泛博制动有限公司电池储能电站，构成多类型储能系统。同时在现场部署源网荷储控制终端，接入省公司源网荷储综合调控主站系统，参与电网削峰填谷、新能源消纳和无功支撑响应容量，促进冷热电混合能源的优化配置。系统架构图如图A-5所示。

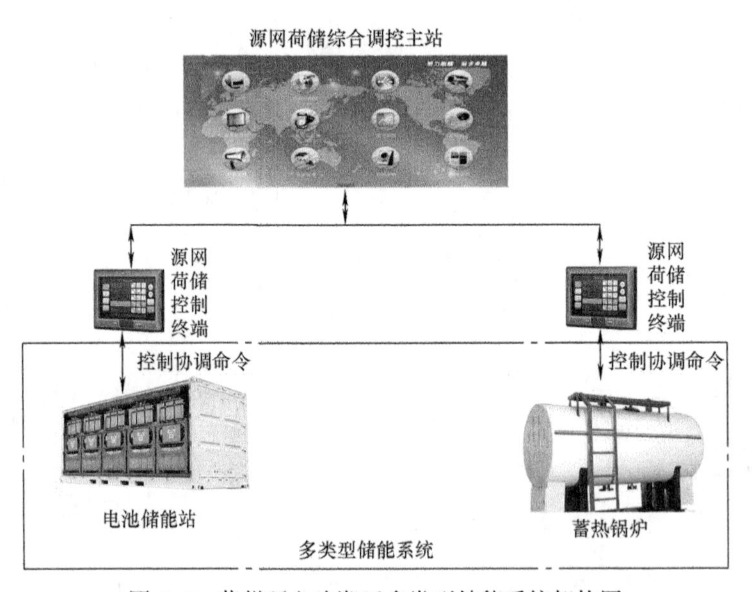

图A-5　苏州环金鸡湖区多类型储能系统架构图

目前项目完成招标采购工作，储能接入方案已经确定，设备已经到位，由上海合煌能源科技有限公司负责工程建设，计划于2018年1月完成电池储能电站建设和蓄热电锅炉改造工程，并与2018年8月前完成整体项目建设和软件调试工作。

项目建成后，为了更好地发挥储能系统的作用，引导更多的社会资源主动参与储能系统的建设，拟在工业区开展储能运营模式的探索，主要考虑采用储能补贴的方式来刺激社会资源参与储能系统的建设。

通过多类型储能示范工程建设，实践了智能电网与用户的双向友好互动，降低了高峰时段电网调峰的压力，提高了供电的可靠性及电网安全性，在缩小峰谷差的同时，降低了输配电线路的损耗，提高了电网运行的经济性，同时提升了电力公司的服务水平。

附录 B　国网江苏省电力公司客户侧储能系统并网管理规定（试行）

国网江苏省电力公司客户侧储能系统并网管理规定（试行）

（草案）

第一章　总　则

第一条　为进一步支持江苏省客户侧储能系统加快发展，规范客户侧储能系统并网管理，提高并网服务水平，依据国家有关法律法规、行业标准，以及国家电网公司 Q/GDW 11376—2015《储能系统接入配电网设计规范》、Q/GDW 676—2011《储能系统接入配电网测试规范》、Q/GDW 564—2010《储能系统接入配电网技术规定》、Q/GDW 11265—2014《电池储能电站设计规程》和 Q/GDW 1887—2013《电网配置储能系统监控及通信技术规范》等技术规范，结合江苏电网实际，按照一口对外、优化并网流程、简化并网手续和提高服务效率的原则制定本规定。

第二条　客户侧储能系统是指在用户所在场地建设接入用户内部配电网，在用户内部配电网平衡消纳，并通过物理储能、电化学电池或电磁能量存储介质进行可循环电能存储、转换及释放的设备系统。

第三条　本规定仅适用于 35kV 及以下电压等级接入，储能功率 20MW 以下的客户侧储能系统：

第一类：10（6，20）kV 及以下电压等级接入，单个并网点储能功率不超过 6MW 的客户侧储能系统。

第二类：10（6，20）kV 电压等级接入，单个并网点储能功率超过 6MW 或 35kV 电压等级接入的客户侧储能系统。

第四条　除第一、二类以外的客户侧储能系统，本着简便高效的原则，执行国家电网公司（以下简称国网公司）、国网江苏省电力公司（以下简称省公司）常规电源相关管理规定并做好并网服务。

第五条　对客户侧储能系统接入的用户内部配电网有其他发电项目的，依发电项目相应管理规定和流程执行。

第六条　客户侧储能系统并网点的电能质量应符合国家标准，工程设计和施工应满足 Q/GDW 564—2010《储能系统接入配电网技术规定》和 Q/GDW 11265—2014《电池储能电站设计规程》等标准。

第七条　客户侧储能系统的充电量、放电量分开计量，结算和电价执行政府相关政策。

第二章　管理职责

第一节　省公司职责

第八条　营销部（农电工作部）负责客户侧储能系统并网服务归口管理；负责指

导和督促市/区县公司营销部门做好客户侧储能系统并网业务咨询、办理的全过程服务工作；负责协调解决并网服务管理工作中存在的问题；负责指导和督促市/县公司营销部门做好客户信息及相关资料保密工作。

第九条 发展策划部负责指导和督促市/区县公司发展部门做好客户侧储能接入系统方案评审和其他相关工作。

第十条 运维检修部负责制定和完善客户侧储能系统接入配电网相关技术标准、规范和运行维护管理规定。

第十一条 调度控制中心负责制定并落实10（6，20）kV及以上接入的客户侧储能系统调度运行管理规定；负责指导和督促市/区县公司调度控制中心做好10（6，20）kV及以上接入的客户侧储能系统并网后的运行监控和调度管理等工作。

第十二条 经济法律部负责指导与监督客户侧储能系统并网调度协议的签订与履行。

第十三条 经济技术研究院负责指导地市公司经济技术研究所对客户侧储能接入系统方案和设计资料进行审查。

第十四条 省供电服务中心负责收集、整理客户侧储能系统并网涉及的政策法规、标准制度信息，建立并及时更新知识库、95598服务网站；负责业务管辖范围内客户侧储能系统并网咨询服务工作开展情况的监督、检查、统计和分析。

第二节 市公司职责

第十五条 营销部（农电工作部、客户服务中心）（以下简称市公司营销部）职责：负责客户侧储能系统并网服务归口管理；负责做好客户侧储能系统并网业务咨询、办理的全过程服务工作；负责指导和督促区县公司营销部（客户服务中心）、农电公司做好客户侧储能系统并网业务咨询、办理的全过程服务工作；负责开展客户侧储能系统并网服务工作的统计分析；负责协调解决客户侧储能系统并网服务工作中存在的问题；负责做好客户信息及相关资料保密工作。

营销部（农电工作部、客户服务中心）市场及大客户服务室具体负责或参与本地区及其业务管辖范围内客户侧储能系统并网的以下工作：负责组织开展接入现场勘查；负责组织审查380（220）V接入项目的接入系统方案并出具评审意见；负责组织审查设计资料，出具审查意见并书面答复项目业主；负责组织开展380（220）V接入项目的并网验收和并网调试并出具并网验收意见。参与审查35kV、10（6，20）kV接入项目的接入系统方案；参与35kV、10（6，20）kV接入项目的并网验收和并网调试。

营销部（农电工作部、客户服务中心）营业与电费室具体负责或参与本地区及其业务管辖范围内客户侧储能系统并网的以下工作：负责提供并网业务咨询；负责受理接入申请，协助项目业主填写接入申请表，接收并检查相关支持性文件和资料的完整性；负责将接入系统方案确认单、接入电网意见函书面答复项目业主并接收业主确认意见；负责受理设计审查申请，协助项目业主填写设计审查申请表，接收并检查相关设计资料的完整性；负责受理并网验收和并网调试申请，协助项目业主填写并网验收和并网调试申请表，接收并检查相关资料的完整性；负责客户侧储能系统充电量、放电量的核算管理；负责并网客户侧储能系统运行情况的巡视检查；负责380（220）V接入的客户侧储能系统并网开关的倒闸操作许可。参与接入现场勘查；参与审查接入系统方案；参与审查设计资料；参与并网验收和并网调试。

营销部（农电工作部、客户服务中心）计量室具体负责或参与其业务管辖范围内客户侧储能系统并网的以下工作：负责管理范围内客户侧储能接入电能计量装置及用电信息采集装置的安装、（并网）调试及维护；负责并网后相关用电采集信息的运行监视、充放电量的抄表管理。参与储能并网验收和并网调试。

乡镇供电所具体负责或参与其业务管辖范围内客户侧储能系统并网的以下工作：负责提供并网业务咨询；负责受理接入申请，接收并检查相关支持性文件和资料的完整性；负责将接入系统方案确认单书面答复项目业主并接收业主确认意见；负责受理并网验收和并网调试申请，接收并检查相关资料的完整性。参与接入现场勘查、接入系统方案审查、并网验收和并网调试。负责并网客户侧储能系统运行情况的巡视检查；负责380（220）V接入的客户侧储能系统电能计量装置及采集装置的安装、调试；负责并网开关的倒闸操作许可；负责充、放电量的抄、核管理。

第十六条　发展策划部（以下简称市公司发展部）职责：负责组织审查10（6，20）kV及以上电压等级接入的客户侧储能接入系统方案并出具评审意见。参与客户侧储能系统设计资料审查，并网验收和并网调试。

第十七条　运维检修部（检修分公司）（以下简称市公司运检部）职责：参与客户侧储能系统接入现场勘查；参与接入系统方案审查；参与设计资料审查；参与并网验收和并网调试。

第十八条　调度控制中心（以下简称市公司调控中心）职责：负责10（6，20）kV及以上电压等级接入的客户侧储能系统电能量采集装置的安装、调试及维护，电能量采集主站的配置、联调工作；负责签订并网调度协议；负责组织开展并网验收和并网调试并出具并网验收意见；负责10（6，20）kV及以上电压等级接入的客户侧储能系统的调度运行管理；负责涉网设备的调度管理及并网开关的倒闸许可操作。参与客户侧储能接入系统方案和设计资料审查、380（220）V客户侧储能系统并网验收和并网调试。

第十九条　办公室（法律事务部）职责：负责所属市县范围客户侧储能系统并网调度协议的法律审核，并对客户侧储能系统档案管理工作进行指导。

第二十条　经济技术研究所（以下简称市公司经研所）职责：参与客户侧储能接入系统方案和设计资料的审查。

第三节　县（市）公司职责

第二十一条　营销部（客户服务中心）及各乡镇供电所职责：

营销部（客户服务中心）负责或参与其业务管辖范围内客户侧储能系统并网的以下工作：负责提供客户侧储能系统并网业务咨询、受理接入申请，接受并检查相关支持性文件和资料；负责组织接入现场勘查，将接入系统方案确认单书面答复项目业主并接收业主确认意见；负责受理设计审查，接收并检查相关设计资料；负责组织审查设计资料并出具审查意见，将设计审查意见书书面答复项目业主；负责受理并网验收和并网调试申请，接收并检查相关资料；负责所辖范围内储能系统电能计量装置的安装及维护；负责380（220）V客户侧储能系统的用电信息采集装置的安装、调试及维护；参与接入系统方案和设计资料的审查，并网验收和并网调试。负责协调解决并网服务工作中存在的问题；负责客户侧储能系统充、放电量的抄核管理，日常巡视检查；负责开展客户侧储能系统并网服务工作的统计分析；负责根据市公司营销部的委托开展客户侧储能系统有关的工作；负责组织业务管辖范围内380（220）V客户侧储能系统的全过程服务；负责做好客户信息及相关资料保密工作。

乡镇供电所具体负责或参与其业务管辖范围内客户侧储能系统并网的以下工作：负责提供并网业务咨询；负责受理接入申请，接收并检查相关支持性文件和资料的完整性；负责将接入系统方案确认单书面答复项目业主并接收业主确认意见；负责受理并网验收和并网调试申请，接收并检查相关资料的完整性。参与接入现场勘查、接入系统方案审查、并网验收和并网调试。负责并网客户侧储能系统运行情况的巡视检查；负责380（220）V接入的客户侧储能系统电能计量装置及采集装置的安装、调试；负责并网开关的倒闸操作许可；负责充、放电量的抄、核管理；负责并网开关的倒闸操作许可。

第二十二条 发展建设部职责：根据市公司发展部的委托开展客户侧储能系统有关的工作。参与10（6，20）kV及以上电压等级接入的客户侧储能接入系统方案和设计资料的审查；负责并网验收和并网调试。

第二十三条 运维检修部（检修工区）职责：根据市公司运检部的委托开展客户侧储能系统有关的工作。参与现场勘查、接入系统方案和设计资料的审查。

第二十四条 调度控制中心职责：根据市公司调控中心的委托开展客户侧储能系统有关的工作。参与客户侧储能系统接入方案和设计资料的审查；参与客户侧储能系统并网验收和并网调试。

第二十五条 办公室职责：负责对客户侧储能系统项目档案管理工作进行指导。

第三章 工作流程和要求

第一节 受理申请与现场勘查

第二十六条 市/区县公司业务受理员（含乡镇供电所业务受理员）负责按照工作职责受理客户侧储能系统项目业主提出的接入申请，主动提供并网咨询服务，履行“一次告知”义务，协助项目业主填写客户侧储能系统接入申请表，接收、检查相关支持性文件和资料的完整性，并将相关资料转市/区县公司用电检查员。工作时限为2个工作日。

支持性文件和资料应包括：

一、自然人

1. 经办人身份证复印件、授权委托书原件和项目业主身份证复印件。

2. 对于合同能源管理项目，还需提供项目业主和电能使用方签订的合同能源管理合作协议。

二、法定代表人及其他组织

1. 经办人身份证复印件和法定代表人授权委托书原件。

2. 对于合同能源管理项目，还需提供项目业主和电能使用方签订的合同能源管理合作协议以及建筑物、设施的使用或租用协议。

3. 政府投资主管部门同意项目开展前期工作的批复或说明（仅适用须核准或备案项目）。

4. 营业执照、税务登记证和组织机构代码证（或统一社会信用代码营业执照）等项目合法性支撑文件。

第二十七条 在受理申请后，业务受理员负责立即在营销系统中启动相应的业务流程。若项目建设需办理新装、增容手续的，营业厅在受理项目并网申请的同时，按公司业扩管理规定同步启动业扩工作流程。

第二十八条 市 / 区县公司客户经理组织相关部门开展联合现场勘查，并将现场勘察意见报市 / 区县公司发展部，市公司发展部负责通知市公司经研所对客户侧储能接入系统方案进行审查，工作时限为 2 个工作日。

第二十九条 市公司经研所负责按照国家、行业、企业相关规定和技术标准，本着安全、可靠、经济和合理的原则审查客户储能并网方案，内容深度按省公司有关要求执行。

第三十条 市公司发展策划部负责组织审定 10（6，20）kV 及以上电压等级客户侧储能接入系统方案，形成评审意见。工作时限为 5 个工作日。

市 / 区县公司客户经理负责组织相关部门开展 380（220）V 客户侧储能接入系统方案评审，出具评审意见。工作时限为 5 个工作日。

第三十一条 市 / 区县公司业务受理员（含乡镇供电所业务受理员）负责将受理项目的接入系统方案确认单答复项目业主。工作时限为 3 个工作日。

第二节　工程建设

第三十二条 项目业主依据接入系统方案开展建设等后续工作。市 / 区县公司业务受理员负责按照工作职责受理客户侧储能系统项目业主提出的设计审查申请，接收相关设计资料，检查其完整性，并将收资完整的设计资料转客户经理。

第三十三条 在收到相关设计资料后，客户经理负责组织相关部门（单位），依照国家、行业、企业标准和已确认的接入系统方案对设计资料进行审查，一次性出具审查意见书并答复项目业主。工作时限为第一类客户侧储能系统为 5 个工作日，第二类客户侧储能系统为 10 个工作日。

第三十四条 由用户出资建设的客户侧储能系统及相应的客户工程，其施工单位及设备材料供应单位由用户自主选择。承揽客户工程的施工单位应根据工程性质、类别及电压等级具备政府主管部门颁发的相应资质等级的承装（修、试）电力设施许可证、建筑业企业资质证书和安全生产许可证等，并依据审核通过的设计文件进行施工。设备选型应符合国家与行业安全、节能、环保要求和标准。

第三节 并网验收及并网调试

第三十五条 市/区县公司业务受理员（含乡镇供电所业务受理员）负责受理项目业主提出的并网验收和并网调试申请，接收相关材料，检查其完整性，并将收资完整的资料根据职责分工分别转本单位用客户经理或地市公司调控中心。工作时限为2个工作日。

第三十六条 10（6，20）kV及以上电压等级接入的客户侧储能系统，地市公司调控中心负责组织相关部门（单位）开展并网验收和并网调试工作，一次性出具并网验收意见。380（220）V接入的客户侧储能系统，市/区县公司客户经理负责组织相关部门（单位）开展并网验收和并网调试，一次性出具并网验收意见。工作时限为10个工作日。对于并网验收不合格的，项目业主应根据整改方案进行整改，直至验收合格。

第四节 计量装置安装与合同协议签订

第三十七条 在受理并网验收和并网调试申请后，市/区县公司装表接电班（乡镇供电所）负责电能计量装置的安装以及用电信息采集装置的安装、并网调试工作；市公司调控中心负责10（6，20）kV及以上接入的客户侧储能系统采集装置的安装联系和采集主站的配置、联调工作。工作时限为380（220）V接入项目为5个工作日，10（6，20）kV及以上接入项目为8个工作日。

第三十八条 客户侧储能系统应在其所有并网点分别安装具有电能信息采集功能的电能计量装置，实现充电量、放电量的准确计量。电能计量装置的配置应符合DB32/991—2007《电能计量装置配置规范》。

380（220）V接入的客户侧储能系统应安装低压采集终端并接入用电信息采集系统。10（6，20）kV及以上的客户侧储能系统应同时安装电能量采集终端并接入电能量采集系统。采集的数据应包括客户侧储能系统并网点电压、电流、有功功率、无功功率、充放电量和并网点开关状态，对于第一类客户侧储能系统不具备条件的，可暂采集并网点电压、电流、有功功率、无功功率和充放电量，待具备条件后进行完善。数据采集的时间间隔为15min。

第三十九条 对于10（6，20）kV及以上接入的客户侧储能系统市/县公司调控中心负责签订并网调度协议。工作时限为8个工作日。

第四十条 对于10（6，20）kV以下接入的客户侧储能系统市/县公司营销部（农电工作部、客户服务中心）负责签订并网调度协议。工作时限为8个工作日。

第四章 运行管理

第四十一条 380（220）V客户侧储能系统，市/区县公司采集运行班负责运行监视管理。监视内容包括客户侧储能系统并网点电压、电流、有功功率、无功功率、充电量和放电量；其他运行管理要求按国网江苏省电力公司现行电力用户用电信息采集系统运行维护与业务管理办法执行。10（6，20）kV及以上的客户侧储能系统由市/县公司调控中心负责调度运行管理。调度自动化采集信息包括并网设备状态、并网点电压、电流、有功功率、无功功率、储能设备充放电状态、剩余电量、最大放电功率和充放电量等实时运行信息。

第四十二条　市公司调控中心调度负责按照调度协议约定对客户侧储能系统涉网设备进行管理。经市/区县公司和项目方人员共同确认，由市/区县公司相关部门许可后，客户侧储能系统并网点开关（属用户资产）方可进行倒闸操作。其中10（6，20）kV及以上接入的，由市公司调控中心确认和许可；380（220）V接入的，由市/区县公司用电检查员（含乡镇供电所相关人员）许可。

第四十三条　市/区县公司用电检查员（含乡镇供电所相关人员）负责按照客户侧储能系统接入电力用户的重要性等级和公共连接点电压等级开展客户侧储能系统并网后的巡视检查工作。巡视检查的周期和相关工作要求按照省公司现行用电检查相关规定执行。

第四十四条　市/区县公司用电检查专职负责本地区客户侧储能系统并网业务办理情况及相关项目经济运行情况的统计分析，定期组织开展本地区客户侧储能系统并网运行情况的专项检查。

第五章　附　则

第四十五条　本规定暂不考虑补贴和并网购售电合同签订等问题。

第四十六条　本规定自发布之日起执行。

第四十七条　本规定由公司营销部负责解释并监督执行。

附件 1

客户侧储能系统项目并网申请表

项目编号		申请日期	年 月 日
项目名称			
项目地址			
项目投资方			
项目联系人		联系人电话	
联系人地址			
装机容量	投产规模 MW/MW·h 本期规模 MW/MW·h 终期规模 MW/MW·h	意向并网 电压等级	□ 35kV □ 10（6，20）kV □ 380（220）V
意向并网点	□用户侧（ 个）		
核准情况	□省级核准 □地市级核准 □省级备案 □地市级备案 □其他		
计划 开工时间		计划 投产时间	
业主提供 资料清单	一、自然人申请需提供： 1. 经办人身份证复印件、授权委托书原件和项目业主身份证复印件； 2. 对于合同能源管理项目，还需提供项目业主和电能使用方签订的合同能源管理合作协议。 二、法定代表人申请需提供： 1. 经办人身份证复印件和法定代表人授权委托书原件； 2. 对于合同能源管理项目，还需提供项目业主和电能使用方签订的合同能源管理合作协议以及建筑物、设施的使用或租用协议。 3. 政府投资主管部门同意项目开展前期工作的批复或说明（仅适用须核准或备案项目）； 4. 营业执照、税务登记证和组织机构代码证（或统一社会信用代码营业执照）等项目合法性支撑文件		
本表中的信息及提供的文件真实准确，谨此确认。 申请单位：（公章） 申请个人：（经办人签字） 年 月 日		客户提供的文件已审核，并网申请已受理，谨此确认。 受理单位：（公章） 年 月 日	
受理人		受理日期	年 月 日

告知事项：

1. 用户工程报装申请与客户侧储能系统接入申请分开受理；客户侧储能接入系统方案制定应在用户接入系统方案审定后开展。
2. 本表 1 式 2 份，双方各执 1 份。

附件 2

客户侧储能系统接入方案项目业主确认单

× × 公司（项目业主）：

你公司（项目业主）× × 客户侧储能系统项目申请已受理，接入系统方案已制定完成，现将接入系统方案（详见附件）送达你处，请确认后将本单返还客户服务中心，我公司将据此提供项目接入电网意见函。若有异议，请持本单到客户服务中心咨询。

附件：× × 项目接入系统方案

项目单位：（公章）
项目个人：（经办人签字）　　　　　　　　　　× × 供电公司：（公章）

年　月　日　　　　　　　　　　　　　　年　月　日

附件 3

客户侧储能系统项目设计审查申请表

<table>
<tr><td>申请编号</td><td colspan="3"></td></tr>
<tr><td>项目名称</td><td colspan="3"></td></tr>
<tr><td>项目地址</td><td colspan="3"></td></tr>
<tr><td>设计单位</td><td></td><td>设计资质</td><td></td></tr>
<tr><td>联系人</td><td></td><td>联系电话</td><td></td></tr>
<tr><td colspan="4">设计内容：</td></tr>
<tr><td colspan="4">事项说明：
设计完成，请审查。</td></tr>
<tr><td colspan="2">项目单位：（公章）
项目个人：（经办人签字）

年　月　日</td><td colspan="2">业务受理：（业务专用章）

年　月　日</td></tr>
</table>

附件 4

客户侧储能系统项目设计审查意见书

项目编号		申请日期	年　月　日
项目名称			
项目地址			
项目投资方			
项目联系人		联系人电话	
联系人地址			
并网点描述	个		
本期 装机规模	MW/　　MW·h		
审查内容和结果			

审查单位:（业务专用章）

年　月　日

告知事项:

1. 客户侧储能系统项目设计文件审查后若变更设计，应将变更后的设计文件再次送审，最终审查合格后方可实施。
2. 承揽客户工程的施工单位应根据工程性质、类别及电压等级具备政府主管部门颁发的相应资质等级的承装（修、试）电力设施许可证，并依据审核通过的设计文件进行施工。设备选型应符合国家与行业安全、节能、环保要求和标准。
3. 本表 1 式 2 份，双方各执 1 份。

附件 5

客户侧储能系统项目设计审查需提供材料清单

序号	资料名称	380（220）V 项目	10（6，20）kV 项目	35kV 项目
1	设计单位资质复印件	√	√	√
2	接入工程初步设计报告、图纸及说明书		√	√
3	隐蔽工程设计资料	√	√	√
4	电气装置一、二次接线图及平面布置图	√	√	√
5	主要电气设备一览表		√	√
6	继电保护方式	√	√	√
7	电能计量方式	√	√	√

附件 6

客户侧储能系统验收和并网调试申请表

<table>
<tr><td>项目编号</td><td></td><td>申请日期</td><td>年　月　日</td></tr>
<tr><td>项目名称</td><td colspan="3"></td></tr>
<tr><td>项目地址</td><td colspan="3"></td></tr>
<tr><td>项目类型</td><td colspan="3"></td></tr>
<tr><td>项目投资方</td><td colspan="3"></td></tr>
<tr><td>项目联系人</td><td></td><td>联系人电话</td><td></td></tr>
<tr><td>联系人地址</td><td colspan="3"></td></tr>
<tr><td>并网点</td><td>个</td><td>接入方式</td><td></td></tr>
<tr><td>计划
验收完成时间</td><td>年　月　日</td><td>计划
并网调试时间</td><td>年　月　日</td></tr>
<tr><td colspan="4">并网点位置、电压等级、发电机组（单元）容量简单描述</td></tr>
<tr><td>并网点 1</td><td colspan="3"></td></tr>
<tr><td>并网点 2</td><td colspan="3"></td></tr>
<tr><td>并网点 3</td><td colspan="3"></td></tr>
<tr><td>并网点 4</td><td colspan="3"></td></tr>
<tr><td>并网点 5</td><td colspan="3"></td></tr>
<tr><td>…</td><td colspan="3"></td></tr>
<tr><td colspan="2">本表中的信息及提供的资料真实准确，单位工程已完成并网前验收、调试，具备并网调试条件，谨此确认。

申请单位：（公章）
申请个人：（经办人签字）

年　月　日</td><td colspan="2">客户提供的资料已审核，并网申请已受理，谨此确认。

受理单位：（公章）

年　月　日</td></tr>
<tr><td>受理人</td><td></td><td>受理日期</td><td>年　月　日</td></tr>
<tr><td colspan="4">告知事项：
1. 具体并网调试时间将电话通知项目联系人。
2. 本表 1 式 2 份，双方各执 1 份。</td></tr>
</table>

附件 7

客户侧储能系统并网验收和并网调试需提供的资料清单

序号	资料名称	380（220）V项目	10（6，20）kV项目	35kV 项目
1	若需核准（或备案），提供核准（或备案）文件	√	√	√
2	若委托第三方管理，提供项目管理方资料（工商营业执照、税务登记证、与用户签署的合作协议复印件）	√	√	√
3	施工单位资质复印件（承装（修、试）电力设施许可证、建筑企业资质证书、安全生产许可证）	√	√	√
4	项目可行性研究报告		√	√
5	接入系统工程设计报告、图纸及说明书		√	√
6	主要电气设备一览表		√	√
7	主要设备技术参数、型式认证报告或质检证书，包括电池、PCS、变电、断路器、刀闸等设备	√	√	√
8	储能设备充放电策略	√	√	√
9	并网前单位工程调试报告（记录）	√	√	√
10	并网前单位工程验收报告（记录）	√	√	√
11	并网前设备电气试验、继电保护整定、通信联调、电能量信息采集调试记录	√	√	√
12	并网启动调试方案			√
13	项目运行人员名单（及专业资质证书复印件）		√	√

注：电池、PCS 等设备，需取得国家授权的有资质的检测机构检测报告。

附件 8

客户侧储能系统并网验收意见单

<table>
<tr><td>项目编号</td><td></td><td>申请日期</td><td colspan="3">年　月　日</td></tr>
<tr><td>项目名称</td><td colspan="5"></td></tr>
<tr><td>项目地址</td><td colspan="5"></td></tr>
<tr><td>项目类型</td><td colspan="5"></td></tr>
<tr><td>项目投资方</td><td colspan="5"></td></tr>
<tr><td>项目联系人</td><td colspan="2"></td><td>联系人电话</td><td colspan="2"></td></tr>
<tr><td>联系人地址</td><td colspan="5"></td></tr>
<tr><td>主体工程
完工时间</td><td colspan="2"></td><td>业务性质</td><td colspan="2">□新建
□扩建</td></tr>
<tr><td>本期
装机规模</td><td colspan="2">MW/　　MW・h</td><td>并网电压</td><td colspan="2">□ 35kV
□ 10（6，20）kV
□ 380（220）V
□其他</td></tr>
<tr><td>并网点</td><td colspan="2">个</td><td>接入方式</td><td colspan="2"></td></tr>
<tr><td colspan="6">现场验收人员填写</td></tr>
<tr><td>验收项目</td><td>验收说明</td><td>结论</td><td>验收项目</td><td>验收说明</td><td>结论</td></tr>
<tr><td>线路
（电缆）</td><td></td><td></td><td>防孤岛
保护测试</td><td></td><td></td></tr>
<tr><td>并网开关</td><td></td><td></td><td>变压器</td><td></td><td></td></tr>
<tr><td>继电保护</td><td></td><td></td><td>电容器</td><td></td><td></td></tr>
<tr><td>配电装置</td><td></td><td></td><td>避雷器</td><td></td><td></td></tr>
<tr><td>其他电气
试验结果</td><td></td><td></td><td>作业人员
资格</td><td></td><td></td></tr>
<tr><td>计量装置</td><td></td><td></td><td>计量点位置</td><td></td><td></td></tr>
<tr><td colspan="6">并网验收整体结论：</td></tr>
<tr><td>验收负责人
签字</td><td colspan="2"></td><td>经办人
签字</td><td colspan="2"></td></tr>
<tr><td colspan="6">告知事项：
并网验收通过后，请配合电网企业可以开展并网调试工作。</td></tr>
</table>

附录 C 储能用户能源管理系统 EMS 与互动终端 Modbus_EngReq 通信协议

C.1 MODBUS 协议基本定义

本部分 MODBUS 协议规定如下：

1）监视方向字节量扩展为 2 字节，数据长度 0 ～ 65535。

2）寄存器地址扩展为 32 位。

3）数据格式全部采集 BIN 表示。

遥信、遥测、写值、控制功能码见表 C-1。

表 C-1 功能码表

序号	功能码	含义	数据类型
1	0x02	读取遥信数据	读 BIT 寄存器
2	0x03	读取遥测数据	读 DWORD 寄存器
3	0x13	读取一分钟冻结遥测数据	读 DWORD 寄存器
4	0x10	写值命令（扩展）	多字节
5	0x05	控制命令	写 DWORD 寄存器

C.2 MODBUS 协议数据格式定义

C.2.1 读取一分钟冻结遥测数据协议格式（功能码 0x13）

控制方向数据格式见表 C-2。

表 C-2 控制方向数据格式（一）

地址	功能码	起始地址				读值（DWORD 数目）		请求数据点时间						校验码	
1 字节	0x13	最高字节	次高字节	次低字节	最低字节	MSB	LSB	年	月	日	时	分	秒	LSB	MSB

监视方向数据格式见表 C-3。

表 C-3　监视方向数据格式（一）

地址	功能码	字节量 N	响应数据点时间						下一个有效数据点时间						数据	校验码	
1 字节	0x13	2 字节	年	月	日	时	分	秒	年	月	日	时	分	秒	N−12 字节	LSB	MSB

注：1. “请求数据点时间”“响应数据点时间”“下一个有效数据点时间”中的字段“年”为公历记法的低两位。
2. 控制方向填写按实际所需“DWORD 数”填写，1 个寄存器为 1 个 DWORD，返回数据高字节在前，低字节在后。
3. 注意有功功率、无功功率和电量数据有 4 个字节，占用 1 个寄存器，返回的报文中字节量值是随之变化的。
4. 秒值对 0 取整。
5. 下一个有效数据点时间：①请求数据时间小于最早有数据时间，返回为最早数据时间；②请求数据时间大于等于最新有数据时间，返回最新数据时间；③其余情况返回下一点有数据时间。

C.2.2　读取遥测数据协议格式（功能码 0x03）

控制方向数据格式见表 C-4。

表 C-4　控制方向数据格式（二）

地址	功能码	起始地址				读值（DWORD 数目）		校验码	
1 字节	0x03	最高字节	次高字节	次低字节	最低字节	MSB	LSB	LSB	MSB

监视方向数据格式见表 C-5。

表 C-5　监视方向数据格式（二）

地址	功能码	字节量 N	数据	校验码	
1 字节	0x03	2 字节	N 字节	LSB	MSB

C.2.3　写值命令协议格式（功能码 0x10）

这里写值指用于写“计划指令”等数据内容，因为修改值往往都为一个从主站下发的指令，为考虑到应用方便，一般将主站数据有效数据部分内存直接拷贝到终端向 EMS 所发的“数据”中去，因此这里做出特殊定义控制方向中的“写值数”始终为“1”，但字节量是实际长度。

控制方向数据格式见表 C-6。

表 C-6　控制方向数据格式（三）

地址	功能码	起始地址				写值数		字节量 N	数据	校验码	
1 字节	0x10	最高字节	次高字节	次低字节	最低字节	MSB	LSB	2 字节	N 字节	LSB	MSB

注：这里“写值数”为 1。

监视方向数据格式见表 C-7。

表 C-7 监视方向数据格式（三）

地址	功能码	起始地址				写值结果		校验码	
1 字节	0x10	最高字节	次高字节	次低字节	最低字节	MSB	LSB	LSB	MSB

写值结果为 0 标识写失败，为 1 标识写成功。

C.2.4 控制命令协议格式（功能码 0x05）

控制命令主要用于“允许恢复负荷”指令。控制方向数据格式见表 C-8。

表 C-8 控制方向数据格式（四）

地址	功能码	起始地址				值		校验码	
1 字节	0x05	最高字节	次高字节	次低字节	最低字节	MSB	LSB	LSB	MSB

监视方向数据格式见表 C-9。

表 C-9 监视方向数据格式（四）

地址	功能码	起始地址				写值结果		校验码	
1 字节	0x05	最高字节	次高字节	次低字节	最低字节	MSB	LSB	LSB	MSB

注：“写值结果”为 0 标识否定，1 为肯定。

C.2.5 错误码

错误码仅发生在监视方向向控制方向返回数据。功能码从控制方向拷贝而来，并置最高位为 1。错误码填写 0xFF，说明有错误即可。见表 C-10。

表 C-10 错误码

地址	功能码	错误码	校验码	
1 字节		0xFF	LSB	MSB

C.2.6 系数及数据格式

1. 测量数据长度及系数

MODBUS 中遥测系数定义见表 C-11。

表 C-11 遥测系数定义表

序号	名称	字节数	系数
1	PCS 电压 /V	2	0.1
2	BMS 电压 /V	2	0.1
3	电流 /A	2	0.1
4	功率因数	2	0.01
5	SOC（%）	2	0.01

（续）

序号	名称	字节数	系数
6	SOH（%）	2	0.01
7	温度 /℃	2	1
8	出力时间 /min	2	1
9	PCS/BMS 有功功率 /kW	2	1
10	PCS/BMS 有功功率 /kW	2	1
11	全站有功功率 /kW	4	1
12	全站无功功率 /kvar	4	1
13	电量 /（kW・h）	4	1

注：1. 系数是指 MODBUS 中“源码 × 系数”= 实际值，如电压为 220，则 EMS 传送给终端的源码值为 2200。
2. 全站有功、全站无功、电量：4 个字节表示，其中高 16 位的最高位为符号位。负数采用补码表示见表 C-12。功率充电为正、放电为负。

负数采用补码表示见表 C-12。

表 C-12　负数采用补码表示

高 16 位		低 16 位	
MSB	LSB	MSB	LSB

2. 寄存器地址

寄存器地址集表见表 C-13。

表 C-13　寄存器地址集表

序号	起始地址（寄存器地址）	说明
1	0x00000001	遥信数据（保留）
2	0x00001001	全站遥测数据
3	0x00001FF0	EMS 当前时钟
4	0x00002001 ～ 0x00042001	单个 PCS+BMS 遥测数据，最大为 256 个
5	0x00090001 ～ 0x0009FFFE	写值（营销类扩展应用，如计划数据等）

3. 全站遥测数据（起始地址为 0x00001001）见表 C-14。

表 C-14　全站遥测数据表

字节序	名称	说明
1 ～ 2	全站充放电状态	1—充电　2—放电　3—停运
3 ～ 6	全站有功	
7 ～ 10	全站无功	
11 ～ 12	SOC	整个电站的储能剩余电量（%）
13 ～ 14	SOH	整个电站的储能健康状态

（续）

字节序	名称	说明
15 ~ 16	运行温度	全站所有电池平均温度值
17 ~ 18	当天放电次数	
19 ~ 20	当天充电次数	
21 ~ 22	可用放电时间	
23 ~ 24	可用充电时间	
25 ~ 28	可用无功出力时间	
29 ~ 32	可用放电功率	
33 ~ 36	可用放电电量	
37 ~ 40	可用充电功率	
41 ~ 44	可用充电电量	
45 ~ 48	可用无功功率	
49 ~ 52	当天放电电量	主站可累加该值计算出“累计放电电量”
53 ~ 56	当天充电电量	主站可累加该值计算出“累计充电电量”

4. 当前时钟值（起始地址为 0x00001FF0）见表 C-15。

表 C-15　当前时钟值表

字节序	名称	说明
1 ~ 7	当前时钟值	年、月、日、时、分、秒

5. PCS+BMS 遥测数据（起始地址为 0x00002001）

按 PCS 可存放 256 组 PCS 计，寄存器地址按 1024 对齐，第 1 组 PCS 起始地址为 0x00002001，第 2 组 PCS 起始地址为 0x00002401，第 3 组为 0x00002801，以此类推，最大为 0x00042001（最大 256 个），见表 C-16。

表 C-16　PCS+BMS 遥测数据表

设备	字节序	名称	说明
PCS1	1 ~ 2	PCS 充放电状态	1—充电　2—放电　3—停运　4—故障
	3 ~ 4	U_a	交流侧电压
	5 ~ 6	U_b	
	7 ~ 8	U_c	
	9 ~ 10	I_a	
	11 ~ 12	I_b	

（续）

设备	字节序	名称	说明
PCS1	13 ～ 14	I_c	
	15 ～ 16	有功功率	
	17 ～ 18	无功功率	
	19 ～ 20	功率因数	
	21 ～ 22	SOC	
	23 ～ 24	SOH	
	25 ～ 26	运行温度	
	27 ～ 28	累计放电次数	生命周期中的所有次数
	29 ～ 30	累计充电次数	生命周期中的所有次数
	31 ～ 34	当天放电电量	主站可累加该值计算出“累计放电电量”
	35 ～ 38	当天放电电量	主站可累加该值计算出“累计充电电量”
	39 ～ 40	本 PCS 连接的 BMS 数量 n	0 ～ 255
PCS1 第 1 组 BMS	41 ～ 42	BMS 当前状态	1—充电　2—放电　3—停运　4—故障
	43 ～ 44	总电压	
	45 ～ 46	总电流	
	47 ～ 48	可用放电功率	
	49 ～ 50	可用放电时间	
	51 ～ 52	单节电池最高温度	
	53 ～ 54	单节电池最低温度	
	55 ～ 56	电池组平均温度	
	57 ～ 58	SOC	荷电状态
	59 ～ 62	可用放电电量	
PCS1 第 2 组 BMS	63 ～ 64	BMS 当前状态	1—充电　2—放电　3—停运　4—故障
	65 ～ 66	总电压	
	67 ～ 68	总电流	
	79 ～ 70	可用放电功率	
	71 ～ 72	可用放电时间	
	73 ～ 74	单节电池最高温度	

（续）

设备	字节序	名称	说明
PCS1 第 2 组 BMS	75 ～ 76	单节电池最低温度	
	77 ～ 78	电池组平均温度	
	79 ～ 80	SOC	
	81 ～ 84	可用放电电量	
PCS1 第 n 组 BMS	⋮	⋮	
PCS2	$40+22\times n+1$ ～ $40+22\times n+2$	PCS 充放电状态	1—充电　2—放电　3—停运　4—故障
	$40+22\times n+3$ ～ $40+22\times n+4$	U_a	
	$40+22\times n+5$ ～ $40+22\times n+6$	U_b	
	$40+22\times n+7$ ～ $40+22\times n+8$	U_c	
	$40+22\times n+9$ ～ $40+22\times n+10$	I_a	
	$40+22\times n+11$ ～ $40+22\times n+12$	I_b	
	$40+22\times n+13$ ～ $40+22\times n+14$	I_c	
	$40+22\times n+15$ ～ $40+22\times n+16$	有功功率	
	$40+22\times n+17$ ～ $40+22\times n+18$	无功功率	
	$40+22\times n+19$ ～ $40+22\times n+20$	功率因数	
	$40+22\times n+21$ ～ $40+22\times n+22$	SOC	
	$40+22\times n+23$ ～ $40+22\times n+24$	SOH	
	$40+22\times n+25$ ～ $40+22\times n+26$	运行温度	
	$40+22\times n+27$ ～ $40+22\times n+28$	累计放电次数	生命周期中的所有次数
	$40+22\times n+29$ ～ $40+22\times n+30$	累计充电次数	生命周期中的所有次数
	$40+22\times n+31$ ～ $40+22\times n+32$	当天放电电量	主站可累加该值计算出“累计放电电量”
	$40+22\times n+33$ ～ $40+22\times n+34$	当天放电电量	主站可累加该值计算出“累计充电电量”
	$40+22\times n+35$ ～ $40+22\times n+36$	本 PCS 控制的 BMS 数量 n	0 ～ 255
PCS2 第 1 组 BMS	⋮	⋮	

6. 计划数据格式定义（起始地址为 0x00090001）

计划数据采用功能码 0x10，计划数据分为四类：日前有功计划、日前无功计划、日内有功计划、日内无功计划。见表 C-17。

表 C-17　计划数据寄存器地址集

序号	名称	寄存器地址
1	日前有功计划	0x00090001
2	日前无功计划	0x00090101
3	日内有功计划	0x00090201
4	日内无功计划	0x00090301

（1）日前有功计划数据（地址为 0x00090001）

计划数据按 1h 为单位划分计划曲线，全天分为 24 个时段下发计划指令，格式见表 C-18。

表 C-18　计划数据格式

字节号	名称	说明
1 ～ 2	年	
3	月	
4	日	
5	时段号 i	起始时刻点（0 ～ 23）
6	时段数 n	顺序的时段数目
7 ～ 10	时段 i 出力有功功率	
⋮	⋮	
6+4×（n−1）+1 ～ 6+8×（n−1）+4	时段 i+（n−1）有功功率	

注：这里功率单位为 kW，4 字节表示。定义高字节在前，低字节在后，负数采用补码表示，充电为正，放电为负，最高位（第 4 个字节最高位）为符号位。

符号位格式见表 C-19。

表 C-19　符号位格式

1	2	3	4
功率第 1 个字节	功率第 2 个字节	功率第 3 个字节	功率第 4 个字节

（2）日前无功计划数据（地址为 0x00090101）

日前无功计划数据格式与日前有功计划数据格式一致，将有功功率替换为无功功率即可。无功功率单位为 kvar。

（3）日内有功计划数据（地址为 0x00090201）

日内计划为 2h 周期，每 5min 一个点，2h 共 24 个时段，时段是顺序连续的，但可能小于 24 个时段。见表 C-20。

表 C-20 日内计划

字节号	名称	说明
1 ～ 2	年	如 2017
3	月	
4	日	
5	时	起始时刻点（0 ～ 23）
6	时段号 i	起始时段（0 ～ 23）
7	时段数 n	顺序的时段数目
8 ～ 11	时段 i 出力有功功率	
…	…	
7+4×（n−1）+1 ～ 7+4×（n−1）+4	时段 i+（n−1）有功功率	

如：下发当前时间为 2017 年 1 月 2 日 13 时数据，时段为 13，时段数为 6，则说明其实时刻点为从 13 点开始的第 13 个时刻点（从 0 开始编号，折算后为从 14：05 分开始后到 14:35 之间的 6 个点数据）。

（4）日内无功计划数据（地址为 0x00090301）

日内无功计划数据格式与日内有功计划数据格式一致，将有功功率替换为无功功率即可。

附录 D　储能用户能源管理系统 EMS 与互动终端 Modbus_GridLoad 通信协议

D.1　MODBUS 协议基本定义

规定见表 D-1，采用以下功能码完成遥信、遥测、写值和控制。

表 D-1　基本定义规定

功能码	含义	数据类型
0x02	读取遥信数据	读 BIT 寄存器
0x03	读取遥测数据	读 WORD 寄存器
0x10	写值命令（扩展）	多字节
0x05	控制命令	写 WORD 寄存器

D.2　MODBUS 协议数据格式定义

D.2.1　读取遥信数据协议格式（功能码 0x02）：

控制方向数据格式见表 D-2。

表 D-2　控制方向数据格式（一）

地址	功能码	起始地址		遥信数量（BIT 数）		校验码	
1 字节	0x02	MSB	LSB	MSB	LSB	LSB	MSB

监视方向数据格式见表 D-3。

表 D-3　监视方向数据格式（一）

地址	功能码	字节量 N	数据	校验码	
1 字节	0x02	1 字节	N^* 字节	LSB	MSB

注：1. 遥信数量指需要读取的遥信数，8 个遥信量占用 1 个字节。
2. “数据”按高位在前、低位在后发送，后续不再说明。
3. 实际返回数据部分每个字节按 BIT 数计有 8 个遥信。第 0 个数据字节为 0 ～ 7 个遥信（BIT0 对应第 0 个），第 1 个数据字节为 8 ～ 15 个遥信，依此类推。

D.2.2　读取遥测数据协议格式（功能码 0x03）

控制方向数据格式见表 D-4。

表 D-4　控制方向数据格式（二）

地址	功能码	起始地址		读值（WORD 数目）		校验码	
1 字节	0x03	MSB	LSB	MSB	LSB	LSB	MSB

监视方向数据格式见表 D-5。

表 D-5　监视方向数据格式（二）

地址	功能码	字节量 N	数据	校验码	
1 字节	0x03	1 字节	N^* 字节	LSB	MSB

注：1. 控制方向填写按实际所需“WORD 数”填写，1 个寄存器为 1 个 WORD，返回数据高字节在前，低字节在后。
2. 注意有功功率、无功功率和电量数据有 4 个字节，占用 2 个寄存器，返回的报文中字节量值是随之变化的。

D.2.3　写值命令协议格式（功能码 0x10）

写值指用于写“计划指令”等数据内容，因为修改值往往都为一个从主站下发的指令，为考虑到应用方便，一般将主站数据有效数据部分内存直接拷贝到终端向 EMS 所发的“数据”中去，因此这里做出特殊定义控制方向中的“写值数”始终为“1”，但字节量是实际长度。

控制方向数据格式见表 D-6。

表 D-6 控制方向数据格式（三）

地址	功能码	起始地址		写值数		字节量 *N*	数据	校验码	
1字节	0x10	MSB	LSB	MSB	LSB	1字节	*N*^*^字节	LSB	MSB

注：这里“写值数”为1，将数据部分看着一个整体。

监视方向数据格式见表 D-7。

表 D-7 监视方向数据格式（三）

地址	功能码	起始地址		写值数		校验码	
1字节	0x10	MSB	LSB	MSB	LSB	LSB	MSB

注：写值结果为“0”标识否定，“1”为肯定。

D.2.4 控制命令协议格式（功能码 0x05）

控制方向数据格式见表 D-8。

表 D-8 控制方向数据格式（四）

地址	功能码	起始地址		写值数		校验码	
1字节	0x05	MSB	LSB	MSB	LSB	LSB	MSB

监视方向数据格式见表 D-9。

表 D-9 监视方向数据格式（四）

地址	功能码	起始地址		写值数		校验码	
1字节	0x05	MSB	LSB	MSB	LSB	LSB	MSB

注：写值结果为“0”标识否定，“1”为肯定。

D.2.5 错误码定义

错误码仅发生在监视方向向控制方向返回数据。功能码从控制方向拷贝而来，并置最高位为1。这里不考虑复杂情况，填写 0xFF，说明有错误即可。见表 D-10。

表 D-10 错误码

地址	功能码	错误码	校验码	
1字节		0xFF	LSB	MSB

D.2.6 寄存器地址集

寄存器地址集见表 D-11。

表 D-11 寄存器地址集

序号	起始地址（寄存器地址）	说明
1	0x0001	遥信数据
2	0x1001	遥测数据
3	0x1101	PCS 状态数据
4	0xF001 ～ 0XFFFF	单个寄存器控制类（控制命令）

1. 全站遥信数据格式定义（起始地址为 0x0001）

全站遥信数据格式见表 D-12。

表 D-12 全站遥信数据格式

BIT 序号	名称	说明
1～16	存放 16 个备用遥信	备用信号
16+1	PCS1 故障	是指 PCS 出现故障，影响调节
16+2	PCS2 故障	
⋮	⋮	
16+m	PCSm 故障	

全站遥测数据（起始地址为 0x1001）见表 D-13。

表 D-13 全站遥测数据

字节序	名称	说明
1～4	全站有功	
5～8	全站无功	

PCS 状态数据（起始地址为 0x1101）见表 D-14。

表 D-14 PCS 状态数据

字节序	名称	说明
1～2	PCS1 状态	1—充电 2—放电 3—停运
3～4	PCS2 状态	
⋮	⋮	
$2n$–1～$2n$	PCSn 状态	

注：因为 MODBUS 一个帧最大传输 256 字节，因此若 PCS 状态数据超过 256 字节时，需拆包召唤。

2. 单个寄存器写命令（起始地址为 0xF001）

单个寄存器写命令主要是针对应急响应需求时设计，功能码 0x05，单个寄存器存储单位为 2 个字节，当寄存器写值为 1 时为有效，具有的命令见表 D-15。

表 D-15 单个寄存器写命令

序号	名称	寄存器地址
1	执行紧急控制	0xF001
2	紧急允许恢复	0xF002
3	执行次紧控制	0xF101
4	次紧急允许恢复	0xF102

作者简介

袁晓冬，1979年12月出生，江苏无锡人。现任国网江苏省电力有限公司电力科学研究院二级专家、硕士、研究员级高级工程师。IEC TC8/JWG9低压直流配网工作组召集人、IEC TC8/WG11电能质量工作组成员、IEC Syc LVDC系统组成员、IEC TC1/JPT3系统术语维护组成员；作为负责人牵头发布国际标准IEC TS 63222-1、IEC TR 63282。长期从事储能、新能源并网技术、电能质量、电动汽车研究工作，为江苏经济转型过程中优质用电服务、江苏沿海大型风电接入以及分布式新能源技术推广做出了突出贡献。

作为核心技术骨干，负责两项国家重点研发计划项目“基于电力电子变压器的交直流混合可再生能源技术研究”“高效协同充换电关键技术及装备”的整体技术方案设计；作为项目或课题负责人，牵头主持了江苏省科技支撑项目“基于分布式能源的智能微电网关键技术研发”、国家电网公司科技项目“多源分布式新能源发电直流供电运行控制技术研究与应用”等9项科技项目研究，牵头编制发布IEC国际标准2项，国家标准1项，参与编写发布了10余项国家标准、行业标准。获得省部级科技进步奖40余项，持有授权发明专利50余项，实用新型专利20余项，拥有软件著作权3项；40余篇学术论文被EI或SCI收录，参与出版专著6部。2014年荣获江苏省五一劳动奖章；2015年获“国家电网公司优秀青年岗位能手”称号；2018年荣获国网专业领军人才；2019年荣获国网特等劳动模范、国网优秀共产党员；2020年、2021年连续两年荣获IEC 1906奖。

目前为中国化学与物理电源行业协会储能应用分会副主任委员、江苏省动力及储能电池标准化技术委员会委员、中国电工技术学会交直流供配电技术及装备专业委员会副主任委员、中国电源学会电能质量专业委员会副主任委员、国家能源互联网产业及技术创新联盟产业创新与工程应用专委会委员、IEEE PES电动汽车技术委员会常务理事。